岭南建筑丛书 • 第四辑

匠意的禅居
广东传统寺观园林空间营造

方　兴◎著

中国建筑工业出版社

图书在版编目（CIP）数据

匠意的禅居：广东传统寺观园林空间营造 / 方兴著
. —北京 ：中国建筑工业出版社， 2023.6
（岭南建筑丛书. 第四辑）
ISBN 978-7-112-28710-9

Ⅰ. ①匠… Ⅱ. ①方… Ⅲ. ①寺庙—园林艺术—研究
—广东 Ⅳ. ①TU986.2

中国国家版本馆CIP数据核字（2023）第083691号

本书从广东寺观与地貌环境的关系入手，围绕寺观的选址，对六种地貌的总体造园特征做了分类总结，在此基础上更进一步深入分析和总结广东传统寺观的空间类型、空间组合方式和空间布局特点。最后通过结合具体园林造园案例提出广东寺观造园在宏观环境处理、建筑构图比例控制、庭院空间理景、以及园林文化题吟等艺术手法。本书适用于建筑学、园林景观、规划学等方向的从业者及高校师生，以及相关政府部门、设计公司等单位从业人员阅读参考。

责任编辑：张　华　　唐　旭
文字编辑：李东禧
书籍设计：锋尚设计
责任校对：王　烨

岭南建筑丛书·第四辑
匠意的禅居　广东传统寺观园林空间营造
方　兴　著
*
中国建筑工业出版社出版、发行（北京海淀三里河路9号）
各地新华书店、建筑书店经销
北京锋尚制版有限公司制版
北京中科印刷有限公司印刷
*
开本：787毫米×1092毫米　1/16　印张：12¾　字数：278千字
2023年6月第一版　2023年6月第一次印刷
定价：**68.00**元
ISBN 978-7-112-28710-9
（41023）

总序

文化是人类社会实践的能力和产物，是人类活动方式的总和。人的实践能力是构成文化的重要内容，也是文化发展的一种尺度。而人类社会实践的能力及其对象总是历史的、具体的、多样的，因此任何一种地域文化都会由于该地区独有的自然环境、人文环境及实践主体的不同而具有不同的特质。

岭南文化首先是一种原生型的文化。它有自己的土壤和深根，相对独立，自成体系。古代岭南虽处边陲，但与中原地区文化交往源远流长，从未间断，特别是到南北朝、两宋时期，汉民族南迁使文化重心南移，文化发展更为迅速。虽然古代岭南人创造的本根文化逐渐融汇中原文化及海外文化的影响，却始终保持有原味，并从外来文化中吸收养分，发展自己。

其次，岭南文化带有“亚热带与热带性”。在该生态环境下，使岭南有着与岭北地区显著不同的文化特征。地域特点决定了地域文化的特色，岭南奇异的地理环境、独特的人文底蕴，造就了岭南文化之独特魅力。岭南文化作为中华民族传统文化中最具特色和活力的地域文化之一，拥有两千多年历史，一直以来在建筑、园林、绘画、饮食、音乐、戏剧、影视等领域独具风格特色，受到世人的瞩目和关注。岭南建筑作为岭南文化的重要载体，更是岭南文化的精髓。

任何地方建筑都具有文化地域性，岭南建筑强调的是适应亚热带海洋气候，顺应沙田、丘陵、山区地形。任何一种成熟的建筑风格形成，总离不开四项主要因素的制约，即自然因素、经济因素、社会因素和文化因素。从自然因素而言，岭南地区丘陵广布、水网纵横、暖湿气候本来就有利于花木生长，山、水、植物资源的丰富性，让这一地区已经具备了先天的优良自然环境，使得人工环境的塑造容易得自然之惠。从经济因素而言，岭南地区的发展步伐不一，也间接在建筑上体现出形制、体量、装饰等方面的差异。而社会因素和文化因素影响下的岭南建筑，不仅在类型上形成了多样化特征，同时在民系文化影响下，各地域的建筑差异化特征也得到进一步强化。生活在这块土地上的岭南人民用自己的辛勤和智慧，创造了种类繁多、风格独特、辉煌绚丽的建筑文化遗产。

因此，从理论上来总结岭南地区的建筑文化之特点非常必要，也非常重要。而这种学术层面的总结提高是长期且持久的工作，并非短时间就能了结完事。“岭南建筑丛书”第一辑、第二辑、第三辑在2005年、2010年、2015年已由中国建筑工业出版社出版，得到了业内外人士的关注和赞许。这次“岭南建筑丛书”第四辑的书稿编辑，主要呈现在岭南传统聚落、民居和园林等范畴。无论从村落尺度上对传统格局凝结的生态智慧通过量化的求证，探寻乡村聚落地景空间和人工空间随时间演变的物理特征，还是研究岭南乡民或乡村社区的营建逻辑与空间策略；无论探讨岭南园林在经世致用原则营造中与防御、供水、交通、灌溉等生产系统的关系以及如何塑造公共景观，还是寻求寺观园林在岭南本土化、地域化下的空间营造特征等，皆是丰富岭南建筑研究的重要组成部分。

就学科领域而言，岭南民居建筑研究乃至中国民居建筑研究，在长期的发展实践中，已逐渐形成该领域独特的研究方法。民居研究领域已形成视域广阔、方法多元等特点，不同研究团队针对不同研究对象和研究目的，在学科交叉视野下已发展出多种特征。实时对国内民居建筑研究的历程与路径特色进行总结和提炼，也是该辑丛书分册中的重要内容，有助于推进民居建筑理论研究的持续深化。

无论如何，加强岭南建筑的理论研究，提高民族自信心，不但有着重要的学术价值，也有着重大的现实意义。

陆琦

于广州华南理工大学民居建筑研究所

2022年11月25日

前言

广东自古以来就是中外文化汇聚、交流的重地，这里有丰富的宗教历史文化资源，在长期发展过程中形成了岭南特色的宗教文化景观。宗教建筑是宗教文化传承的载体，宗教建筑的园林环境是宗教文化、社会发展和自然条件综合作用后的具象表现。只要稍加注意，我们往往能从宗教建筑及园林中深挖出中华五千年文明中的文化精髓。

说起广东的传统园林，普遍的印象是实例少、类型杂，既不如北方的华丽大气，也不如江南的雅致。其中，最著名者莫过于顺德清晖园、东莞可园、佛山梁园以及番禺余荫山房，这四园皆为粤中私家园林。而说到私家园林，童寯的著作《江南园林志》中指出中国凡有富贵、官宦、文人之地，大部分是私家园林荟萃的地方，其中最精华的都集中在江浙一带，但不包括广东，因而对广东园林只字不提。在今人论述古典园林时，多以岭南园林作为单位——岭南包括了广东、广西和福建部分地区，还有香港、澳门，单独提及广东园林的不多，偶有提及的，又几乎只论及私园。

这些状况或多或少让人对广东形成其历史上并无多少寺观园林，或者广东古典园林除了几个粤中私家园林外乏善可陈的刻板印象。但事实上，广东古典园林历史颇为悠久，最早可追溯至两千多年前的汉朝，而且种类丰富、意义深远。例如，以前中国园林史所引用的考古实例大部分只能上溯至明代，而广州南越国宫苑则是公元前两百年的中国宫苑实例，而且它还是中国最早的大型石构建筑，这将改写中国的园林史与建筑史；南汉国首都广州的王城兴王府，其宫殿、池苑装饰豪华、瑰丽，甚至可媲美长安，与长安建章宫以太液池为中心的布局不同，南汉王朝的宫馆大多与池苑结合，建筑融入自然山水、垒石筑山的特色开创了岭南园林艺术的先河，在中国园林史上占有相当重要的地位；再比如云综别墅、海山仙馆等清末古典私家园林，其岭南特色鲜明，足以与北方园林、江南园林鼎足而立；此外，广东还有不少如官署园林、书院学宫园林、租界园林、酒家园林等清代出现的新类型建筑园林。综上所述，广东不是没有园林实例，只是有待深挖和研究。

寺观园林是中国古典园林的大类，大大小小的寺庙建筑遍布各地。广东境内，广州光孝寺、曲江南华寺、新兴国恩寺、陆丰元山寺等都是基于城市或山水格局营建的代表性寺庙建筑。此类园林相较于研究较为成熟的岭南私家园林而言，实际上历史更悠久，最早的可以追溯至宗教传入岭南的秦朝。

佛教和道教在中国传统宗教中无论从数量、规模，还是历史上都远超其他教派，因此很多学者研究中国园林时亦会以寺观园林替代寺庙园林作为一个大类来研究。历史上，广东寺观建筑在数量上也远超清真寺、教堂等其他类别宗教建筑，明清晚期最盛，大小寺院曾达到六百多座的规模，然而当今能完好保存下来的已十分稀少，寺院内新旧并存的现象很普遍。广东寺观形式和种类多样化，尤其是不同地区差异化明显，很难总结出统一的定式和套路。但是广东的寺观却具有独特的地域文化特色和浓厚的宗教色彩，对研究岭南的地方文化和宗教文化，促成地域文化发展具有积极的作用和深远的意义。可以说，广东寺观园林是中国古典园林的重要南方遗产。

目录

第一章

广东传统寺观园林的演进

第一节

广东寺观园林发展的文化根源

在古代中国，园林是一种文化艺术，是为了补偿人与自然环境相对隔离而创设的“第二自然”，涉及人类生存的艺术，当然由生存哲学所决定。中国古代哲学文化的架构由儒、道、释组成，人的生存向度总是游离于入世、出世之间，生命态度常常徘徊于积极、消极之间，而中国园林无疑给了他们观照生活、直面自我的物质空间和精神空间。由此推断，佛、道是中国寺观文化之源泉，浸染了寺观园林文化，主宰了寺观园林的审美意识，决定了其风格演变。

故此，要论述广东传统寺观园林的历史特征和艺术特征，必定离不开两个层面的内容，其一是背后的、抽象的寺观园林造园思想，其二是表面的、具体的寺观园林空间营造手法。一般来说，寺观园林由于其宗教性质，传统佛教、道教思想文化对其影响之深不言而喻，中国古典园林中其他类型园林都不像寺观园林这般和某种思想文化关系如此紧密。而广东寺观园林有别于北方，宗教和寺观园林有着特殊的关系，此外受到更多的地方文化的影响，从而导致在造景和建筑形制方面呈现出鲜明的地域特点。

一、南方禅宗和道文化——广东寺观造园的艺术追求

（一）广东传统寺观造园思想根植于禅宗和南方道学思想

六祖惠能的禅宗“顿悟”和葛洪道团的“无为”是岭南地区佛、道两教的主流思想学说，而且两种思想对广东的寺观园林造园思想有非常紧密的联系，表现如下：

一方面，六祖惠能的禅宗讲求顿悟，不重礼佛，不著言说，是一门追求淡泊自然的“适意”人生哲学。在园林中，“适意”则体现在审美意识，消极面对现实世界，却又不逃离，转而感悟园林山水、自然花草之乐。事实上，广东禅寺之所以依附于名山大川，寺内林木苍翠葱郁，放生池碧波荡漾，都是为了给“顿悟”参禅寻得一个佳境。

另一方面，葛洪在老子“道法自然”理论上创新提出的“自然无为”哲学观，认为道以“无”为要，禅以“空”为本，“自然”是“道”的最高追求，暗示了整个宇宙的运行法则。这种自然美学观反映在造园上，即一切取法自然、师法自然，追求“虽由人作，宛自天开”的造园意境。“自然无为”哲学观的第二个层面是人性与天道合二为一，实现主客观的和谐平衡，在艺术创作中则表现为“神与物游，诗与境协”的审美意识，这在寺观创作中则会表现为摆脱传统礼教束缚、返璞归真、寄情山水的造园艺术风格。结合禅、道两者来看，广东道家文化以尚静贵柔、虚实相生的变化中催生园林的意

境，而禅宗则更进一步。禅需要妙趣横生的景观营造与空间变化，通过对应、对比、隐喻、象征、点题等手段深化意境，如同禅机一般的反常玄妙。

本书认为，分别以“顿悟”和“无为”为重要特点的南方禅宗和道家，他们的哲学思想和文化属性对广东寺观园林美学观和布局设计思想具有十分深远的影响。佛寺、道观在汉晋时期出现于广东，历经一千多年的发展演变，逐步园林化和完善化，整体风格和格局随着道教、佛教力量的强弱兴衰和思想主张转变而不断变化，并在明清时形成鲜明的地域特色，但“物我为一、自然无为”一直是其所遵循的原则并未改变。可见，广东传统寺观造园思想确实根植于禅宗和南方道学思想，在其思想影响下所形成的广东寺观园林独特的“天人为一”哲学观，本于自然，高于自然，将自然美、建筑美、诗画美有机统一，实现“无我”的境界。

（二）佛、道思想决定了广东寺观园林“雅俗共赏”的特性

禅宗强调众生平等，寺观园林需要为各阶层信徒提供服务，这就决定了它必然是雅俗共赏的。这一点在寺观布局上尤为明显：一方面，寺观园林需要体现神佛的庄严肃穆，因而大殿或主殿区域基本上是按轴线呈对称布局的；另一方面，为了满足观赏、休憩的需要，同时由于广东寺观往往规模不大，因此除了主殿之外则是依山就势，以满足景观呈现为优先考虑。寺观建筑区域的规整是造园者入世的体现，而园则是园主人心灵游憩的空间，布局错落有致，体现为一种别样的出世。

另外，无论是葛洪道团所拥有的“为道当先立功德”核心思想，其所信奉的“我命在我不在天”治身说，还是炼丹术或者医术方面的学说，都摆脱了汉魏道教“泛论教略”的陈旧观念。不难发现，这和禅宗的众生平等观相似，都不再如以往那般推崇神佛，强调个人的感知和感受。

因此，在南方禅宗和道教思想文化的熏染下，广东寺观园林显现出“雅俗共赏”的特征，既是功能需求的结果、文化需求的结果、审美需求的结果，也是精神需求的结果。

（三）佛、道文化对广东寺观造园艺术的熏染差异

自东汉佛教流传开来，人工山水渐渐成为寺庙园林的主干，借用寺外环境造景的自然风景区普遍增多，有诗赞曰“南朝四百八十寺，多少楼台烟雨中”。在南方禅文化和道教文化影响下发展起来的广东寺观园林，既是一类有代表性的宗教性建筑群体，又是中国古典园林一个重要的、独特的组成部分。它兼具了宗教活动之所和园林游赏之地的舆情养性功能，是本地宗教和园林建筑艺术有机结合的突出范例。

南方禅宗和道教思想文化对广东寺观园林的造园艺术影响也具有一定差异性，具体如表1-1-1所示：

广东佛寺和道观的审美差异 表1-1-1

范畴	佛寺	道观
造园观	"适意" 消极面对现实世界，却又不逃离，转而感悟园林山水、自然花草之乐	"自然无为" 道法自然，一切取法自然，师法自然，追求"虽由人作，宛自天开"
审美意境	"意趣玄妙" 各个园林空间形态各异，并随时变化、散淡着。通过这种玄妙又没有某种明确的规则，对不同的人构建出不同的心灵空间体验。不只是用眼"看"，还得用心去"悟"，去"参"，才能感悟到园林空间客体的玄妙和意趣，走进自然、平淡但却幽深的佛境世界中	"恍惚洒脱" 使观察者获得象外之象、景外之景，从而使景物通过情感体验升华。关于意境美，老子有云："道之为物，惟恍惟惚"。意思是让人在或有或无、或实或虚的恍惚之中触景生情，从意象，到情景，再领悟"道"的最高境界，获取"道"的精神享受，也就是会用"虚"
造园法则	"自然天成" 在优美的自然山水环境中造园，高密度和色彩华丽的寺院建筑与自然环境融为一体，取得浓厚的山林隐逸的幽情雅趣	"一池三山" 源自古代中国道家追求长生的愿望，传说东海之上有"蓬莱、瀛洲、方丈"三座仙山，三座山上有长生不老之药，皇帝们便遵照"瑶池三仙山"之传说来建造皇家宫苑以其实现长生美梦
	"峰回路转" 主要体现在山路营造方面，逆水行舟，不进则退，披荆斩棘绕到丛林深处进入幽寺，从而得到"山重水复疑无路，柳暗花明又一村"的心理启示	"阴阳相合" 源自阴阳八卦原理延边发展而来，可以是"有"和"无"，可以是"开"和"闭"，可以是"动"和"静"，可以是"露"和"藏"，亦可以是"形"和"神"

二、多民系文化——广府、客家、潮汕的寺观文化

园林造园在技术层面的风格特点受不同语系的制约，同一语系，语言相通，造园匠师之间交流机会就多，反之则交流困难。恰恰广东与国内其他地区不同，其幅员辽阔，是个多民族省份。受此影响，广东传统寺观的造园风格，特别是其他相关的文化景观会在粤中、粤北、粤东和粤西地区呈现出差异性。

（一）广府、客家、潮汕三地的寺观文化景观差异

广东汉族基本由广府、客家和潮汕三大民系组成（也有部分学者将迁移至雷琼地区并逐渐形成文化特点的汉族组群归类为第四大民系，即雷琼民系）。民系主要以其所操之语言作为划分标志，广东三大民系的语言分别是粤方言（简称粤语）、潮汕方言（简称潮语）和客家方言。

其分布，广府人主要在珠江三角洲及粤北、粤西等地；潮汕人主要在粤东之东南部即清代潮州府主要辖境；粤西沿海各县市居民所操之雷州话，与潮语接近，同属于闽方言民系；客家人相对分散，其中心在粤东的东北部各县市和粤北山区，粤中、粤西各县市的山区也有零星分布。广东汉族是以粤地原住民古越族融合于北方迁徙的汉族族体为基础，然后经过漫长的再融合和汇聚吸纳而逐渐形成的地域性族群共同体（表1–1–2）。

三种民系下寺观文化景观的差异 表1-1-2

文化区	范围	景观特征
广府	包括区域：珠三角、西江地区 中心：广州	（1）继承了中国寺观建筑传统布局和结构； （2）装饰艺术风格受西方建筑工艺影响； （3）脊饰早期受官式建筑风格影响较多； （4）重点展示琉璃河陶塑、灰塑艺术
客家	包括区域：北江、东江和梅江地区 中心：韶关	（1）继承了中国寺观建筑传统布局和结构； （2）装饰艺术风格显得相对简单、突出表现在脊饰多采用龙吻和鱼吻等形式； （3）少有形式各异、色彩丰富的装饰，如韶关南华寺
潮汕（福佬）	包括区域：潮汕和雷州半岛地区 中心：潮州	（1）传承和弘扬了中国寺观建筑布局和结构的传统； （2）体现了潮汕（福佬）地区精湛的建筑技术工艺，突出表现为脊饰最为复杂； （3）用彩瓷镶嵌成花鸟鱼龙等形式，色彩绚烂、富丽堂皇，如潮州开元寺

（二）寺观文化景观差异的主要原因

1. 分区地理条件差异

广东北部为山地丘陵，中部为冲积平原和三角洲平原，南部沿海为平原台地，地理环境的分区差异，本地居民对佛、道文化的接受程度也会不同。沿海地区海运交通方便，对南方传入中国的禅宗佛教文化采取开放、包容的态度，广府而南传至广东的道学文化，由于五岭山脉的阻隔，加上北部地区客家民族保守的思维，所以在广东一时难以接受，经过很长一段时间才得以发展，景观很单一。这也是广东历史长久以来“佛盛道衰”的根本原因，文献记载中广东佛寺数量远超过道观数量的可观事实也可以佐证。

2. 区域开发程度经济发展差异

三大文化区中，广府地区经济最发达，潮汕地区次之，客家地区最欠发达。经济格局的差异对寺观文化景观影响相当大，具有足够财力的广府地区能够开展各种礼佛传道活动，相对应的就会有很多园林建置活动，而且变化发展也与时俱进。而潮汕地区，古时地狭人稠，雷州半岛地区相当贫困，当地人们依靠寺院为生，故僧尼也多，造园活动，是仅次于广府地区的广东佛、道文化次中心。而相对落后的客家文化区缺乏足够的财力支持宗教崇拜活动，再加上客家人信仰的多元化，所以出现了寺观造园融合多种文化的现象，例如客家梅州灵光寺主殿以“菠萝顶”建筑为最大特点，融合了多方建筑风格，难以归类为哪一个派别，乃全国罕见，堪称庙堂建筑艺术的杰作。

3. 与中原文化碰撞融合程度的差异

禅宗佛学和南方道学最初作为一种异质文化传入广东，与本土百越文化不断摩擦和融合的过程中，广府和潮汕地区包容性较高，因此佛学传播的阻力小，得以扎根和发芽，并且世俗化、大众化，成为广东文化的一部分，同时在寺院文化景观上呈现出明显的地域文化差异。而在客家山区，封闭保守成了延缓佛学传播的主因，历史上道士在此修道院的记录更是少之又少。另外，佛教文化与当地客家文化融合程度较深，彼此交融，形成了诸多新文化景观，例如客家香花即为一例。

由三大民系衍生的四个文化区（陆琦教授认为居住在雷州半岛、海南一带的民系属于潮汕民系的亚民系，亦可独立为广东第四大民系雷琼民系）寺观园林的主要差异详见表1-1-3：

广东境内各文化区代表性寺观园林异同简单比较 表1-1-3

地区	寺观特点	代表性园林寺庙	所处地点	寺观园林类型	园林简述
广府文化区	一、规模宏大，布局自由。 二、建筑量较多，连房搏厦，建筑围合庭院，注重生活享乐空间。 三、改舍为寺、多教合一现象普遍，院落空间极具岭南私家园林风格，生活气息浓重。 四、清纯素雅、质朴白然。 五、小型放生池，砌石池岸，多规整几何形	光孝寺	广州市内	城市寺观园林	全院规模甚大，院落对称规整，古柯子树保存至今
		能仁寺	广州白云山山麓	山林寺观园林	荒草埋径、隐没于山野，以潭为主景，环潭开路，借园外瀑布为外景
		六榕寺	广州市内	城市寺观园林	六榕古树参天，花塔绮丽精湛，金铜刹柱耸立
		纯阳观	广州市内	城市寺观园林	建筑依山岗而建，沿东南角拾级而上，台阶盘旋，四周古树葱茏，奇石嶙峋
		五仙观	广州市内	城市寺观园林	穗石洞天旧景仍在，仙人拇迹耐人寻味，禁钟楼俯览全园，钟声缭绕
		三元宫	广州越秀山山脚	城市寺观园林	以三元殿为中心呈轴线布置，草树萧疏，阴凉涓涓
		云泉仙馆	佛山西樵山白云洞	山林寺观园林	瀑流千尺，严壑幽深，寺院藏于绿茸，满山开遍杜鹃红，三湖、长堤相映成趣
		玉台寺	江门圭峰山山坳	山林寺观园林	山势雄伟，溪湖丰盈，林木葱茏，风景秀丽
		国恩寺	云浮新兴县龙山	山林寺观园林	青山绿水环绕，山不高而钟灵敏秀，寺院依山而建，古朴典雅，院宇精严，布局壮观，千年古荔参天成荫
客家文化区	一、规模中等，重相地选址，部分山寺平面狭长。 二、建筑色彩比较鲜艳明朗，雅俗共赏。 三、花木、盆景丰富，配置浓密，全年绿茵葱翠	南华禅寺	韶关曲江区曹溪	山林寺观园林	山川秀丽，紧邻曹溪，中轴线贯穿全寺，门殿重重，庄严肃穆
		仙居岩道观	韶关仁化丹霞山上	石窟寺园林	前对九龙奇峰，后依八卦顶绝壁，芭蕉冲谷，封闭幽静，凡尘不染
		飞霞洞仙观	清远飞霞山山腰	山林寺观园林	云锦相辉，小径通幽，岩前春草萋色，岩上江涵白月影徘徊
		静福山古观	连州南岭山中	山林寺观园林	乾坤秀萃之所，仙灵之宅。三峰尖秀，高一百三十丈，峰峦环抱，松桧葱郁
潮汕福佬文化区	一、规模中等，布局严谨对称，轴线明显。 二、建筑装饰十分华丽，博采众长，多元并蓄	开元寺	潮州市内韩江西侧	城市寺观园林	泰式建筑金碧辉煌，三院相扣，庄严肃穆，纳韩江美景，与泰佛殿隔江相望
		元山寺	陆丰碣石镇内	城市寺观园林	卧岗面海，依山递建，结构严谨，玄武山上麒麟巨石庞然惊人，雄姿昂扬，福星垒塔屹立山顶，冒于古榕浓荫之间
		灵光寺	梅州阴那山西麓	山林寺观园林	千年生死古柏相映成趣，一枯一荣，一生一死，精雕细工，生动流畅

续表

地区	寺观特点	代表性园林寺庙	所处地点	寺观园林类型	园林简述
雷琼文化区	一、规模较小，建筑量少。 二、多位于岭外偏陲僻壤之疆，天然物产多，地理环境优美。 三、素构简筑，掇景实用	天宁寺	雷州海康县	城市寺观园林	依山而筑，坐北朝南，左辅城关，右瞰西湖，丛林幽静，山环水绕，风景优雅
		石觉寺	阳江漠阳江畔	城市寺观园林	面漠江奔流于前，背岗背山于后，建筑古朴典雅，巍峨雄伟，佛塔直插云端，环境清幽，绿树婆娑

三、中西合璧文化——开放兼容的寺观营建思想

陆琦教授曾指出："随着商业经济和对外贸易的发展，经世致用和西学东渐的造园理念也融入到岭南园林之中。岭南文化中的兼容、多元、开放、务实等特性，在岭南园林中都能得到充分体现。"[①]这句话虽然谈的是岭南私家园林，但是作为岭南传统园林体系下的分支，我们可以大胆推断广东传统寺观园林同样受到外来文化的冲击，这在强调"文"饰一属性的园林建筑装饰上可以得到验证。

（一）西域佛文化

1. 海、陆两路传入

自佛教问世开始，释迦牟尼始尊就为佛门与世间作出最好的表率，立足于世间，也就把根深深扎在尼泊尔与印度相连的印度半岛上，务实于世间，那就是与自己的国家、民族休戚与共、息息相关，以解救、普度芸芸众生为己任；后继的衣钵传人，从迦叶尊者到菩提达摩，佛教二十八代祖师都继承、发扬了这一优良传统。易行广在《佛教先传入广州所起的历史作用》一文中指出，"历代佛教宗师的不懈努力，终于使佛教在印度半岛及其周边地区、国家传播开来，并且创造了公元4~6世纪间的佛教黄金时代；同样，众多西域及外国的佛教有为的宗师或信众，从海陆两路把佛教传入中国，正是坚持和发扬释迦佛的优良传统，才使佛教种子普播于神州大地，生根发芽开花结果。"[②]由此可见，西域佛教，尤其是印度佛教对岭南社会，甚至中国社会都产生了深刻的影响。广东沿海地区，包括古代寺观遗址范围陆续发现了不少的莲花陶瓶、佛教瓷像碎片，以及佛教摩崖石刻残址、佛绣等文物，为其提供了很有说服力的佐证。

古代大岭南概念是包括今广东、海南两省以及广西东南部、越南北方，据岭南地方志、民间记事，佛教首先是由岭南西江流域传入广州的，南北朝以前，该流域崇尚的是岭南本土（俚僚）文化，具有"从众、兼容、多变以及适应性强的特色。"从西域或

① 陆琦．岭南私家园林［M］．北京：清华大学出版社，2013：213.

② 易行广．佛教先传入广州所起的历史作用［J］．岭南文史，2006（2）：16-21.

外国来的佛教信众到达该地区时，往往是步行或坐船而来，自称为沙门或优婆塞（居士），待人和蔼可亲，彬彬有礼，而且肯为人排忧解难、热心助人，西江土人往往亲热地称他们为弥头陀、西和尚、番鬼菩萨、光头老祖、番邦长老等；从秦汉时期起，在西江流域的商户乃至普通人家、水上人家中，逐渐流布开来。在城镇中，则由西域或外国信佛的船民、使节、商人，无论是临时暂住或定居也好，坚持礼佛拜佛念经，带动与之有交往的当地官绅人士、平民百姓也崇尚佛教信仰，甚至集资兴建起佛教寺庵。

2. 西域佛教本土化

今之广州光孝寺、华林禅寺，其实就是在官府与民间崇尚佛教信仰的基础上，兴建起正规佛教寺庵的。回溯光孝寺原址历史，启自南越国赵建德王府（？~公元前111年）王园，建德王常在那里宴请外国使节和波斯商贾，是时有无波斯佛教物品或信仰传进，无据可查，但在三国成为东吴骑都尉虞翻（公元164~233年）谪居处，据《虞氏族谱》称，虞翻被谪贬至广州，嘉禾元年得到平反给召回京，其家人在嘉禾二年（公元233年）献宅为寺，因虞翻夫妇信佛，在虞苑苛子林中就辟有佛堂、禅堂、净室（单独禅坐用），当地略为扩建，被称之虞庵或苛子寺，难怪乎上面提到的牟子晚年抵此弘传佛学。据江西《康氏家谱》云，定居于广州西关的康氏“第二代康善宝，航海经商，抵南天竺经营时，拜达奚王公为师，领优婆塞法券……第三代康慕空，则承竺显罗为优婆塞，曾接待萧昂刺史造访，有诗唱和，刺史诗：‘蕃汉谈无间，彼此心印心。更深人阑静，犹传木鱼声。’慕空和：‘心印本无间，恳谈深又深。更尽霞光起，乐闻鸡叫声。’”那么说，在达摩祖师未来广州之前，佛教信仰在广州已深得民心了；官府与民间合作，为达摩祖师弟兄在大通元年（公元527年）建起一座正规的佛庵——华林禅寺前身西来庵，是顺理成章的事。

汉初佛教传入岭南之时，时任交州郡守牟子收容上百个中原人士研讨经学，易行广[①]认为：“封开人牟子写的《理惑论》，就是岭南地区客观而又至诚地接纳、消融外来文化的最好例证”，据此可以推断牟子的著作和讲学为西域佛教本土化迈开了第一步。其后，达摩祖师兄弟起到了重要的推进作用，他们不但在广州建立了传佛心印的第一道场[②]，还在北上之后始终关切着南方佛法的发展并做出佛法南移的决策[③]，这在当时是难以想象的壮举。达摩祖师本着海洋文化特赋的宽博胸怀和卓知远见，他虽然在中国北方创立了禅宗，却把禅宗兴盛的希望寄托在海洋文化发育深厚的南粤，坚信自己在广州打下传佛心印的根基，会给宗门带来丰硕的成果。许多宗教界的人士都认为，达摩祖师兄弟的西域佛教在南禅宗发展历史上起到了很重要的承前启后作用，他们在广州创建的西

① 易行广．佛教先传入广州所起的历史作用［J］．岭南文史，2006（2）：16-21.

② 广州刺史萧励在中大通元年（529）记云：“承达摩祖师、奚王优婆塞坐镇之西来庵福荫庇护，普通年间，外舶靠泊西庙，常年两三艘，转元前，已达拾艘。禅商两旺，众口皆碑。”

③ 大统二年（公元536年）寒春，东魏太常寺卿宋云（公元483～545年）护送达摩祖师西归，在豫陕边途中问：“祖师所传之法，何日能在东土兴旺？”祖师答：“一百七十年后，佛法当在南方衍盛。”再问：“南方何地？”答：“王园、曹溪。”

来庵，对推动广东禅宗文化发展的作用不容置疑。

总而言之，以印度为首的西域佛教文化是广东禅宗文化之源，它的传入和本土化，对广东禅宗思想文化，甚至道和儒文化的发展都产生了深刻的影响，毫无疑问，也间接地影响到广东传统寺观园林的造园艺术。

（二）海外西洋文化

1. 远儒性

广东地区的“远儒”特性为西方文化的进入创造了条件，刘管平在论文《岭南园林与岭南文化》中指出：“岭南文化是一种远儒性的非正统文化。长期以来，中国的统治中心一直位于北方，古代岭南人烟稀少，山峦阻隔，生产力远不及北方发达。中原的传统文化以儒家占主导地位，而远离权力中心的非正统文化则往往带有远儒性、反传统性。”本书认为，正是因为远离政治纷扰，广东才会走向重商、实用、兼容、开放的道路，这些特质是由这里的地域特征、历史传统、生产方式和生活方式所决定的。特别是清代晚期，粤中地区寺观众多，经济发达，人口稠密，这一客观事实无疑为产生以市民阶层为基础的世俗文化创造了更加繁荣的环境和基础。寺观园林建筑装饰上的多元化和博采众长、兼容并蓄便成了顺理成章的结果。

2. 中西合璧的寺观建筑装饰风格

广东沿海城市自古有悠久的海外通商史，有着“得风气之先”的优势，是较早接收海外文化影响的地区，对西方文化一直是秉持兼容并蓄、为我所用的态度。所以，在中西文化不断碰撞的过程中，广东传统寺观园林学习西方新技术和新工艺，善于吸收海外建筑材料、工艺与技术，西为中用，在结构上虽无大的改变，但在装饰上却融入了西方文化的元素，主要表现在门窗、栏杆、屏风等构件上。如清远峡山上的藏霞洞古观和飞霞洞古观建筑群，观内多处矮墙，中间镂空套入彩瓷花瓶柱，殿堂墙壁上的开洞套入满洲窗，甚至镶嵌彩色玻璃或光片，众所周知，套色玻璃在明清时从国外进口，然后在广州加工。透过彩色玻璃观赏道庙建筑内部，景致会有不同的变化，红橙色有如丽日满堂，草绿色有如绿荫压地，靛蓝色又似白雪连天，光、影、色的巧妙运用为室内增添了不少情趣，给人一种清奇古雅的感受。虽为道观园林，却颇有私家园林之神韵。此外，古观生活区的走廊采用的铁艺花栏杆是由国外引进的，还有三清殿前的仿日式禅院石灯笼等，西洋风格的建筑局部比比皆是，与传统的装饰一起呈现出中西融合的装饰现象，这种情况在其他园林中少有。

聪明的工匠将西式装饰经过吸收与改良，融入广东传统寺观园林装饰，在传统装饰中融入异域风情，中西文化融合的装饰现象成为广东传统寺观的一大特征，反映了广东人“万物皆备于我”的心态和以本土文化为依托，博百家之长，西为中用、兼容并蓄的文化特点。

综上所述，在禅宗思想、南方道家思想、三大民系文化、中西合璧思潮的共同作用之下，广东寺观园林形成了在一定范围内的造园艺术风格、造园工艺上具有明显差异，但是在选址布点、指导思想上具有统一性的地域特点。即内部差异性和统一性共存的双重性，这种双重性，即便放眼全国各地区各种类型传统园林，也是比较少见的。广东寺观园林之构成正是吸收了各方文化，勤于实践，善于借鉴，勇于创新，因而多元融汇，不拘一格，表现出广东各文化影响下的鲜明地方特色。

第二节

广东传统寺观园林的历史分期

如前文所述，寺观园林的造园深受佛、道思想文化影响，但是由于广东特殊的文化属性，宗教和寺观园林的关系不如北方或江南寺观园林那般紧密，广东传统寺观园林的"世俗性""实用性"要大于其"宗教性"。因此，广东寺观园林的形成除了受禅宗和南方道家思想的影响原因外，还受到历史变迁、地貌变化、社会风俗、人文环境、价值取向、审美需求等方面的影响，这也是广东传统寺观园林区别于其他地区寺观园林的根本所在。本章以广东传统寺观园林的历史发展为线索，探索思想文化以外寺观空间形成的另一重要原因。

一、宗教建筑文化传入及起步时期（汉晋—南北朝）

（一）佛、道"双双起步"

一般认为道教在汉朝由中原南下入广东，但当时还没有专门的道教建筑，更谈不上道观园林。佛教是汉吴期间从东南亚和中原同时输入。西晋梵僧迦摩罗抵达广州后建的三归寺和王仁寺是有记载的最早的广东寺院。东晋高僧昙摩耶舍在广州城西原南越国的的王园宅邸造园池，并广植苹蒌诃子树，后来成为今天的光孝寺，可见广东寺观造园史由来已久。后来梁朝天竺僧智药禅师经至曲江曹溪口时，开山建置宝林寺，也就是今天南方重要禅林南华禅寺。梁武帝中期，禅宗之祖达摩高僧"西来初地"，上罗浮山建南楼寺，致使后来罗浮上佛寺接踵而建，成为广东佛教传播中心。

（二）广州府、韶州府——佛寺"园林化"之风的两个中心

魏晋南北朝，北方当权者支持佛教，而且战局混乱，而南方由于航海业不断发展，再加上传佛者和翻译佛经者增多，广东各地大大小小佛寺不胜枚举，仅外国僧人停留和行经之地广州城建有佛寺十九所，始兴郡十一所，罗浮山四所。据统计，广东当时共有87所寺

院，著名者如南华寺、华林寺等[1]。由《洛阳迦南记》可知北魏统治者颇为信奉佛教，佛寺园林化之风南传至广东，尤其在当时的广州府和韶州府两个地区首先受佛教影响。

（三）佛寺布局演进与中原同步

西晋至北朝这一段佛教建筑文化景观初传入及起步历史时期，广东寺院建筑文化风格的演变和中原地区保持了同步。早期一般以佛塔为中心的宫苑式或寺庙式建筑布局，历史学家称之为“天竺模式[2]”，院落重重，层层递进，礼制思想对建筑的影响显而易见。唐代诗人王勃曾有诗盛赞当时宝庄严寺（今六榕寺）寺塔：“庄严宝塔，基构鼎新，亭栾栌㠑，弃日霄排，归云晓纳。”[3]由此我们可以推断，当时的广东佛寺确实是以佛塔为中心布局。不过值得注意的是，早期全国各地流行以大臣王公的私舍改建为寺院，由于是私宅，故较少重新建造，或会以正厅代替佛塔作为寺院布局中心。广州光孝寺原为南越王宅邸，故布局模式也顺应当时的风潮以正厅为中心展开布局。

（四）南方道教基地罗浮山形成

自晋朝道教先人郑隐、鲍靓、葛洪等在广州越冈院（现三元宫）以及罗浮山炼丹修术、传道授业后，广州成为广东道教重要基地，罗浮山甚至从此成为中国道教的一个重要基地。但是，晋朝的道教场所并不是如佛寺的建筑物，而是简陋的石室、洞府或茅房。即便如此，由于道士生活简单，因此只要环境幽静，满足道士“好山居”的需求就是一个好的修道场地。道教场所在南朝时有所演进，当时出现了具有一定规模的道馆和道舍。

综上所述，佛教、道教在汉朝几乎同步传入广东，并在此“双双起步”。汉晋到南北朝是宗教建筑文化的传入与起步期，这一历史分期内，广东佛寺的宗教礼制空间受北方的建筑定式影响较大，地方特色尚未形成。道教则刚刚形成简单地道馆道舍场所，尚未出现专门的造园活动。

二、佛盛道缓时期（隋唐—宋元）

（一）佛寺规模跳跃式扩大，山林佛寺激增

唐朝当权者竭力倡佛，而且适逢六祖惠能大师在岭南开创了禅宗顿教，吸引北方僧侣纷纷南下，韶关曲江成为全国性的佛教学术文化中心，佛教文化和本土百越深入结合，岭南佛教至此大盛。唐代的佛寺，不仅数量多，规模也比以前大不少。据记载，当时广州寺观二十八所，是按照天上二十八宿序列布局（图1-2-1）。除了广州外，其他

① 引自《大藏经·传记部》之统计数据。
② 陈可畏．寺观史话［M］．北京：社会科学文献出版社，2012：35.
③ 摘自（唐）王勃《宝庄严寺舍利塔记》.

地方的寺院，都是比较闻名的大型古刹，例如西江地区的龙山寺、国恩寺、白云寺、香山寺、禺峡山的峡山寺、佛山塔坡寺、阳江石觉寺、雷州半岛天宁寺，粤东的梅州灵光寺、潮州开元寺等。粤北丹霞山亦建置了不少寺庙，现今有留下来可考遗址再加上文献中记载的就超过二十多处，多依附于天然石岩或洞穴而建，尽览独特美丽的丹霞地貌，比较著名的有锦石岩寺、别传寺、仙居岩道观、灵树寺、狮子岩庙、朝阳岩寺、洪岩寺、金龙山寺、西竺岩寺、燕岩寺等。这些山寺用地紧张，高差非常大，打破了中国北方传统寺院的对称型空间模式，是采用岭南庭园的筑园手法，布局相对自由和多样。

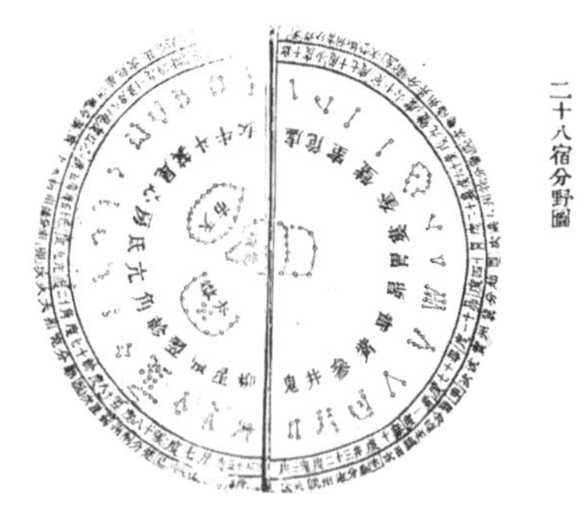

图1-2-1　二十八宿图
（来源：道光《广宁县志》）

宋元时期佛教在广东稍式微，但在雷州等地区仍时有建置寺庵，并延续至今。元代的琼州以高僧多而出名。此外，还有一部分番僧迁至粤东地区，创建了一批禅林。

（二）佛塔功能和地位转变

佛塔在隋唐至宋元这一段发展时期大量出现在寺院中，但此时佛寺已不再以佛塔为中心布局，转为以佛殿为寺院中心，佛塔则被设置在寺前、寺后或者寺两侧。佛塔便慢慢演变为佛寺景观建筑，与经幢一样，与院落共同配合组成寺院的园林景观。塔的用材也有发展演变，陶铸于南汉的梅州千佛塔、光孝寺东西铁塔均为我国宗教史中最早的一批楼阁式铁塔，而到了宋元时期，佛塔之风极为兴盛，塔的形式也非常多样化。北宋的佛塔以楼阁式砖塔为主，粤北地区最多，现存的就有二十多座，其中最具代表性的可数南雄三影塔。南宋则以楼阁式石塔为主，较为有代表性的如阳江北山的楼阁式石塔。此外，受到西方外来文化影响，南宋时期还出现了阿育王式佛塔和幢式塔，阿育王式塔平面多为方形，单层塔身顶，颇有印度古佛塔的风格特点，潮州开元寺内的四座阿育王式石塔就是其中最突出的代表。幢式塔的代表则要数南雄珠玑巷的八角七层石塔、连县慧光塔、曲江六祖塔、英德蓬莱寺塔、河源龟峰山古塔等。

道教也有道塔作为辅助性的园林景观，但是道塔即便放眼全国也非常罕见。广东境内保存下来的道塔几近凤毛麟角，清代丹霞山的慧道人塔是仅存的道塔之一，从该塔可知明清道佛合流使得道塔的建筑形式与佛塔相差无几，而明清之前的道塔已很难考究了。

（三）传道者流失，道观园林发展缓慢而稳定

承接南北朝时呈现的颓势，在隋唐至宋元这长达几百年的历史时间段中，相比于佛教之兴盛，广东道教势力和影响力却一直无太大扩张。究其原因主要有二：一是佛教之

昌盛迫使不少宫、观被改为佛寺，道教经典被毁，削减了道教势力；二是隋唐北方笃信道教，立崇玄学，使得道教分立许多宗派，各立教团，然而在广东，葛洪之后并无重要的理论和著作面世，导致传道者的外迁和流失。尽管如此，道观园林的发展并未因岭南道教的衰微而停滞。广东的道观也随着中原地区的潮流，开始从原本单一的宗教功能向宗教功能结合游赏功能的方向过渡变化。具体来说，唐代道观的建筑制度已趋于完善，一直延续到明清时期也再无出现较大的建筑布局变化。但道观除了开展宗教活动的功能以外，还渐渐引入了公共活动场所的功能，兼具城市公共园林的职能，郊野兴建的道观园林既是宗教活动中心，又是风景游览的胜地，对风景区的环境保护也起到了很大作用。宋代道观园林由世俗化而进一步文人化。元代以后，城镇园林型道教宫观宫观内具有独立的园林，同时也开始注重经营庭院的园林绿化，出现了多个庭院空间，郊野山林型道教宫观园林更注重与自然风景相结合的环境。例如惠州元妙观始建于唐朝，元代扩建时除了观内设廊建钟楼外[①]，在观外布置大片田园和池塘，使元妙观建筑群和周围环境相协调，共同组成一个园林化的道观环境。

三、寺观鼎盛共举时期（明—清）

（一）儒、道、释合流，共同推进

明初，王帝尊儒轻佛，因而寺院修缮、扩建的多，新建的少。明代之后民宅改建佛寺、佛寺改建道观的风气在广东再一次兴起，因此寺院内儒道释并存的现象比较普遍，再加上造园思想进一步包容开放，使寺庙园林风格与私家园林越来越相似。例如，肇庆庆云寺原为七级台地，下面两级在清朝被改筑为花园，种植菩提、红棉等古木构成“菩提花雨”“方池印月”等园景。

到了清代，寺庙比明代增多约五倍，特别是在广州府、惠州府、潮州府、韶州府、肇庆府五地最为明显。清朝人魏壮渠讲学修行，提学广东时，毁淫祠几千百所[②]，虽然略有夸张成分，但亦可知当时广东佛寺多达数百所的盛景。新筑的寺院中较闻名的如番禺海云寺、广州海幢寺、丹霞别传寺、罗浮山华首寺、徐闻华捍寺、兴宁和山古寺等先后落成，皆为广东的重要禅林。寺院世俗化和园林化也在此时达到高峰，主要的变化一方面是生活起居空间在寺院各空间的占比越来越大，另一方面是园林绿地空间的进一步渗透和扩张，从而使寺院的园林景观越趋丰富。（表1–2–1）

道教经历了一段漫长的缓慢发展期后，到清朝初期全真派杜阳栋抵达广后终于有

① 《惠州文物志》49页的《修元妙观记略》有关于元妙观扩建的描述：“正殿两廊，钟鼓二楼，三房，库房，横霤重檐，涂饰壮丽，像座威仪。”

② 摘取自《魏莊渠碎盇》，原文为“魏曰：‘吾为孔子之徒，官为督学，在广东毁淫祠几千百所，何有于一盇？’……世人绝无学行，辄自矜诩卫道，不犹妄乎！遍毁佛寺至千百所，神五一语诘责，世人广建梵宇，祈求福利，不更愚乎。”

了一次较大发展，全盛时期道士、道姑多达千余人，宫观也不在少数。广东临海，多水多雷[①]，南越人又向来善水，多以舟楫为家，因此对水神、雷神的祭祀最勤，明清时尊奉相关诸神的道庙在广东也有广泛分布。[②]据咸丰《顺德县志·胜迹》载，明代南海有天妃庙10处，清代顺德有洪圣庙14座，这与广州府地势平坦、水网密集纵横不无关系。

明清广东佛寺数量与分布情况（单位：座） 表1-2-1

朝代	广州府	惠州府	潮州府	嘉应州	南雄府	韶州府	连州	肇庆府	罗定州	高州府	雷州府
明朝	14	8	6	—	3	20	—	12	—	1	3
清朝	74	46	47	19	16	80	13	78	7	14	10

（来源：据司徒尚纪《广东文化地理》整理）

（二）相互借鉴，凸显统一性和地域性特征

道观建筑与佛教建筑在布局和外观上向来难以区分，其核心建筑群基本都是中轴对称的宫苑或寺庙布局。明清儒、道、释合流的现象在广东十分普遍，例如广州纯阳观核心建筑群包括了大殿、东西侧廊房、拜亭、灵宫殿等都是传统道教宫观的构成部分，整体布局严格按照道教建筑文化来组织空间，大殿内祭祀的是吕祖纯阳。然而，一侧又建有南雪祠和崔菊坡祠，诸神相融于一个院落内。其他案例还有诸如佛山祖庙、广州南海神庙、德庆龙母祖庙等都是按道教建筑文化来组织空间，但却供奉了各路神仙，由此说明了教门界限开始变得模糊。

纵观这一时期的寺观，建置活动依然集中在广州府、粤北韶州府和粤东潮州府三地。至此广东寺观发展已经进入成熟期，旧有的寺观经过多次翻修改造后都或多或少地增加了绿地空间，从而使园林景观越趋丰富；新建的寺观规模更大，形式更丰富自由，多采用廊院式空间布局，颇具南方古典园林特色。郊野山林型寺观不仅更加注重附属园林和寺观内部的庭院绿化，对于寺观外围园林环境也注重结合自然山水的地形，创造出“师法自然”的自然园林外围环境，将宗教建设和自然风景区的保护与建设结合一起，对于风景名胜区的发展和保护打下了基础。

然而，寺观建筑在朝代更替、战火洗礼中历经沧伤、易主迁移。现在看到的古代寺观园林大部分已非原貌，而是明清扩建后的式样，寺观园林内元素新旧并存的现象很普

① 岭南地区多水多雷，尤其是雷州半岛地区，据《国史补》：“雷州春夏多雷，无日无之。雷公秋冬则伏地中，人取而食之，其状类彘。又与黄鱼同食者，人皆震死。有收得雷斧、雷墨者，以为禁药”。

② 据《礼祀·祭法》中载：“山林川岳丘陵，能出云，为风雨，皆曰神”，可推测广东粤人特别尊崇日月星辰、风云雷雨、河岳山川的诸神。广东沿海分布众多的风神庙、雷神庙、天后庙等都显示了南粤人对大自然的敬畏之情。

遍。例如，建造史跨度颇大的光孝寺，各处建筑都不是同一时期修建的，各朝宗教文化元素汇聚一处的特征明显。

四、寺观园林历史轨迹特点

综合上述论据，据史料记载和调研整理出几个历史分期内主要广东古典寺观园林分布和发展方向情况如表1-2-2、表1-2-3所示。

广东佛寺各分期分布示意图 表1-2-2

分期	特点	示意图
汉晋—南北朝	传入之初，数量较少，主要集中在广州和曲江两个传播中心	
隋唐—宋元	广州、曲江两中心，东扩散至潮汕沿海，西发展至雷州半岛	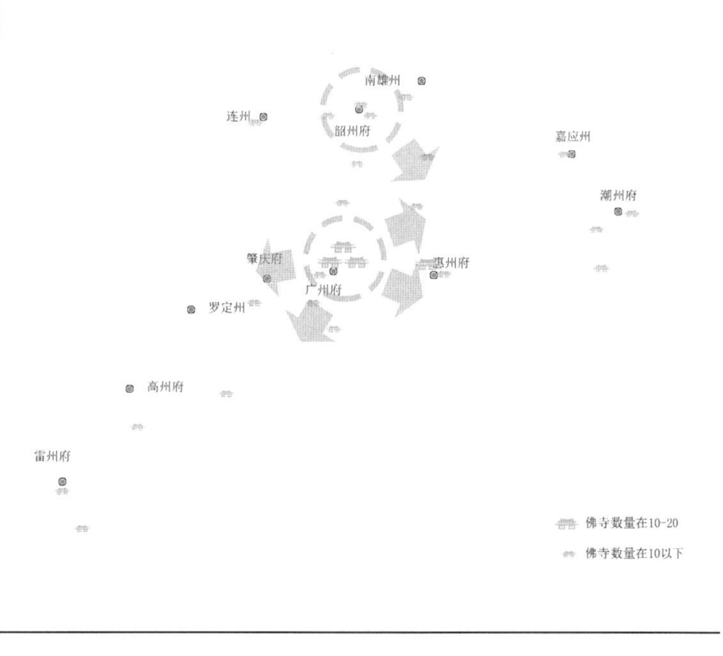

续表

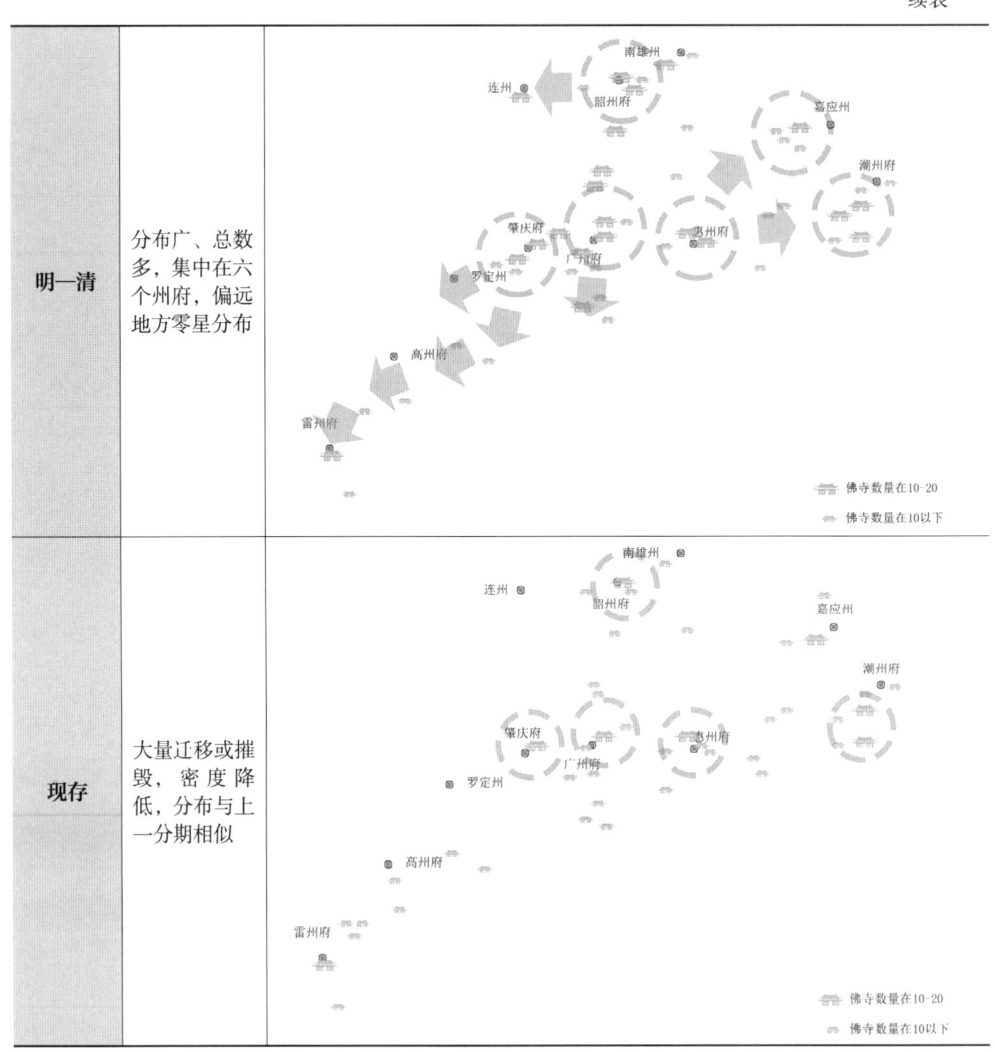

明—清	分布广、总数多，集中在六个州府，偏远地方零星分布	
现存	大量迁移或摧毁，密度降低，分布与上一分期相似	

广东道观各分期分布示意图　　表1-2-3

汉晋—南北朝	道教发展之初，主要集中在葛洪道团活动的即广州、罗浮山两地	南雄州 连州 韶州府 嘉应州 潮州府 肇庆府 惠州府 广州府 罗定州 高州府 雷州府 道观数量在5-10 道观数量在5以下

续表

隋唐—宋元	长期“佛盛道衰”，发展异常缓慢，分布与上个分期无大变化	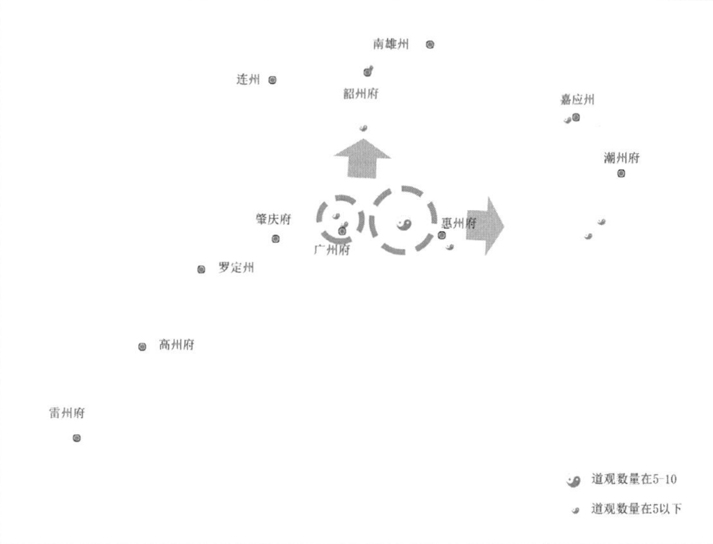 南雄州 连州 韶州府 嘉应州 潮州府 肇庆府 惠州府 广州府 罗定州 高州府 雷州府 道观数量在5-10 道观数量在5以下
明—清	全真派发展，形成罗浮山、广州和潮汕三个中心，向粤西、嘉应扩散	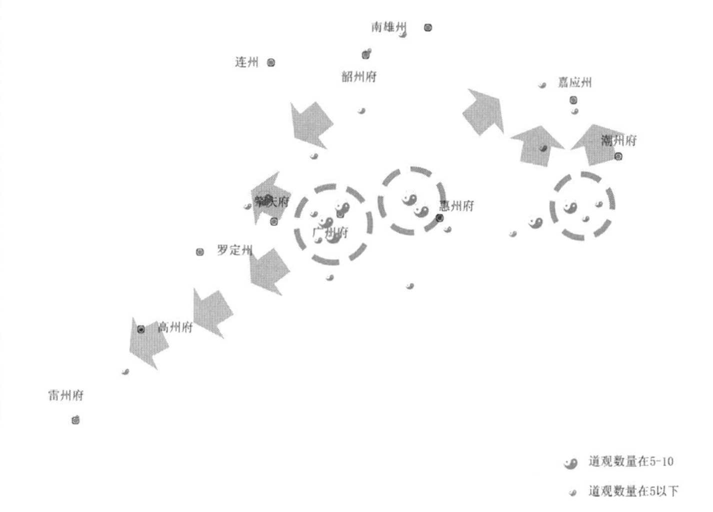 南雄州 连州 韶州府 嘉应州 潮州府 肇庆府 惠州府 广州府 罗定州 高州府 雷州府 道观数量在5-10 道观数量在5以下
现存	道文化再次衰颓，数量规模大减，仅存的分布在罗浮山及周边城市	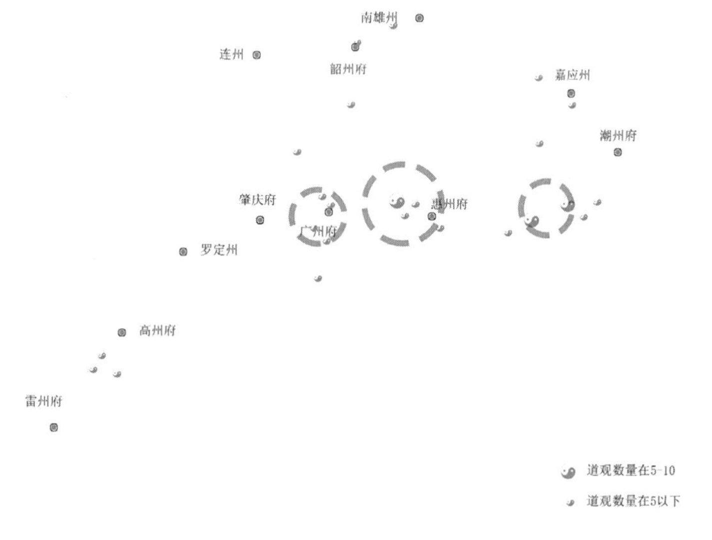 南雄州 连州 韶州府 嘉应州 潮州府 肇庆府 惠州府 广州府 罗定州 高州府 雷州府 道观数量在5-10 道观数量在5以下

通过两份图表，不难发现，总体上来看，广东寺观园林多与自然风景融为一体，因此分布相比王朝宫苑和私家园林要分散得多。此外，广东佛寺园林和道观园林的发展轨迹有很高程度的相似性，都是以广府地区为最早的中心，然后向东、北两个地方延伸，明清时期遍布全广东，近现代受战争和政治环境影响而断崖式衰颓，变化为粤中和潮汕沿海两个集聚地。这样的发展轨迹和两个因素息息相关：一是经济，寺观一般选址在经济较发达的广州府、韶州府、惠州府、潮州府、肇庆府等地，发展较晚的地区如雷州府、高州府、南雄府等在隋唐以后才逐渐出现数座寺院；二是宗教要人，禅宗大师六祖慧能活跃的新兴龙山、曹溪等地以及葛洪道团传道重地罗浮山沿途留下了大量重要的园林化寺观，如六祖故居众寺观、罗浮山和丹霞山寺观园林群。

周维权将中国古典园林史分为四个时期，即商、周、秦、汉的园林“生成期”，魏、晋、南北朝的园林“转折期”，隋、唐的园林“全盛期”，以及宋、元、明、清的园林“成熟期”。与本书所归纳的广东传统寺观园林三个历史分期对比来看（表1-2-4），发现有相当长的历史时段内是具有重叠性和同步性的。宗教传入广东并且形成本土寺观园林文化的阶段与周先生所指的园林转折期基本吻合，当时小农经济受到冲击，北方民族南下，王权处于四分五裂的状态，从而使当政者的意识形态产生改变，摆脱了以前儒学的垄断地位，呈现百家争鸣的局面。因此，依附于佛学、道学的寺观园林开始在中国各地萌芽。“佛盛道缓”时期则跨越了园林“全盛期”和“成熟前期”两个阶段，隋、唐时期帝王极度推崇和扶持各种思想教派，广东佛教乘此东风得到了相当长一段时间的长足发展，再加上商业经济的空前繁荣，当时广东禅寺数量出现跳跃式增长，规模和制度也趋于完善，并形成了鲜明的佛寺园林风格特征。同时，山林式佛寺园林极为昌盛，反观这一时期的广东道教文化，受限于传道者的稀少和流失而一直保持着缓慢的发展，道观的格局和园林风格特征并无太大改变。明清两朝是广东传统寺观园林的“鼎盛共举”时期，广东寺观园林再次回到与其他地区同步的发展轨道上。受到北方地区的影响，由于当时儒、道、释的合流和王朝政权对前者的再次扶持使寺观园林在广东得到第二次长足发展，而且趋于接近，两者界限越来越模糊。此外，清末民初，封建社会逐步迈向解体的边缘，历史发生急剧变化，处在对外开放前沿的广东率先受到西方文化冲击，当地文化和多种外来文化高度整合，寺观园林的统一性和地域性特征越加凸显。

广东寺观园林分期和中国古典园林分期对比　　　　**表1-2-4**

朝代	商、周	秦	汉	魏、晋	南、北朝	隋唐	宋	元	明	清
广东传统寺观园林分期	—		传入及起步时期			佛盛道缓时期			寺观鼎盛共举时期	
中国古典园林分期（周维权，1990）	生成期			转折期		全盛期	成熟前期	成熟后期		

第三节

寺观园林演进的自然和人文因素

纵观广东传统寺观园林的历史沿革，不难发现，寺观园林的形成、发展和演进离不开两个因素——自然因素和人文因素。广东传统寺观园林因其独特的自然环境和物质基础形成了区别于中国其他区域的寺观造园文化，同时，又因为不断变迁的社会环境和高度开放包容的人文环境而推动着广东寺观园林不断发展演进。

一、寺观园林文化形成的基础自然因素——灵山秀异、物产奇瑰

列宁曾说过："地理环境的特性决定着生产力的发展，而生产力的发展又决定着经济关系以及经济关系后面的所有其他社会关系的发展。"造园活动归根到底是一种生产活动，所以广东的生态环境与自然环境为寺观造园及思想文化的形成提供了物质基础，寺观造园文化正是这一过程的历史凝聚。

广东背依五岭，面朝南海，清代学者仇巨川形容其为"地总百粤，山连五岭，仙灵窟宅，土野沃饶"[①]，即安居乐业的理想之所。古籍《广东新语》的作者屈大均也指出："岭南背山面海，地势开阳，风云之所蒸变，日月之所摩荡……虽天气自北而南，于此而终，然地气自南而北，于此而始。始于南，复始于极南，越穷而越发育"。例如，惠州的罗浮山由于奇峰林立，怪石嶙峋，花木葳蕤，飞瀑幽泉，被称作道教第七洞天、第三十一泉源福地。与"东樵"罗浮山齐名的还有西樵山，正所谓"南粤名山数两樵"，西樵山有七十二峰、二十一岩、十洞、三十二泉，峰峦环抱，烟波浩瀚，有"南海之望"美誉。广东优美的自然风光，为山林之中建造寺观创造了环境条件，其天然的洞穴，正好满足仙人楼居、道士山居的需要。

另外，广东与北方不同的物产也是寺观园林文化，尤其是道教文化形成和发展的另外一个自然因素。广东物产多奇瑰之货，如明玑、翠羽、犀、玳瑁、异香、美木等。这些稀有且贵重的海产和矿产，有着很高的经济价值和美观价值，是提炼丹砂妙药的上佳材料，使不少僧侣和仙道慕名前来。例如汉末衡山两位学道之人张礼正和李明期，在"俱受西城王君传虹景丹方[②]"后"患丹砂难得，去广州为道士[③]"。广东芝类丰富，包括石灵芝、木灵芝、草灵芝、肉灵芝和菌灵芝"五芝"，在道教之中以炼丹术闻名的葛洪

---

① （清）仇巨川，著；陈宪猷，校. 羊城古钞［M］. 广州：广东人民出版社，2011.

② 《历世真仙体道通鉴》卷一二，《道藏》第五册：173页.

③ 《太平御览》卷六六九，《道部一一 · 服饵上》.

道团借此地利优势，经常上罗浮山采芝采药，满足其修道之所需。宋元以后各地大盛的道教内丹术理论和冶炼实践都与罗浮山密切相关。

综上所述，广东的山川地理和物产资源为广东的宗教尤其是佛教和道教发展提供了得天独厚的条件，并为寺观园林文化的地域化生长和演进奠定了物质基础。

二、寺观园林发展推动的核心人文因素——安定包容、进取创新

（一）独立安定的政治氛围

广东古时被称为“化外之地”，远离封建王朝的权力核心，政治氛围相对宽松。王丽英的著作《道教南传与岭南文化》中指出：“古代英雄人物的古籍资料，一方面反映了我国南方越族地区与中原地区的相互往来，以及进行经济和文化交流的史实；另一方面也反映了古代帝王对待边远地区岭南是采取的‘南抚’政策”。在历史学观点中，对地方的“抚”即既“控制”又“安抚”。广东乃至岭南地区受到皇权如此特殊的对待，因而形成了相对宽松和独立的政治氛围，从而减弱了与中原的政治摩擦，具体表现为战乱动荡较少，社会较为安定。

另外，由于政治的相对独立，在中国北方依附于天朝政权并大行其道的儒学迟迟未能在南方地区得到推行和发展，广东在早期受道家思想为内核的本地百越文化和荆楚文化熏陶，形成了独特的岭南文化，这种文化与儒学特征明显的北方正统思想文化有很大的差异。

总之，由于偏离古代封建政治中心，广东受正统宗法礼教和战乱斗争影响甚微，获得了一个相对独立宽松的政治氛围和安定的社会环境，为佛、道等流教派思想的生长发育提供了一方乐土，同时也为南方寺观园林造园思想和园林风格特征往不同于北方的方向发展埋下了伏笔。

（二）古朴世俗的社会风俗

广东人自古便“世俗”“率真”“简朴”。古籍《广东通志》中关于广东各地民风的评价可以加以佐证：“乐昌人的‘旧俗醇朴’、仁化人的‘性真率俗近敦’、三水人‘简朴有余’、东莞人‘士尚淳厚，民俗素厚’、增城人‘俗尚朴厚’、龙门人‘习尚朴厚’、韶州府人‘习尚简朴’……”如此种种，足以说明广东民风之纯朴，“率真”“乐道”是广东先民的民族特征和民族心态。这种民族心态，被代代传承，源远流长。广东先民这种心态特征，事实上也与禅宗、南方道教的文化精神十分吻合，适合两教在此地的生长和发展。

广东古朴又世俗的社会风俗在寺观园林发展中亦得到体现，具体表现在其对寺观园林审美的影响。“世俗”“率真”“简朴”的广东人以简洁为美、以自然为美、以清新为美，这种广东人独有的审美倾向框定了广东寺观园林的发展轨迹，无论其功能如何转

变，规模如何扩大，组成要素如何改变，都始终传达着当地人“崇尚自然、清新活泼”的审美理想。

（三）开放包容的经贸文化

广东文化是一种多元兼容的文化，以本土古南越文化和海洋文化为基础，并且融合了北方及其他地区汉民的数次南迁带来了诸如中原文化、闽越文化、吴越文化等多种外部文化。但最特殊的地方在于其是一种与西方文化高度结合的经贸文化。中原地区“重农”，广东地区“重商”。广东开发较晚，但自古以来一直作为中外沟通的重要港口，即便在清朝闭关锁国的岁月里也不曾中断与西方世界的联系。

从表面上来看，中外交流的加深引进了诸如新材料、新构造、新设备、新工艺等，这使得包括广东寺观园林在内的岭南园林在园林工艺上出现一些西方元素。例如，清末广东佛寺中的石柱、石刻常见带有古印度佛教花纹等异国符号，均是广东寺观园林融入外来元素形成地域特色的有力佐证。

但是从更深层次来看，本土园林文化在外来文化熏染下产生了一些微妙的变化。广东深受东亚文化、东南亚文化、印度佛教文化、阿拉伯文化和西洋文化影响，如陆琦教授对广东文化的评价：“广东文化是我国各种文化中，吸收外来文化、糅合多种文化最为成功的一种区域文化”[①]。在如此人文环境影响下，广东宗教文化必然是兼容并蓄、中和百家的。所以，当地人（包括寺观的建造者、使用者）受此熏陶，从而形成了经世致用、开拓进取的价值取向和开放通融、择善而从的社会心理。

因此，古代中国其他地方的寺观园林尽管在格局上随着宗教制度的改变而略有调整，但是整体造园风格未有太大变化，发展相对稳定。而广东寺观园林则不同，类似于其他类型的岭南园林，善于在造园艺术方面开拓创新。并且在其不断地演变和发展过程中，由汉晋时期比较纯粹的传统中式风格，慢慢演变为明清时期古与今并存、土与洋结合、中与西合璧的新风格。

综上所述，广东传统寺观园林的形成和发展推动与其所处的自然环境和人文环境有紧密的联系。一方面，优越的地理条件和优渥的物产资源为广东的宗教尤其是佛教和道教发展提供了得天独厚的条件，并为寺观园林文化在这里扎根、生长和演进奠定了物质基础。另一方面，当地宽松独立的政治氛围、古朴世俗的社会风俗、“经商重商”的思想意识和开拓进取的价值取向深深融入了造园文化之中，使广东寺观园林创造出区别于其他地区独具风格的广东特色。从各处寺观园林实例来看，不难发现其造园艺术既有一定的严谨性，又有很大的创新性。

① 陆琦. 岭南造园与审美［M］. 北京：中国建筑工业出版社，2005：55.

第四节

广东传统寺观园林发展演变剖析

一、寺观造园——世俗化的产物

在古代中国，寺观造园活动是寺观世俗化的产物。佛寺和道观的组织经过长期的发展而形成一套完整的管理机制，即丛林制度。寺观园林的出现标志着寺观园林即佛寺、道观在历史上拥有土地，也经营工商业，寺观经济、丛林经济与世俗的地主小农经济并无二致，而世俗的封建政治体制和家族体制也正是丛林制度之所本。因此，寺观的建筑形制逐步趋同于宫廷、住宅是顺其自然的发展规律。

从中国传统思想文化来看，儒家思想自始至终是中国人的主流意识形态。即便在广东地区，公众对于禅宗思想和南方道学文化的热忱也未曾像西方人对基督、天主文化那般狂热、偏执和富有激情。中国的宗教观其实可以从寺观园林的发展中看出来，寺观园林从魏晋南北朝时期产生开始，走的就是“舍宅为寺”路线，寺观更主要的目的是节假日期间给民众提供休息娱乐的场所，平时也是文人墨客在寺庙一起琴棋书画的场所，同时也是现代风景名胜区和公园的鼻祖。

皇帝君临天下，皇权是绝对尊严的权威，像古代西方那样震慑一切的神权，在中国相对于皇权而言始终居于次要的、从属的地位。统治阶级方面虽屡有帝王佞佛或崇道的，历史上也曾发生过几次“灭佛”事件，但多半出于政治和经济的原因。从来没有哪个朝代明令定出“国教”，总是以儒家为正宗而儒、道、佛互补互渗。在这种情况下，宗教建筑与世俗建筑不必有根本的差异。历史上多有“舍宅为寺”的记载，梵刹紫府的形象无需他求，实际就是世俗住宅的扩大和宫殿的缩小。就佛寺而言，到宋代末期已最终世俗化。它们并不表现为超人性的宗教狂迷，却通过世俗建筑与园林化的相辅相成而更多地追求人间的赏心悦目、恬适宁静。道教模仿佛教，道观的园林亦复如此。

二、广东传统寺观园林造园艺术的演变发展

（一）寺观园林出现前——两种造园体系生成

1. 商、周——“筑山”“挖池”活动的出现

古代商周时期园林以“囿”的形式存在。“囿”有围墙为边界，禽兽困于其中。《孟子》记载：“文王之囿，方七十里，刍荛者往焉，雉兔者往焉，与民同之。”可知园囿是

古人打猎和种植的园林。《新序》记载：“周王作灵台，涉干池沼……”台是早期宫苑建筑物，当它结合绿化种植而形成以它为中心的空间环境时，园林的雏形便开始出现。可知当时主要的造园方式是在自然山水中筑台挖池。

周朝开始出现了筑山活动。周穆王“西征东归，建羽陵”，仿照西方羽岭筑山，这是最早的筑山传说。春秋的《尚书》亦提到：“为山九仞，功亏一篑”，即出现了夯土筑山的施工方式，而且当时的施工工具是土筐（篑）。齐文化依据自己临海的地理特点创造了蓬莱神话系统，也引起了人对海外仙山的向往。先秦的齐威王、齐宣王，甚至燕昭王就曾派人入海寻找蓬莱、方丈、瀛洲三山。虽然这种海岛仙山在现实中根本不存在，但对园林中园林布局来说却是一种良好的形式，并始终受到之后历代造园家的喜爱，沿用不衰。

2. 秦、汉——构景方式的分裂和体系形成

秦汉王朝一统天下之后，对海外仙山的拥占成了必不可少的一部分，因此筑山活动更加成熟和盛行。秦始皇临位这一年就使“徐市发童男女数千人，入海求仙人”，过了四年又使燕人卢生入求羡门和高誓两位仙人，不久，又“使韩终、侯公、石生求仙人不死之药[1]。”《三秦记》记载：“秦始皇作长池，引渭水，东西二百里，南北二十里，筑土为蓬莱山，刻石为鲸鱼，长二百丈。”到了汉朝，汉武帝在建章宫、上林宫、未央宫等皇家宫苑中，筑山掘池“聚土为山，十里九坡，种奇树”，使宫殿得以在园林中与山水交相辉映。汉朝的这一股筑山风潮亦从皇家园林扩展到私家园林。文人士大夫深受影响，在刚刚兴起的私家园林中以真山水构景造园的例证不少。例如西汉袁广汉在北邙山下筑园，以石构景为山，并在徘徊连属的屋宇之间“重阁修廊”，这意味着山石和建筑开始成为园林的主要部分而出现，具有里程碑式的意义。

随着秦汉筑山凿池风潮的兴起，以建筑和人工山水构景的造园活动从宫廷扩展到民间，奠定和发展成为中国古代以人造园林要素为景观结构主体的造园体系，并成为日后城市型寺观的主要造园体系。

同时，以自然园林要素为景观结构主体的造园体系也在慢慢向前发展，秦汉宫苑就有不少结合真山真水构景造园的案例。据《史记》记载，秦始皇末年“先作前殿阿房，东西五百步，南北五十丈，上可以坐万人，下可以建五丈旗。周驰为阁道，自殿下直抵南山，表南山之巅为厥，为复道自阿房”，《阿房宫赋》：“骊山北构而西折，直走咸阳。二川溶溶，流入宫墙”都是以自然山水构景造园的例证。

自此，“人工”和“自然”两种造园体系已基本形成，为日后包括寺观园林在内的中国古典园林造园发展奠定了方向。

---

① 引自《史记–秦始皇本纪》。

（二）“建筑主导”造园体系和“环境主导”造园体系

风景园林学研究中普遍把中国古典园林造园体系分为“人工”和“自然”两种，但由于划分的标准和称谓不同而略有差异，其中最被认可的论述例如周维权先生按照园林基址的选择和开发方式的不同将古典园林分为人工山水园和天然山水园两种。他指出：“人工山水园，是在平地上开凿水体、堆筑假山，人为地创设山水地貌，配以花木栽植和建筑营构，把天然山水风景缩移摹拟在一个小范围之内。天然山水园，一般建在城镇近郊或远郊山野风景地带，包括山水园、山地园和水景园等。规模小的利用天然山水的局部或片段作为建园基址，规模大的则把完整的天然山水植被环境围起来作为建园的基址，然后再配以花木栽植和建筑营构……”。赵光辉先生将中国传统园林构景艺术按照构景方式的不同分为两类：“其一是以自然山水为景观结构主体，绿化以人工栽培和人工造景为主，天然景观为辅。大多数私家园林，如苏州留园、拙政园等，以及苑囿、宫廷中的某些小园，如颐和园的谐趣园、故宫的乾隆花园等，都属于这种构景方式；其二是以自然山水为景观结构主体，自然林木为主要绿化，以天然景观为主，人工造景为辅。一些苑囿如颐和园、避暑山庄，一些寺庙和名胜风景点，如杭州的灵隐、苏州的虎丘、西湖的三潭印月等都属于这种构景方式……”

根据前辈们提出的有关两种造园体系的论述，本书以景观结构中景观要素的组成为基础，将广东传统寺观园林造园体系进一步提炼和归纳为“建筑主导”体系和“环境主导”体系。

“建筑主导”体系是以寺观建筑物为主导的寺观造园体系，建筑物是主景，其他人工山水或园林绿化作陪衬。突出宗教建筑物美感的同时，通过写意的手法点缀景物，美化园林环境，重现自然山水的意境，建筑景观为主，园林景观为辅。

“环境主导”体系是以园林环境为主导的寺观造园体系，即绿化环境比例超过建筑物，造景以人工要素配合自然环境或园林景物来造景，山林式寺观多为这种体系。在“摒俗收佳”原则下，剪辑、调度和选取优美的天然山林环境，使景色更集中、更精炼，从而获得“源于自然，高于自然”的自然环境。园林景观为主，建筑景观为辅。

这两种造园体系既独立又相互交织发展。随着中国古代寺观世俗化的不断加深，造园体系亦随之发生了一些改变，其具体变化规律和变化进程我们可以从中国古典寺观园林的发展历史中一一对应。

（三）寺观园林出现后——寺观造园体系与中国造园艺术同步发展

如前文所述，广东传统寺观园林的三个历史时期与周维权先生所划分的园林历史分期高度重合，可以认为，广东寺观园林的造园体系与中国造园艺术是同步发展并有深刻的一一对应关系。

1. 魏、晋——两种体系的传承

广东寺观园林的形成紧随寺观建筑之后，最早见于魏晋南北朝时期。这一时期，佛教和道教盛行，随着寺观的兴起，寺观园林应运而生，而且承袭了之前造园艺术的“人工”“自然”两种体系，并演化为“建筑主导”“环境主导”两条路子。

陆琦教授指出，秦末南越国时期，广东宅第园林巧妙利用自然地形在有限的空间之中造园，并没有像北方那样大兴土木，也没有挖池堆山。到了魏晋时期，最早的寺观几乎都是宅园改建而成，居住用房改造成为供奉佛像的殿宇和僧众用房，宅园原样保留为寺院的附园，所以城市的寺观园林只有简单的庭院绿化。

还有一些山林寺庙则是另外一种造园方法，高僧选择深幽的山川修建梵刹，依山就水，广植林木，使寺庙兼有自然山水园的属性[①]。同时，佛学成为当时文人士大夫逃避现实的精神避风港，他们崇尚自然、寄情山水的风气既推动了山水诗、山水画的发展，也进一步影响和推动了寺观园林构景中“山水设计”的造园理论和设计手法。

2. 隋、唐——庭院重视观花，外部重视园林化环境

隋唐时期，寺观园林空前兴盛。在政府的扶持下，佛寺遍布全国，道教受皇家青睐，都有相当的经济实力。寺观具有开放性，在进行宗教活动的同时往往伴随世俗活动，因此兼有公共园林的性质。由于寺观经过一段时间的发展，其制度已趋于完善，一些规模大的寺观，其殿堂、客房、寝斋连成庞大的建筑群。

由于寺观规模加大，内部庭院用以池水栽植的空间亦有更多考量的余地。有的寺观甚至有富余的空间建置独立的小园林，如“宅—园”的模式，也很讲究内部庭院的绿化，多有以栽培名贵花木而闻名于世的。唐代诗文中描写文人名流到寺观赏花、观景、品茶的内容屡见不鲜，例如唐代大诗人王勃《广州宝庄严寺舍利塔碑》曰：“讲肆宏敞，斋筵巨翼。供引纯陀，饭回香积。”细腻地描写了宝庄严寺（今六榕寺）故时的寺院生活和环境。由此可证，隋唐时期广东寺观园林已经兼具了城市公共园林的功能。

此外，广东各处风景名胜寺观建置活动明显增多，许多名山大川得以开发。由于郊野的寺观大多修建在风景优美的地段，周围向来不许伐木采薪。因而古木参天、绿树成荫，再以小桥流水或少许亭榭作点缀，又形成寺观外围的园林化环境。正因为这类寺观园林及其内外环境雅致幽静，历来的文人名士都喜欢借住其中读书养性，帝王以之作为驻跸行宫的情况亦屡见不鲜。唐代诗人咏赞罗浮山的诗作中，提到寺观环境有山池花木之美姿的不少，例如唐代张又新的《罗浮山》：“江北重峦积翠浓，绮霞遥映碧芙蓉。不知末后沧溟上，减却瀛洲第几峰。”

总之，隋唐时期，广东寺观园林在“建筑主导”和“环境主导”两条路子上继续并行前进，并且具有“庭院重视观花，外部重视园林化环境”的新趋势。例如惠州罗浮

① 蓝先琳. 中国古典园林［M］. 南京：江苏凤凰科学技术出版社，2014.

山，虽然晋朝道教曾在这里兴盛过一段时间，但是早期建筑都比较简陋，更说不上对外部环境的利用。到了隋唐时期，寺观建筑才具有较为完善的格局，山上佛道并存、宗教建筑拔地而立，曾出现“九观十八寺”之盛况。它们或占据主峰制高点，或占据洞天水帘秀异点，充分说明了当时寺观善于利用外部园林环境的趋势。

3. 南宋、北宋——世俗化、文人化加深

两宋时期，禅宗在中国佛教中的地位进一步提升，广东禅寺园林再次发展，而且本次发展跟文人士大夫关系密切。

由于文人与禅僧交往频繁，文人的诗画情趣受到禅佛的耳濡目染，也通过他们的审美意识影响了佛寺园林的规划设计。相比前朝的“离世绝俗”，宋人在山水园林中更多地表现出追求“可游”“可居”。其具体理论依据，从宋朝皇家园林、寺观园林、私家园林均仿照西湖格局造园，并以此作为最推崇的审美标准的历史事实便可推测得到。也就是说，在这一时期佛寺世俗化倾向更加明显，文人与禅僧交往密切，禅宗与儒家思想的沟通，促使了佛寺“文人化”。

道教尚老庄，讲求清净、无为。道士与文人士大夫交往，闲逸、高雅的情趣相互吻合。因此，道观园林也呈世俗化、文人化趋势。此外，南宋时期南方地区的广州和泉州出现了各种外国风格的园林和异域植物，虽然缺乏详细的文献记载，但不难推测，当时广东寺观园林应该是融合了印度、西亚乃至北非等地区的园林样式。

4. 明、清——公共性强，借鉴私家园林

明清时期，寺观园林不仅分布于各地城镇，在山川也有兴建。山林中兴建的寺观园林、皇家园林和山居别墅的造园活动丝毫不亚于城市园林叠山凿池的造园活动，这些名山大川也因此成为风景名胜。这些寺观多数开放可供游览，兼有公共园林的性质。这一时期的寺观园林，承袭世俗文人画的传统，形制上与私人园林相仿，呈现各具特色的地域风格，且有相当数量留存至今。此外，从唐朝开始出现的郊邑风景名胜编“八景”品题的造园结构还是不断发展和滥觞，日后无论宏观的城市建设还是书斋小院组景，都纷纷效尤，采用“八景”结构。特别是广东地区的庭园宅邸，无论规模大小，几乎都编有八景，如广州喻园、花地杏林庄、黄埔小山园等。最终在明清时期，广东寺观园林也盛行“八景”组景体系，例如广州海幢寺曾有“古寺参云、珠江夜月、飞泉卓石、海日吹霞、江城夜雨、石蹬从兰、竹韵幽钟、花田春晓”八景。

到了现在，寺观的造园内涵已经相当广泛，既包括寺观建筑的附属园林的造园，也包括建筑内外的园林化环境①的造园。其小者仅有方丈之地，大者则涵盖整个宗教圣地，是建筑、宗教景物、人工山水和天然山水综合体②的全局控制和造景处理。

① 郭风平，方建斌. 中外园林史［M］. 北京：中国建材工业出版社，2005.
② 杜道明. 天地一园. 中国园林［M］. 香港：三联书店（香港）有限公司，2015.

纵观中国寺观造园的发展历史（表1–4–1），再观察广东的寺观造园演进，发现依据寺观性质的不同而朝着三个方向发展：第一，着重旅游观赏功能的造园理念，以比邻于寺观而单独建置的园林，犹如宅园之于宅邸。南北朝的佛教徒盛行“宅舍为寺”的风气，贵族官僚们往往把自己的宅邸捐献出来作为佛寺。原居住用房改造为供奉佛像的殿宇和僧众的用房，宅园则原样保留为寺院的附园；第二，着重于生活实用性和交通功能的造园理念，主要通过一些微观处理来强化寺、观内部各殿堂庭院的绿化或园林化；第三，着重宏观景观处理和总体把控的造园理念，“小筑征大观”，主要针对郊野地带的寺观外围的园林化环境[①]设计和处理。当然，根据具体地形地貌的不同，常常会综合运用各种造园手法来理景。

中国古典寺观造园活动演变发展简表 表1-4-1

<table>
<tr><th>阶段</th><th>出现朝代</th><th>关键人物</th><th>园林载体</th><th>园林功能</th><th>造园手法总体特点或造园内容</th><th>构景体系</th></tr>
<tr><td rowspan="5">中国寺观园林出现以前</td><td>商</td><td>文王</td><td>园囿</td><td>打猎、种植</td><td>筑台挖池</td><td>人工</td></tr>
<tr><td>周</td><td>周穆王</td><td>羽陵</td><td>接近神灵、求恩典</td><td>夯土筑山</td><td>人工</td></tr>
<tr><td rowspan="2">秦汉</td><td>秦始皇</td><td>阿房宫</td><td rowspan="2">祭祀、游赏</td><td>堆土为山或借自然山水构景</td><td>人工+自然</td></tr>
<tr><td>汉武帝</td><td>建章宫、上林宫、未央宫</td><td>筑山凿池</td><td>人工+自然</td></tr>
<tr><td>西汉</td><td>袁广汉</td><td>私家园林</td><td>起居、游赏</td><td>构筑山石、修建阁廊</td><td>人工</td></tr>
<tr><td rowspan="7">中国寺观园林出现以后</td><td>两晋</td><td>慧远法师</td><td>城市寺观</td><td>崇拜</td><td>舍宅为寺</td><td>人工</td></tr>
<tr><td>魏晋南北朝</td><td>文人士大夫</td><td>山林寺观</td><td>崇拜、游赏</td><td>“山水设计”造园理念出现</td><td>人工+自然</td></tr>
<tr><td rowspan="2">隋唐</td><td rowspan="2">—</td><td>山林寺观</td><td>崇拜、游赏</td><td>开发名川大山</td><td>人工+自然</td></tr>
<tr><td>城市寺观</td><td>崇拜、游赏</td><td>注重庭院山池与植物栽培</td><td>人工</td></tr>
<tr><td rowspan="2">两宋</td><td rowspan="2">—</td><td>佛寺园林</td><td>崇拜、游赏</td><td>造园风格进一步世俗化</td><td>人工+自然</td></tr>
<tr><td>道观园林</td><td>崇拜、游赏</td><td>造园风格趋向高雅朴素</td><td>人工+自然</td></tr>
<tr><td>明清</td><td>—</td><td>寺观园林</td><td>崇拜、游赏</td><td>造园风格往私家园林靠近，各地寺观形成地域特色，“八景”造园结构的流行</td><td>人工+自然</td></tr>
</table>

① 周维权．中国古典园林［M］．第3版．北京：清华大学出版社，2008.

第二章

广东传统寺观的风景地貌特征与环境利用

第一节

寺观选址的依据和风景地貌作用

一、依仗风景地貌的寺观选址

中国谚语说“自古名山僧占多”，的确，古代中国的传统寺庙大多远离繁华的城市，幽禁在秀美的乡间。人烟稠密的地区固然不乏香火鼎盛的寺院，但是更多的寺塔、庙宇、宫观和石窟则隐藏在浓荫翠谷之中，安卧在浩浩江湖的沿岸，挺立于峻岭高原之巅，这便是中国宗教文化在地理分布上的一大特色。

造园名著《园冶》用“相地”一节论述了古典园林选址的重要性，作者认为园林选址必须遵从“相地合宜，构园得体”的原则。寺观由于其特殊性，相对于其他类型建筑，对自然环境的经营和开发利用有着更高的要求。首先，寺观选址必须保证有良好的生存生活条件，同时又要满足宗教活动的功能要求。具体来说，就是要靠近水源，便于解决饮用水需要；要有木材资源，以用于燃料和建筑修缮；要隐蔽安静，创造幽隐的禅境；要出行便利，邻近集市村落，避免香客难至之窘况。如此种种，都是寺观选址体现“相地合宜”要考虑的因素。

其次，寺观的营生维计，一方面依赖香客信徒的上香进贡，另一方面要靠游玩景观吸引游人的花费维系。而名山大川中，游赏内容以“观山望景”为主，营造或通过些许人工改造形成的寺观风景点是吸引游人信徒趋至和保证香火兴旺的一个重要手段。所谓“寺借景扬名，景借寺增色”，风景地貌和寺观建筑因此而互相成就。若然拥有风景秀丽的地貌，深山古寺，加上云雾烘托、霞光辉映，更能形成超尘出世的“人间仙境”，以达到宣扬宗教的目的。所以，长久以来，寺观的选址总是选择优美的风景地貌和良好的僧侣生活条件，能维计营生，进而开发寺观园林。

我国名山常以各种特征享誉天下，它们或雄伟高拔，或险峻奇绝，或秀丽淡雅，或深邃清幽，或高渺宽阔，例如华山之险、峨眉之秀、黄山之奇、泰山之雄、青城之幽等，都是冠绝天下的风景。这些风景的自然特色吸引了古今中外众多高僧道士留于此地修道学佛，修寺筑观。广东境内亦不乏名山胜迹，例如罗浮山之仙气仙香极负盛名，饱览其仙容者，无不称其不输于五岳，就连著名诗人李白和杜甫亦曾赋诗：“余欲罗浮隐，犹怀明主恩[①]”“结托老人星，罗浮振衰步[②]”以赞美罗浮胜景。事实上，古人工匠往

---

① （唐）李白《同王昌龄送族弟襄归桂阳》诗有云：“余欲罗浮隐，犹怀明主恩。”表达了李白希望晚年隐归余罗浮仙境的愿景。

② （唐）杜甫《咏怀》写道：“结托老人星，罗浮振衰步。”表达了杜甫对罗浮仙境的向往之情。

往能抓住那些自然特征，辅以人工美化，让人的情感注入景物，情景交融，从而创造出理想中深邃的寺观园林意境。

翻阅文献典故，古人对宗教基地挑选和抢夺的故事不在少数。凡兴建寺庵，主持僧总会先派弟子云游四方，选择瑰丽之地。例如，唐朝自在禅师曾命弟子远赴江南寻觅山水佳丽处以作为终老晚年之地。历史上，佛、道之间或者寺庙之间争夺名山胜景之事也屡见不鲜。佛、道争胜的现象在广东很少出现，例如广东名山罗浮山上道、佛同山共鼎盛，虽然同立仙山，但两教帮派从未因抢占风水宝地发生纷争仇恨，他们和谐相处，各自盘踞。由此亦侧面反映了古往今来宗教对寺庵选址非常重视，基地都是经过精心挑选的。

二、地貌特征下的广东寺观构景特色

中华大地幅员辽阔，地形地貌变化万千，为寺观园林环境提供了不同的风景地貌。我国寺观充分利用和选择秀丽的风景地貌，因地制宜，巧于因借，精在体宜，扬长避短，广纳自然风景点，构成了绚丽多姿、气象万千的园林景观。例如，华北、西南地区群山高耸入云，高挺、险陡的风景特征很容易构成苍劲有力的景观。建在三百余米高的三座峰峦顶端上的四川云灵寺突兀入云，凌空欲飞，构成了硬朗险峻的峰峦景观；陕西香炉寺立于悬崖顶峰之巅，前方黄河水滔滔，危峰尖上点缀几座佛殿，绝壁景观让人望而生畏；布达拉宫建于红山山巅，建筑体量庞大，占地宽广，在山脚龙王潭花园水面映衬下，构成雄伟壮观的画面。除此之外，还有诸如峨眉金顶佛光、泰山日出、庐山云海等，可惜的是，广东山地属于丘陵地，坡度相对较缓，海拔不高，运用峰峦地貌构景有相当难度，现有资料中也几乎找不到有寺观筑在峰峦处的描述。

广东寺观的环境地貌类型，主要可以分为六大类——以单形态地貌为主的山间、崖壁洞窟、水畔、小山冈、平原平地地貌，以及复合地貌。（表2-1-1）

部分广东寺观选址及地貌类型　　表2-1-1

寺观名	寺观类型	选址	地貌类型
光孝寺	城市型寺观	广州城中	平原平地
六榕寺	城市型寺观	广州城中	平原平地
华林寺	城市型寺观	广州城中	平原平地
海幢寺	城市型寺观	广州城中	平原平地
西禅寺	城市型寺观	广州城中	小山冈
大通寺	城市型寺观	广州城中	平原平地
能仁寺	山林型寺观	广州白云山	山间

续表

寺观名	寺观类型	选址	地貌类型
萝峰寺·玉岩书院	山林型寺观	广州萝峰山	山间
五仙观	城市型寺观	广州城中	平原平地
三元宫	城市型寺观	广州城中	山间
纯阳观	城市型寺观	广州城中	小山冈
佛山祖庙	城市型寺观	佛山城中	平原平地
云泉仙馆	山林型寺观	南海西樵山	复合地貌
宝峰寺	山林型寺观	南海西樵山	山间
飞来寺	山林型寺观	清远禺峡山	水畔
飞霞洞古观	山林型寺观	清远禺峡山	山间
藏霞洞古观	山林型寺观	清远禺峡山	山间
锦霞禅院	山林型寺观	清远禺峡山	山间
圣寿禅寺	山林型寺观	英德南山	山间
福山寺	山林型寺观	连州福山	山间
大云古寺	山林型寺观	连州大云洞	山间
南华寺	山林型寺观	韶关曲江	山间
云门寺	山林型寺观	乳源云门山	山间
锦石岩寺	山林型寺观	仁化丹霞山	崖壁洞窟
别传禅寺	山林型寺观	仁化丹霞山	山间
仙居岩道观	山林型寺观	仁化丹霞山	崖壁洞窟
灵树寺	山林型寺观	仁化丹霞山	水畔
狮子岩庙	山林型寺观	仁化丹霞山	崖壁洞窟
朝阳岩寺	山林型寺观	仁化丹霞山	山间
洞真古观	山林型寺观	南雄翠屏山	山间
冲虚观	山林型寺观	惠州罗浮山	山间
酥醪观	山林型寺观	惠州罗浮山	山间
黄龙观	山林型寺观	惠州罗浮山	复合地貌
九天观	山林型寺观	惠州罗浮山	山间
白鹤观	山林型寺观	惠州罗浮山	山间
南楼寺	山林型寺观	惠州罗浮山	山间
延祥寺	山林型寺观	惠州罗浮山	山间
华首古寺	山林型寺观	惠州罗浮山	复合地貌
拨云寺	山林型寺观	惠州罗浮山	山间
元妙观	城市型寺观	惠州西湖	水畔
准提寺	城市型寺观	惠州西湖	水畔
元山寺	城市型寺观	陆丰玄武山	小山冈

续表

寺观名	寺观类型	选址	地貌类型
定光寺	山林型寺观	陆丰清云山	山间
南山寺	山林型寺观	汕头南澳岛	山间
菩提禅寺	城市型寺观	汕头城中	平原平地
证果寺	城市型寺观	汕头城中	平原平地
华阳观	山林型寺观	揭阳紫峰山	山间
开元寺	城市型寺观	潮州城中	平原平地
灵光寺	山林型寺观	梅州阴那山	山间
庆云寺	山林型寺观	肇庆鼎湖山	山间
白云寺	山林型寺观	肇庆鼎湖山	山间
梅庵	城市型寺观	肇庆城中	平原平地
古香林寺	山林型寺观	中山五桂山	山间
玉台寺	山林型寺观	江门圭峰山	山间
紫云观	山林型寺观	江门圭峰山	山间
茶庵寺	城市型寺观	江门城中	小山冈
国恩寺	山林型寺观	新兴龙山	复合地貌
龙潭寺	山林型寺观	新兴龙山	水畔
石觉寺	城市型寺观	阳江城中	水畔
天宁寺	城市型寺观	雷州城中	平原平地

由表2–1–1所列的60座广东寺观园林整理得出各种地貌类型寺观数量比例，发现了广东寺观园林选址的丰富性和不平衡性，丰富性在于所选址的地貌类型有六种，除了缺少峰峦山巅地貌之外，基本囊括了一般园林相地选址的全部类型。不平衡性在于，尽管广东范围内岩壁、洞穴、江河水畔资源并不匮乏，但基于此选址构景的案例相对偏少，基本上还是承袭了传统的在山林台地或城市平地相地造园的思想。另外，通过对比山林型寺观和城市型寺观发现，尽管前者在数量上占有绝对优势，但后者也占有一定比例，而城市型寺观与社会发展、人们生活联系非常紧密，说明了广东寺观园林的世俗化程度较深。

需要注意的是，比例数值根据样本数量和所选取的例子会得出截然不同的结果，图2–1–1选取的案例均是历史上比较著名的园林实例，而事实上广东境内还有相当多的寺观园林案例，由于相对不太典型而未被收录统计在本书中。因此，图2–1–1所体现的只是用作粗略地揭示数量比例关系，还有待进一步考究完善，仅供参考。

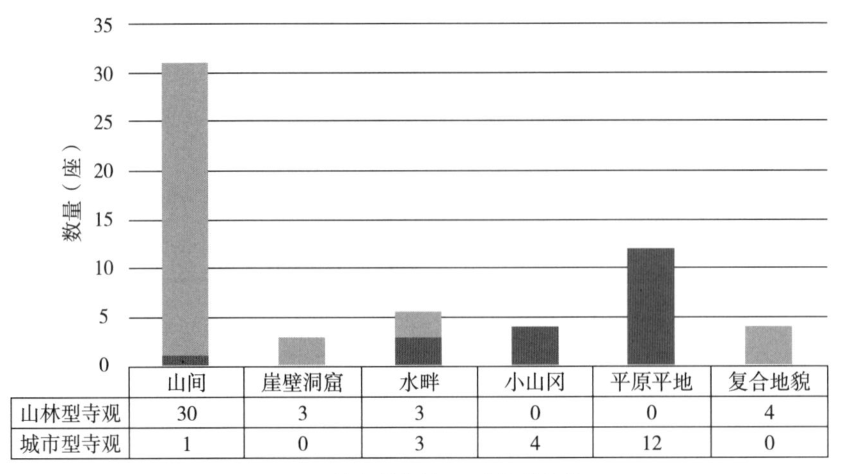

	山间	崖壁洞窟	水畔	小山冈	平原平地	复合地貌
山林型寺观	30	3	3	0	0	4
城市型寺观	1	0	3	4	12	0

图2-1-1　60例广东传统寺观的构景地貌比例

第二节

单形态地貌寺观特征与环境利用

一、山间寺观

山间地貌是寺观选址中最广泛、最常见的地貌类型。山间地貌极为丰富，本身就可以再细分出几种地势类型，它们有起有伏，山水和植物特征也略有不同。

山脊台地——总体上地势呈倾斜之势。尽管局部地形起伏变化，林木有茂密和扶疏之分，但总体上地势显露，至少有一面，甚至三面朝向开阔，同时又背依高山，附近山势延绵不断，重峦叠嶂。在山脊台地上构景造园，视野开阔深远，借景条件优越。

山麓缓坡——山麓是山坡和周围平原平地交线的过渡带，山麓处地势较低，坡度较缓，兼具山林斜坡和平原平地的地貌特征。山麓自然环境丰富，或泉水露头，溪流汇集；或田畴梯布，植被繁茂。在山麓处构景造园，以群山为背景作相衬，处理好远景与近景的关系，能获得多样的风景层次。

幽谷——山间低凹狭窄处，多有涧溪流过，蜿蜒无尽，古木森森，小潭幽境，实乃僻远幽闲之所也[①]。若能发挥幽谷静谧深邃的环境特色，利用山林掩映，以“藏”为主

① 见《吕氏春秋·谨听》：“故当今之世，求有道之士，则於四海之内，山谷之中，僻远幽闲之所。”

构景，搭瓦筑台、飞廊架桥，必然能打造一个古朴优雅、悠然虚静的园林意境。

山岳峰峦——山峰之巅，视野广阔，水平方向和垂直方向借景条件极佳。山尖本身挺拔陡峭，形式险峻，一石成景，构成优美的天际线，成为周边乃至整个风景区的画龙点睛之处。在峰峦上点缀寺庙建筑，更进一步丰富峰峦的轮廓线，强化其险。

广东的山间地形寺观造园构景，有以下特点：

（一）妙用地貌，巧用借景

在山间建寺观，常随机应变，妙用地貌的高低落差和水平视野的开阔，活用外部的自然地貌景观，甚至时节时令景观，通过园林的借景手法来构筑寺观的园林景观。

清远禺峡山（今飞霞山）飞霞洞古观仿清宫布局，全座四进六层，依山叠建，气势磅礴，颇有布达拉宫之震撼感。洞观通过利用山坡地貌，分层设置观赏点，游人在第一级的圆通宝殿、第二级的吕祖殿以及第三级的古佛圣真殿上观看景观的感受各不相同，越往上走越开朗明快。梳式紧凑布局的五排建筑从外部观赏，气势恢宏、庄严肃穆。走入洞观内部，却又发现建筑内部空间错综复杂、相互穿插、起伏错落，甚有趣味。古观还利用门洞夹景来限制和削弱水平视野，从而强调曲折变化的环境氛围。飞霞洞古观还借山峡湖色，纳四时之景作为构景要素。每当山雨过后，水雾如一阵阵紫霞仙气从山坳处腾升到殿宇上空，缥缥缈渺，一洞天然，构成如人间仙境的奇幻景观（图2-2-1）。

图2-2-1　民国时期飞霞洞古观外观
（来源：引自《民国清远县志》）

连州抱福山[1]上的福山寺建于山麓较为平坦处，地势较平缓，前为湟川之水，背后山秀而高，回环郁绕，叠高争秀。福山寺只有庙宇五座，大殿在中央，连接上香道一端，其余四屋对称分设在香道两侧，上香道长约百米，用麻石铺压在稍有起伏的草坡上，中央低矮两端稍高，形成微高差，增强环境的竖向空间大小。香道另一端尽头为放生池和山门，整个布局轴线分明，重点突出，再加上寺院范围内植株甚少，视线通透开阔，使空间更显清空平远。福山寺大殿随着山势略高出十几级，处在草坪的中心位置，如众星拱月，一跃成为构图中的点睛之处，与背后高山构成一幅层次分明、远近有序、简单明快的山林美景。

（二）无远景可借，则强化近观

若山间林木较为葱翠茂盛，视野较窄，即向外借景困难时，则重点打造寺观内景观，以近景观赏为主。近景观赏，细部的处理尤为重要，在山林密闭环境中，点缀若干形体和用色与山形树色搭配和谐的建构筑物，增大丛林空间的纵深层次；反用人工要素烘托自然花木，形成特写近景。韶州灵池山翁山寺藏于浓荫密林之中，视线被林木阻隔，无法向外远借，造景条件很差。为此，开山和尚零震便在山顶凿洞开挖，积水开池，人工建造亭廊，在相对封闭的空间中营造了一些有趣的园林近景要素，丰富了寺院的园林空间。

一些寺观则是通过改造自然山石形成迷人的细部景观。庆云寺在肇庆鼎湖山山麓，背靠高山，周围湖溪围绕，风景十分秀丽动人。庆云寺的后院在中轴线的左侧，院内古树参天，视线受到遮挡难以观景。后院依据地形处理园径，使其与山坡浑然一体，人工修形后的假山石和山上顺流而下的溪涧穿插在后院中（图2-2-2）。上山小径曲折盘旋，时分时合，沿着天然石板铺砌的台级逐步而上，在参天古树遮映之下，环境显得分外幽静，右侧林缘线上方若隐若现的主建筑群屋顶线又丰富了景观层次，显得分外野趣自然。

（三）隐于山间，藏景纳气

山壑幽谷处，清幽和静谧是其最大的风景特征。寺观园林环境的造景经常善用这一自然特征，通过少量的人工微改造，在最大限度不损害风景自然情趣的前提下，使隐景更隐、幽境更幽、静室更静。

圣寿禅寺隐没于英德南山山林之中，南山尤以碧落仙洞和不胜枚举的山泉山溪著称。圣寿禅寺与周围自然环境融为一体、寺院建筑低调退让，穿插在自然景色之中，藏而不露，同时将丛林各处奇石、花木、清泉、鱼池之景纳入园中，广纳山林灵气。木工

① 抱福山是道家第四十九福地，自古便有“湟川（连州）山水奇胜甲岭南，而静福山又为湟诸山最”的说法盛赞抱福山之美。山内有八、九百年树龄的甜椎、苦椎树30多棵，山内有天衢毓秀等八景。山上还有福山寺，又名清虚观，始建于南北朝梁中大通三年（公元531年），连州保安人廖清虚居福山修炼。此后，不断有道人入山修道，亦有僧人在山上建寺，于是福山就成了道佛两教圆融合一的胜地，更是成为粤北的“洞天福地”。

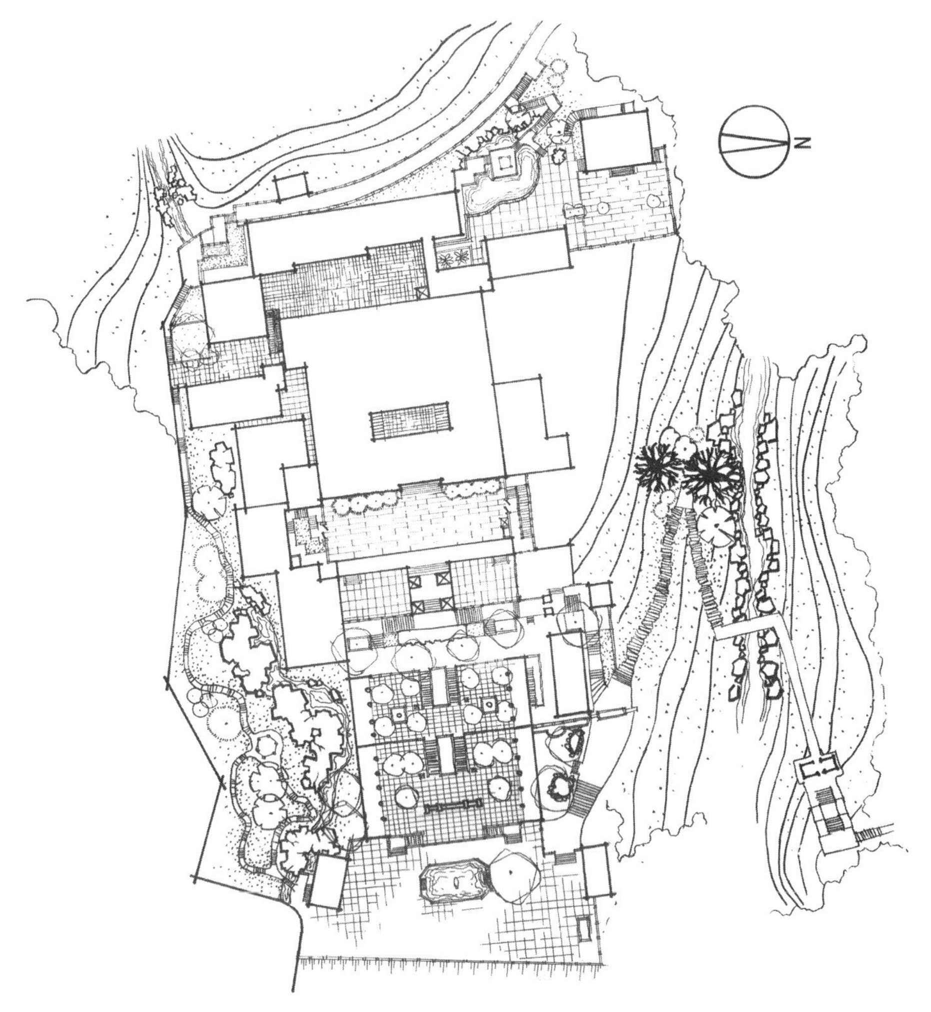

图2-2-2　鼎湖山庆云寺平面图

梁德巧用“起孤峰耸白云，环双涧隔红尘”的崖岸地貌，横梁架设水车，株木承轮，并在轮上覆盖以屋。水车隐藏而不隐形，突出而不突兀，保持了山间幽深安静的氛围。水车构景另一方面亦体现了“水，法体也；湿，法性也。一切法界，情与无情，皆同我体。”[①]的自然和谐的宗教造园观。潺潺流水、泉声瑟瑟、鱼影浮沉，使寺院的园林环境更隐、更幽、更静。

二、崖壁洞窟寺观

悬崖绝壁也是寺观园林环境中常借以构景的风景地貌。在广东韶关丹霞山上有数座

① 摘自英德南山的石刻《英周南山圣寿禅寺水车记》，原文为：“水，法体也；湿，法性也。车，法论也。一切法界，情与无情，皆同我体。本一法性而融万法，枯我法论而得运转，使无住著。”

畔于崖壁洞窟上的寺观。建筑峭立在江河湖畔或山谷深渊之侧，同时由于地形限制，面山一侧往往伴有洞窟山穴，形成广东特有的奇特自然空间。一面是悬崖峭壁，视野平旷深远；另一面是清凉幽暗的洞穴，视域狭窄局促，形成了强烈的对比，也为寺观园林环境蒙上了神秘的色彩。

崖壁洞窟地貌的几个最大特点是：

难——悬崖之上，地形狭窄曲折，弹丸之地难以施展，营建构筑物的施工难度巨大，条件苛刻。多通过人工开凿改造，为求获得一席之地。山路险陡难上，寸步难行，让人萌生打退堂鼓之念。

险——山岩嶙峋，地势高兀，无所支撑，欲坠不坠，峭壁无路，绝危至极。人于此总会触目惊心，不战而栗。但是登寺远眺，却又让人心旷神怡，易于营造“仙山琼阁”的境界。

幽——寺观半藏半露，隐于风化的岩洞，瀑布和流水冲刷岩面，滴乳成柱，潺潺作响。人工开凿的洞窟清凉幽深，虽只有方寸之地，却广纳仙风神气。

虚——立于崖畔之上，云雾萦绕，陡峭绝壁若隐若现，山下人观寺甚虚，壁上人看地不实。游人立足点或藏嵌或凌空，若站在悬挑处之上，大有凌空欲飞之感，垂直视角也达到最大，既可仰望青空，也可俯瞰大地。借景以俯借为主，但亦便于水平远借。

丹霞山长老峰绝壁上的锦石岩寺和翔龙湖畔的仙居岩道观就是广东最具代表的在崖壁洞窟上造景的寺观案例。利用洞穴和崖壁构景，拟解决的关键问题是处理好绝壁、洞穴地貌和建筑群体的关系，组织好游览路线。其理景特点有如下几点：

（一）悬挑凌空，突出“险”和“危”

高峰险境，向来具有魅力，如果能把“险情”进一步加强突出，则更令人神往。悬崖峭壁上建寺就是一种不畏其难，舍易求难的行为。为了最大限度突出“凌空感”，在岩石上架屋构景，尽量往外悬挑悬空，充分发挥俯瞰借景的特点，如此做法不但增加了视觉冲击力，也可以用建筑点缀山体，构成优美的天际线，成为风景区的构图重心。

锦石岩寺就是一例以用险要地貌构景的寺观园林，寺院之“险情”让其被世人称为“广东悬空寺”。锦石岩寺立于长老峰天然锦石岩之上，绝壁高九十多米，崖前锦江水怒涛翻涌，拍岸作响，风景甚为壮观[①]。北宋法元居士集百余人之力[②]开山建寺，寺院紧扣绝崖地形构景，最引人瞩目的是两座镶嵌在崖壁上的大殿“弥勒殿”和“观音殿”，体量庞大，据闻能容纳千人，但镶于岩壁上，不知其深浅。东侧龙王岩凿出两洞穴，一

① 据《广东新语》载，丹霞山锦石岩寺地貌“其下临大江。明砂绣发，清澜镜滢。外则远近峰峦，争奇竞峭。多上丰而下削。状若倒生苞笋，盖山水之绝怪处也，有松数百株，瀑水交飞其际”。

② 据《仁化县志》记载，北宋崇宁间（1102~1106年），法云居士自山麓攀援而上，见锦石岩竟然集雄奇秀美于一身，可以养静，叹曰：“半生在梦里过了，今日始觉清虚！”于是聚集百余人到丹霞山下层的锦石岩开山建庵。

作大雄宝殿，一作七佛殿。悬崖上又凿出长约25米、宽0.9米的曲折石径，直到斋堂转角处，悬崖之上点缀一八角亭，险上加险。从亭俯瞰山下锦江，山小形胜，急流汹涌，惊险万分，不禁使人心悸目眩。其施工难度之大，艺术水平之高，可以想见。几座悬于崖壁上的佛殿和斋堂，以及飞连其间的岩间窄道，共同构成了一幅奇伟险绝的山水画面。

离长老峰不远处的翔龙湖畔深处的仙居岩道观，虽然规模较小，但是背依八卦顶绝壁，大殿凌空飞架，气势夺人。上山石级就在石壁前，从此仰视上方，山门、大殿、八卦岩壁高耸挺拔，气势凌人，令人望而股寒。仙居岩道观和锦石岩寺有异曲同工之妙，都是在险境中利用特殊地貌构景，以有限的人力换取巧夺天工的效果。

（二）往里藏嵌，收放平衡

为了营造丰富的景观感受，不能一味地突出和强调，有时候需要适当地收和放。控制空间的收和放，通常的构景手法就是调节建筑和崖壁之间的距离。通过天然洞穴或者人工开挖洞穴，把建筑适当"藏"于洞中。当寺观嵌入洞穴中时，距离缩小，视域较窄，但是增添了神秘奥妙的气氛，引人入胜。建筑与洞窟的关系，要视洞穴的大小而定，洞穴大时，建筑整体镶嵌在洞穴中；洞壁取代院墙成为阻隔，洞穴小时，建筑就半藏于洞穴或贴于崖壁。当寺观离开岩壁，即建筑悬空凸出时，就如上文提及，要强调建筑之"险"。顺应绝壁地势，通过人工改造有意识地控制建筑和悬崖的关系，做到"收"与"放"平衡，可以丰富寺观的构景，达到意想不到的效果。（表2-2-1）

建筑与绝壁距离关系及特点示意　　表2-2-1

剖面	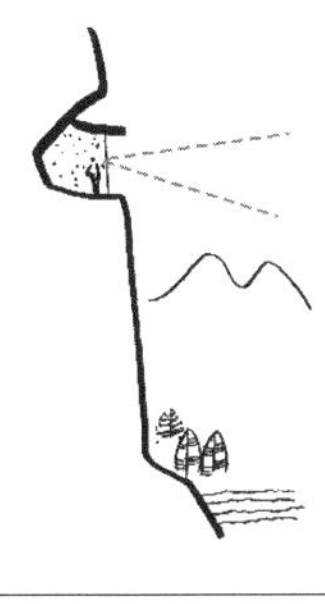		
平面	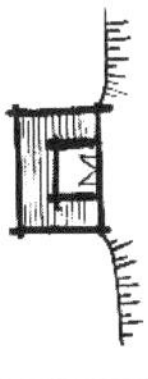	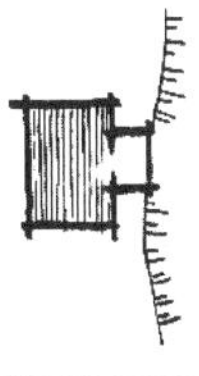	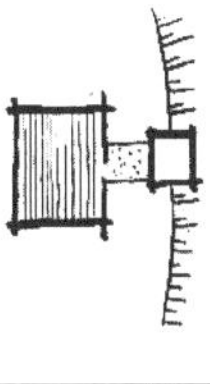
建筑与岩壁的距离	距离小，建筑藏嵌于洞窟	距离适中，藏与突平衡	距离大，建筑悬空于绝壁上
景观特点	视域狭窄，只能借景眼前之物，但神秘感强	视野稍广，能窥见寺观局部空间，借景方便，有一定的纵深感、神秘感和凌空感	视野深远广阔，既能向下俯视亦能水平远视，凌空感强

锦石岩寺“收”“放”关系控制平衡，从可观望到山门石级出发，“一线天”奇观为“收”，风化滴水的龙泉岩岩口为“放”，山门前小曲桥和竹林处为“收”，山门后五观堂为“放”，藏于洞穴的七佛殿为“收”，斋舍前小庭园为“放”，末端嵌于龙王岩的大雄宝殿为“收”。一收一放，空间感受在弹丸之地转变六次，变化和过渡自然，是甚为难得的寺观园林景观（图2-2-3）。

图2-2-3　丹霞山锦石岩寺立面图

（三）“看”与“被看”兼得

彭一刚曾在《中国古典园林分析》一书中指出：“处于园林之中的建筑物或‘景’，一般都应该同时满足两方面的要求：一个是被看，另一个是看。所谓被看，就是说它应当作为观赏的对象而存在，必须具有优美的景观效果；所谓看，就是要提供合适的观赏角度去看周围的景物，从而获得良好的观景条件，这两方面的要求，往往成为建筑物或‘景’的位置选择的依据。”①从被看的角度来看，崖壁寺观位置选择突出，首当其冲地成为人们可以捕捉到的第一个景观对象，成功地起到了“点景”作用。当然，从被看的要求讲，仅考虑到从某一个角度看还是不够的，还必须考虑到从各个关键部位来看的景观效果。例如锦石岩寺的八角亭，无论是通往弥勒殿的外廊还是大雄宝殿前平台中看都能获得良好的效果。从看的方面讲，八角亭的位置选择在庭院北部一角，西可望延绵锦江开阔的水面，东可观大雄宝殿雄姿，南又可透过立柱欣赏庭院绿植盆栽，同时可观赏三处景点。这种园林建筑的位置选择，既偏离轴线，又不讲求平衡、对称或对位关系，似乎任意摆布，纯属偶然，但实际上却又深刻而含蓄地受到这种视觉关系的制约。

（四）借景他山，巧创奇观

“山水之法，在乎随机应变”，虽然险境能给人强烈的视觉冲击力，但是崖畔之上架屋立基确实难度颇大，“人和”能主观能动满足，“天时”和“地利”却不能常有。故

① 彭一刚. 中国古典园林分析［M］. 北京：中国建筑工业出版社，1986.

在悬崖峭壁有限的空间上建造寺观园林常常需要借景外物，即充分发挥崖壁洞窟地貌在水平视角和垂直视角上的优势，从不同角度、高度、位置借景于外部自然风景，来构筑寺观自身的园林环境。

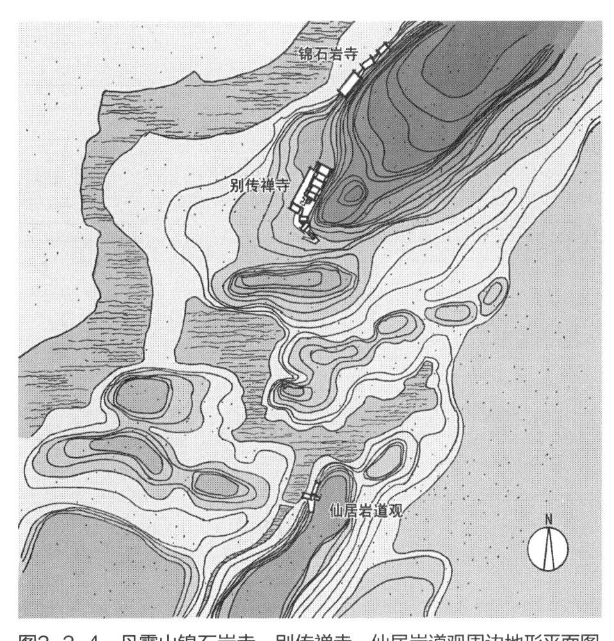

图2-2-4　丹霞山锦石岩寺、别传禅寺、仙居岩道观周边地形平面图

仙居岩道观在丹霞山翔龙湖畔深处（图2-2-4），八卦顶崖壁之上。沿湖步道上路过龙须洞、官帽石、崩积巨岩、双龙壁等一路奇石异洞，处处引景，烘托气氛。大殿面向西北，是为后八卦之乾位。由于道观的东南皆为峻壁，视野范围被局限在正前方，而观前景致迷人，上可观九龙峰山脉雄姿，下可见芭蕉林之葱郁，前有锦江支流缓缓流过。宫观最为人称道的外部借景之法莫过于借景于天，观上方崖顶是丹霞山著名山块之一的破军寨，由于山体形状特殊，似一位大将军，当飞雨飘洒之季到来时，雨水在山顶汇聚，顺流而下，在观中形成全池，令人称奇。雨打芭蕉、溪声潺潺，环境封闭幽静，真乃凡尘不染之地。仙居岩道观扣住了周围的环境特征，苦心经营，在选址上充分借景他山林木水石之胜，巧妙构思，创造了惊人奇观。进入观门，方知别有洞天。

三、水畔寺观

北宋画家郭熙在其山水画创作名著《林泉高致》中提到："山以水为血脉，以草木为毛发，以烟云为神采。故山得水而活，得草木而华，得烟云而秀媚。水以山为面，以亭榭为眉目，以渔钓为精神。故水得山而媚，得亭榭而明快，得渔钓而旷落，此山水之布辂也。"可见山水相依，关系十分亲密。寺观园林造景与山水画技法一脉相通，要想打造"山灵水秀"的园林景观，既要山林风景为基，又离不开水体的烘衬辅佐。

山林是静景，形态固定，而水体是动景，形态丰富多变。一般来说，水体分江、河、涌、溪、涧、瀑、泉、渠、池、潭、湖、海等形态。水体有形象，有巨浪、微波、涟漪；水体有动作，有溅、拍、打、冲流、喷、滴；水体有声响，有滴水叮咚、溪流淙淙、狂涛怒吼、激流飞溅、波翻浪涌；水体有光影，有镜花水月、水天一色、波光粼粼、晶莹碧透；水体还有色彩，有春绿夏碧、秋青冬灰、青山绿水、江花红火、白浪滔天、黑风巨浪。水对于烘托宗教文化中的禅境具有必不可少的作用。广东河网密集，畔水而建的寺观不胜枚举。纵观此类寺观，根据其园林环境和造景手法特点大致分为以下四种类型（表2-2-2）：

以水体构景的寺观空间环境对比 表2-2-2

水体与建筑关系示意	景观特征
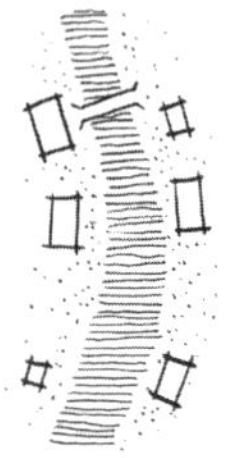	建筑沿溪涧流水呈带状分布，景观视线狭长通透，纵深感强烈
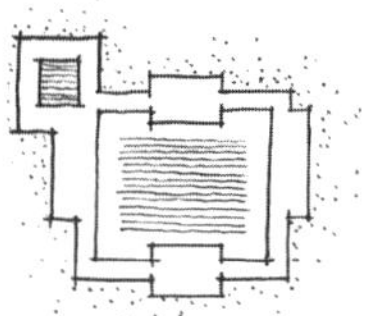	建筑围合形成水庭，扩大局促的庭院空间，加大起伏和纵深，使内院更显平远清空
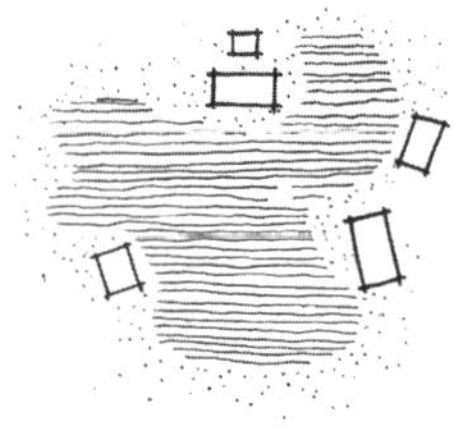	建筑绕湖潭散点布置，水平视野开阔深远，不同角度、高度、位置的风景点相互构景，形成整体的湖岸园林环境
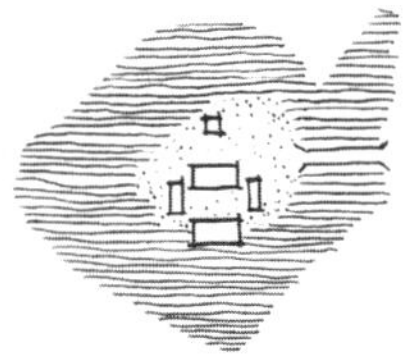	建筑四面环水成岛，建筑外部借景于湖光山色，内部借景于花木庭园，打破单调的景观感受，形成独特的园林环境

（一）沿溪带状分布

寺观沿溪涧或河涌构筑，建筑布局上呈带状分布，范围大而狭长，景观视线疏朗通透。流水是动景，有形象、有声响、有光影、有色彩，建筑和景观节点与水流穿插交织，可以组成随昼夜、四季、时令变化的园林环境。

广州能仁寺（图2-2-5）是借溪涧构景的胜景。白云山上有一玉虹涧，溪涧水清澈见底，能仁寺沿涧筑屋，涧流至寺前，汇聚成一潭，溪水潺潺，淙淙动人。古人观此地景色清幽，遂疏泉凿石，在玉虹涧上修筑了饮涧亭、小隐轩等胜迹。古寺附近还有幽壑玉虹洞、虎跑泉等。一水玉虹涧，萦绕着寺观，串联着建筑、泉石、岩壑，水景辅以山色，构成了幽雅清静的宏大寺观园林环境。

白云山上双溪禅院如其名，两水夹流，溪水清澈照人，细流涓涓，时而可闻水边捣衣砧杵声，大有“断续寒砧断续风”的诗境。寺院内中开放生池，打通寺院“气脉”，使空间活化通透，寺院外环抱开豁，构成了别致的山水环境。

广州濂泉寺以其“飞泉百尺，水响崖峭间”著称，濂泉寺在白云山蒲涧上游，寺院沿涧建置。据明代学士何埕驺书，涧顶为滴水岩，下注成池，水流九曲，又名九曲泉。溪流两旁岩石嶙峋，千章古木，百尺飞流，构成清幽灵动的泮水园林寺观环境[①]。

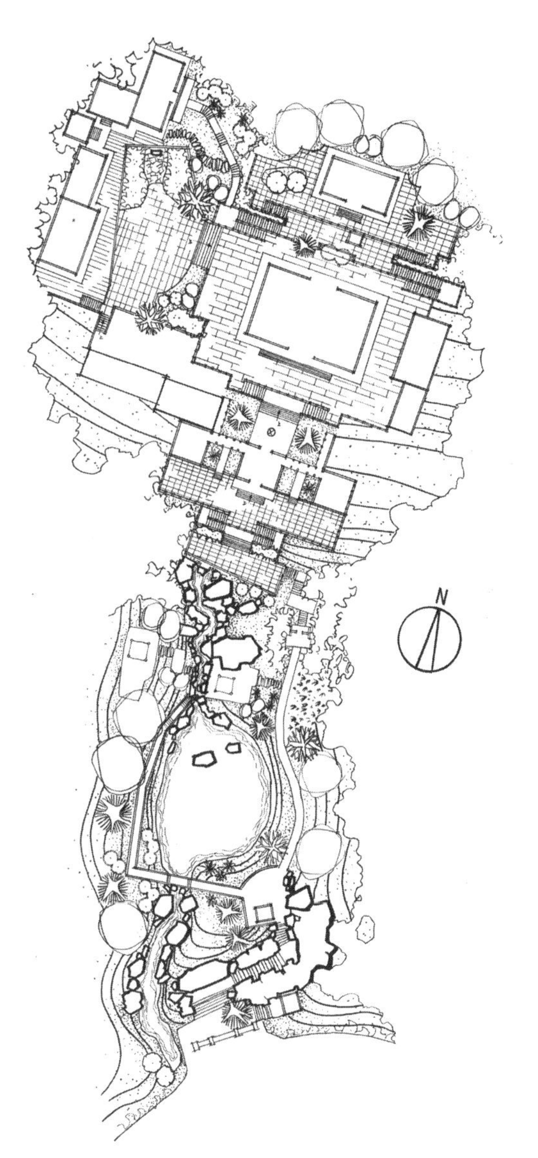

图2-2-5　白云山能仁寺平面图

（二）建筑围合水庭

殿宇之间的院落空间面积不大，在其中筑山造景容易显得拥塞，若在水源可以解决的前提下，用水面来扩大空间，更显平远清空。寺观的池水面积小，池底深，水质清澈，或辅以瀑泉点缀，一般多以静观细品为主。池塘多以建筑围合成封闭或半封闭的水庭空间，根据水面在庭园中所占面积大小，大者可以称之为“池馆”。池岸楼阁，波光倒影，水趣映然，构成精致迷人的寺观园林环境。

南海西樵山白云洞的云泉仙馆是内院式水庭构景的典型（图2-2-6、图2-2-7）。其山门与大殿之间的庭院虽然只有方寸之地，但是在两边贴墙植竹，中间开挖一方形放生池，池水清澈见底，游鱼可数，并以大缸植莲花置于池中。跨池建一石板桥连通山门和大殿。大殿基座高出地面九级约1.35米，殿前筑一小高台，西、北、东各伸出石踏步，形成微高差，既显得内庭空间清空平远，也突出了赞化宫大殿的雄伟庄严。

① （清）黄玉衡曾有诗选《濂泉寺》曰：“阴森巉层崖，窔口列峻陛。溟溟乱云合，豁豁苍壁启。岩泉散珠帘，山骨濯天醴。初从月窟落，渐与山根抵。高下纷奔腾，涟漪自传递。巨石古雪寒，怒湍青兕牴。坐卧时俯流，坦率偶露髀。小鱼见人影，潜身伏石底。藻脚长如绳，霜根清若洗。薄游空道心，爽气豁尘昧。及此半日间，不负山僧徯。振衣下坡陁，归路风泚泚。”

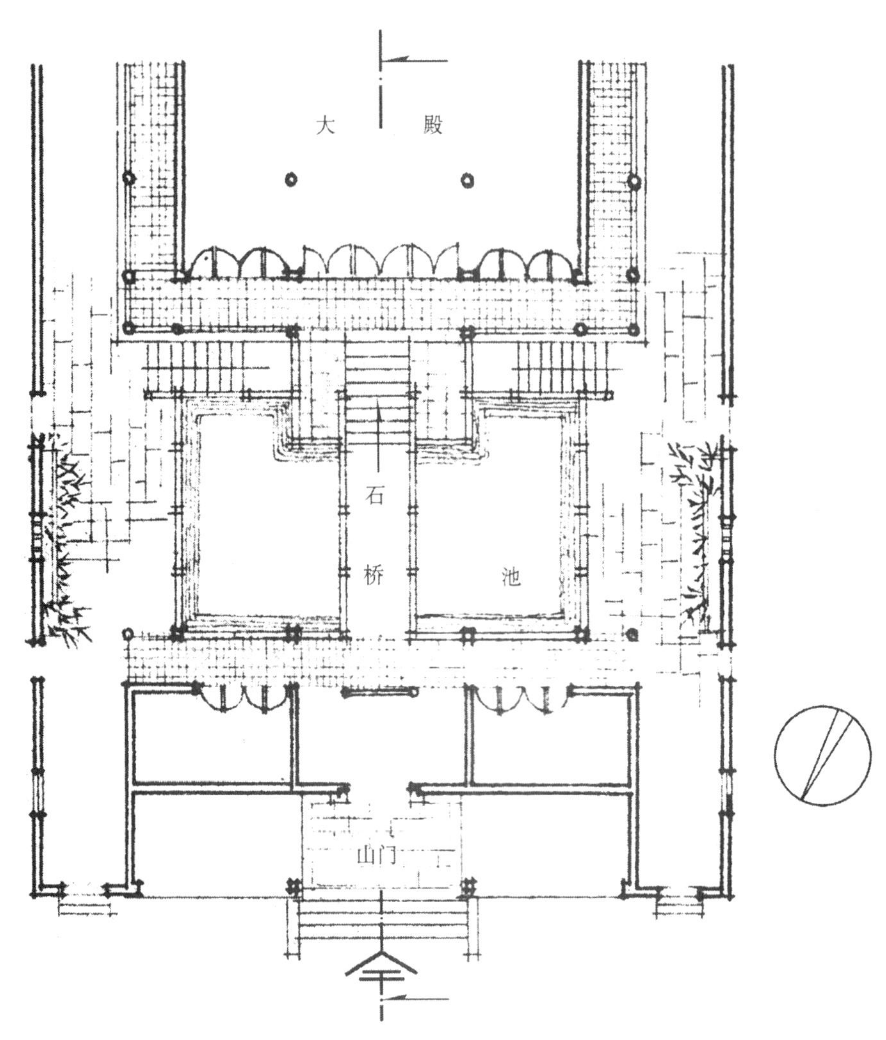

图2-2-6　云泉仙馆水庭平面图
（来源：引自夏昌世《岭南庭园》）

图2-2-7　云泉仙馆水庭剖面图
（来源：引自夏昌世《岭南庭园》）

广州萝峰山上的萝峰寺和漱珠岗上的纯阳观建在有坡度的山地、山冈上，建筑围合内庭形成了山塘式水庭构景的佳例（图2-2-8、图2-2-9）。在坡面上挖坑筑坎，蓄水填池。水庭四周的房舍由于标高不同，前后错落，前低后高，垂直视野更为丰富，庭院空间较平原平地显得更为肃穆庄严。流水溪泉，并精心配以奇花名木，给人以庭院深深之感。

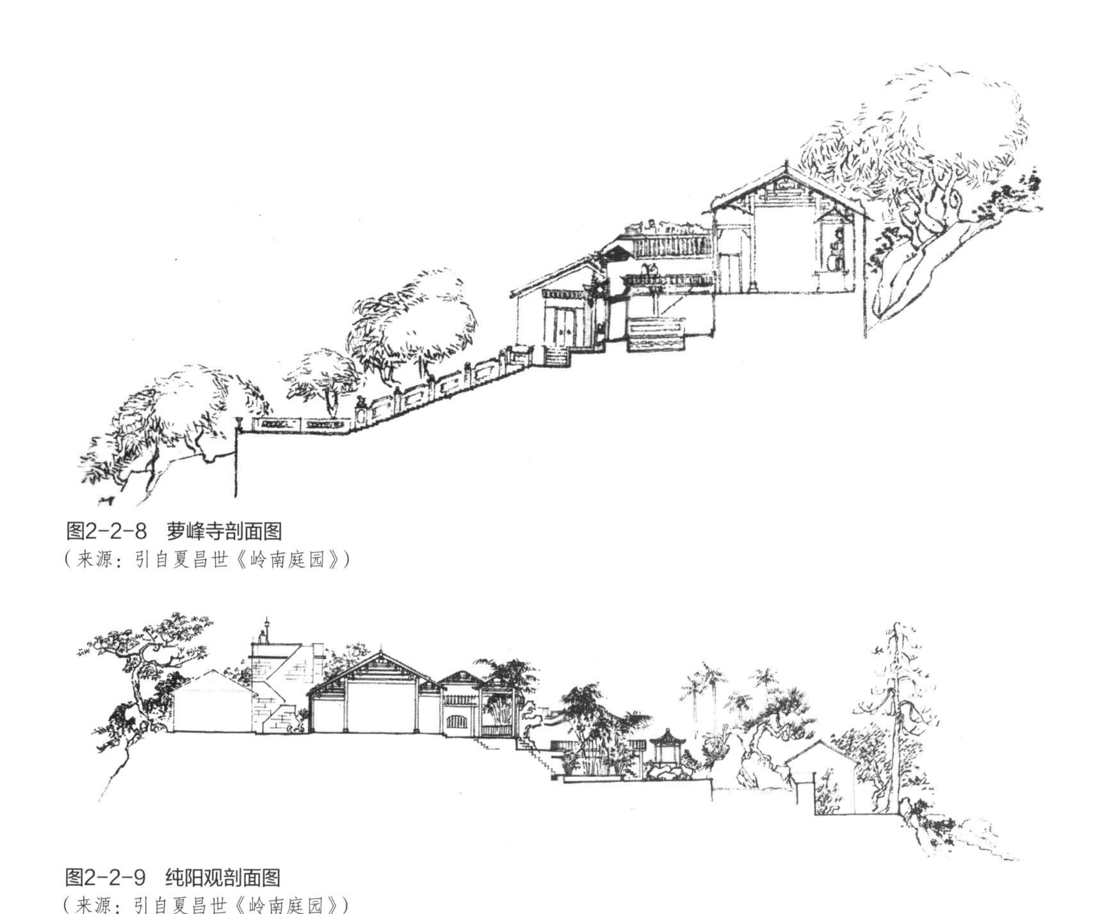

图2-2-8　萝峰寺剖面图
（来源：引自夏昌世《岭南庭园》）

图2-2-9　纯阳观剖面图
（来源：引自夏昌世《岭南庭园》）

（三）寺观绕湖潭散点布置

在湖或潭边构景的园林环境，由于水面开阔而集中，建筑和风景点构筑物环绕水面呈散点式布局。根据湖面形状、大小和陆地的标高，各景观节点精心选址在最适宜的地点，相互借景，形成开阔明朗的园林环境。例如，明万历四十八年（1620年）医僧昙林在教场前所建的寿国寺，环以碧沼、松径、梅亭，极为幽僻。

惠州西湖自然景色异常优美，群峰叠翠，水光接天，环湖建有元妙观、准提寺、龙兴寺、栖禅寺等寺观建筑群，共同组成邑郊园林环境。古人通过在入江处筑“拱北桥”控制湖水的蓄泄，改变湖面水态；改田数百亩，丰富地形地貌；在各视线焦点处拔塔建亭等造园工程，提升西湖景致。寺观皆面向湖面，视野开阔，相互借景，或近借于湖心亭桥，或远借于山上文塔巨石和陆上楼阁城墙，使园林意境深邃如仙境。游人环湖观景，在廊道岸边漫步，左顾右盼，皆得妙景。

龙潭位于新兴县龙山山麓，龙潭水面清如明镜，周围古木幽深，龙山山势奇特，盘旋如蛟龙，环境甚为仙灵。国恩寺和龙潭寺布于龙潭的西侧和东南侧，互成三角之势，轴线都指向龙潭，有如手捧玉珠般将龙潭抱入怀中。围绕潭水还有卓锡泉、浴身池、千年古荔等胜迹。掩映在参天古木中的国恩寺和龙潭寺，在潭水的烘托下，茗烟升腾，雾气纠结，难分天上人间。

（四）外围环水成岛

寺观外部多面或四面皆为大面积水体，寺观被水体环绕成岛，构成十分罕见又特别的园林景色。水岛地貌的寺观借景多为外借，寺院与外界交通的廊道，湖面上的亭、台、榭，对岸的风景点，甚至远处的天山光景都是借景对象。此外，水岛地貌由于地理条件特殊，构景时更可以借用江河上的水气和云雾，筑成一个烟波浩淼、云霞变幻、迷茫缥缈的园林景色，给香客信徒以幻觉般的遐想。例如，位于广东南海名川郁水之中、灵洲山之上的宝陀寺，寺院中望气楼、妙高台、环翠亭等相地而立，环环相扣，构成一番烟霞过海船的园林美景。苏轼维舟路过此地时赋诗形容宝陀寺之盛景："灵峰山上宝陀寺，白发东坡又到来。前世德云今我是，依稀犹记妙高台。"[①]

历史上古代广州城西珠江中有一座石岛名浮丘石[②]，浮丘岛晋代时四面环水，唐末淤积成陆，开始与岸相连。岛之上建有朱明观和浮丘寺（原名广仁观）等道观建筑。根据文献，当时观中临水建了不少亭台楼阁，如白云堂、玳瑁亭、挹袖亭等临水建筑。登紫烟楼向内可观庭院内松篁，向外可观岸池景色，向山上可观荔枝、梅、竹等花卉植物，向江面可观碧水波光，各处风景点嫣然相映成趣，参差对景，形成一片园林美景。虽然现在浮丘胜景已泯灭于历史长河，烟消云散，但根据古画，不难想象浮丘岛道观当时四面环水，烟雾迷茫，船只纵横，楼阁相望，遍植花木的园林美景[③]（图2-2-10）。

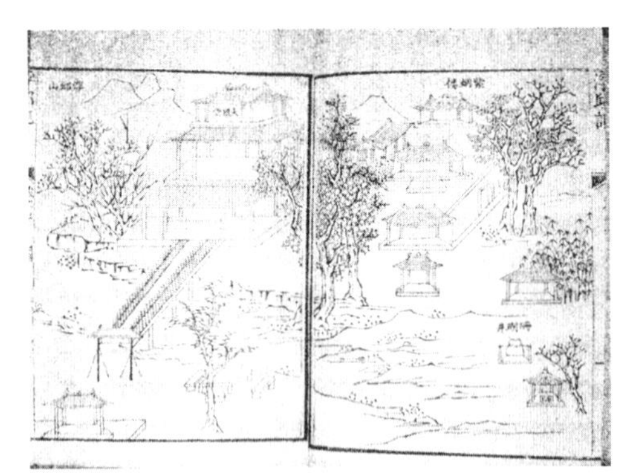

图2-2-10　浮丘岛园林建筑布局
（来源：引自《岭海名胜记》）

① （清）仇巨川. 羊城古钞［M］. 广州：广东人民出版社，1993：258.

② 浮丘石由白垩纪红色砂岩和粉砂岩构成，非常坚硬，形成一片山丘，浮于水面上。

③《羊城古钞·卷二·山川·浮丘石》中载，明末著名岭南诗人区大相有诗描述当年的景象："此丘住时在海中，三山烟雾晴蒙蒙。今日丘林带城郭，惟余海月一片挂长松。"

四、小山冈寺观

小山冈即比较低矮的山包地貌，冈顶与冈脚高差一般只有数层，不超过20米。小山冈范围较小，寺观建筑或园林景观基本满布于山坡上，构图饱满，不会出现诸如“山冈形体过大，建筑局促在一角”“山冈体型过小，寺观型块遭切割分裂”等比例不协调的现象。冈上风景点聚拢向顶，景观视线发散向外。小山冈地貌不像峰峦那般高耸入云、苍劲有力，不像山壑那般山影巍巍、幽静隐秘，不像水畔那般宏阔显敞、居山临水，也没有崖畔洞窟那般危楼高耸、葱翠照影，但是它也有自己独特的园林造景优势，即高、聚、旷等风景特征。

高——冈顶高拔、视野广阔，借景深度和广度俱佳。山包突出，“为远近大小之宗主”，是周围环境的制高点，容易配合山坡轮廓组合成优美的天际线，成为风景区的构图核心。

聚——山冈地貌中高边矮，层层铺开。建筑相地布置时不得不沿等高线铺开，交通游线根据山势向外圈层发散，整体格局自然地呈向心性布局。中心冈顶具有视线吸引力，起到引导作用，各景观节点或风景点自然组成一个聚拢的、紧凑的整体园林环境。

旷——山林处寺观由于背靠山峦，植被繁茂，沟壑纵横，视线常会被林木岩壁阻隔，即空间视域只有向前的一面或一个局部，难以总览整个外部环境，而小山岗地貌则无此弊，东南西北四方风景一览无遗，既能近观坡地庭园花木，又能远观海阔天空。小山冈地貌特殊，无论是位于城市中还是山林中的小山冈，若能发挥地形优势，借景于外部自然或人文景象，广纳四方景色作为构景因素，很容易形成其他地貌所少见的旷达、深远的壮阔景观。

广东小山冈地貌的寺观多见于城市或市郊，广州纯阳观、陆丰元山寺、龙山国恩寺、江门茶庵寺等都是小山冈寺观的典型代表，另外亦少许分布在山林中的山冈之上，例如白云山逻坑冈上的逻坑庵等。它们有效利用上述山冈的地貌特点，构成了具有山冈特色的园林景观，其造园和理景常见手法有：

（一）冈顶筑楼，便于观星测象

观《释名》云：“观者，于上观望也。”观就是古代天文学家观察星象的“天文观察台”[①]。道作为中国古代一种至高的精神追求，凡人皆以仰望，故借观；观道，如同观察星象一样，深不可测，只能揣摩，观之，觉而明慧。道观之地，乃窥测无上天意所在之所，后世亦解为某种处所。这显示了中国传统文化中对于自然的追求和渴望。

① 史载汉武帝在甘泉造“延寿观”，以后，建“观”迎仙蔚然成风。据传，最早住进皇家“观”中的道士是汉朝的汪仲都。他因治好汉元帝顽疾而被引进皇宫内的“昆明观”。从此，道教徒感激皇恩，把道教建筑称之为“观”。

因此，寺观作为修道升仙的场所，必然需要满足观测星象、揣测天意，领悟大自然真谛之需。小山冈地形十分利于观星象和观景。由于建筑分布在坡地上，水平视野开阔，能俯瞰下方美景，地势越高视野越广，山冈最高处达到最大视野。

广州纯阳观建在山冈漱珠岗上，而在漱珠岗之巅，有一座四方形的碉楼式建筑——朝斗台，它是广东最古老、最完整的天文台。台高8米，楼顶是一个约10平方米的平台，有石梯直达，四周有石栏。朝斗台底层是一间石室。朝斗台由于建在山冈的最高处，作为一个天文台，便于观测气象和星辰变化，作为一个观景楼，登台远眺，云山珠水、穗城风物尽收眼底（图2-2-11、图2-2-12）。

图2-2-11　纯阳观古貌复原图
（来源：摄自纯阳观石刻）

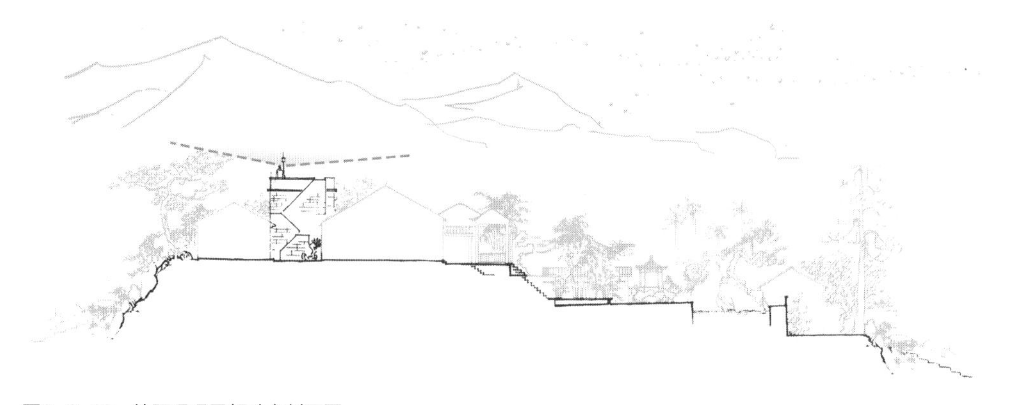

图2-2-12　纯阳观观星朝斗台剖面图
（来源：作者改绘）

元山寺的寺内范围自不用说，甚至寺外数公里内“祥师”、“摩羯”、圆寂比丘、沙弥等七十多处和尚塔均能与福星塔对望借景，可以想象元山寺成了方圆数十里的风景重心（图2-2-13）。

图2-2-13　陆丰元山寺剖面图

（二）突出景观重点，统领全局

山冈之巅自然是整个寺观丛林中最容易造景出彩的点，同时，峰顶景象作为构图重点，又能反过来烘衬别处寺庙景观。

陆丰县元山寺躺卧在玄武山冈上，面朝南海，依山递建。主体建筑群布局严谨，规模宏大，为多重院落。福星垒塔拔地参天屹立于玄武山岗的最高点，冒于古榕浓荫之间，为整个佛寺的构图重点。古语云“远山看势”即看剪影之势，福星垒塔立于玄武之巅，与殿宇楼阁组成了曲折有力的天际线，在白云南天为背景衬托下，给予人强烈的视觉冲击力，同时建筑也反衬出玄武山冈巍峨之气势，起到了统领全局景观的作用。

五、平原平地寺观

平原平地地貌有利于寺观建筑的水平展开布置，不必拘泥于原有地形之限，通过人工改造获取人主观能动需求的园林环境。

城市平地：立于城市平地之上的寺观建筑，原先大多建在郊外，随着城市的发展，才渐渐隐于市井之中，一些规模较小的，甚至会散落在寻常巷陌中，不是久居的本地人，要从那些支路横路和街街巷巷中找到它们并非易事。市井内的寺观往往会在庭园内景方面营造得更为精致，以弥补外部可借之景的匮乏。

郊外平原：相比城市中规整的地块，郊外平原范围更阔达宽广，由于外部有一定的自然环境，寺观往往会向外借景，让寺院融入环境之中，模拟山林之感。

平原平地地貌横向和纵向视野都较窄，无一览无遗之弊，借景方面以近借、近观为主。由于向外借景有一定的困难，通常通过内部环境构景手法，依然可以构建一个“建筑、院落、园林”有机结合，空间丰富多彩的寺院园林环境。另外，通过借景于寺观外部的城市景观，例如房屋、街巷、江河、码头、草木等，甚至文化景观，也能为游人、香客带来一个不同于山林寺观的环境感受。

广州光孝寺、六榕寺、海幢寺、曲江南华寺等都是广东境内规模较大、香火较旺的平原平地类佛教园林。平原平地寺观的构景手法通常有以下类型和特点：

（一）市井之内，避外隐内，回廊隔断

局限在市井内的寺院未占名山大川，不依山谷幽林，建筑的体量往往盖过了自然物，花木常是微小的、碎片化的，以点缀的方式散落在密集的建筑群中，因此寺内庭园的营建对于宗教特色空间的塑造十分重要。

"花木不多，却依然成为园林"[①]，在有限的用地上通过回廊隔断、连房引景的营建手法丰富庭园景观，使寺观不仅具备皇家园林、私家园林或自然风景名胜的可赏析游憩环境。同时，又要区别于其他类型园林，承袭传统寺观园林幽深静隐的环境特点，通过园林构筑手法规避寺外集市的喧嚣之声，避外隐内，满足宗教丛林修道学佛者对于意境的诉求。

广州光孝寺（图2-2-14）在广州古城池内，虽舍宅为寺，却占地广阔。其主要构景特点有三：一是避外，避外即筑墙隔阂，墙是私隐也是拒绝，光孝寺白墙立于平原平地之上显得分外高耸，构成关起门来的精致，但又在墙上开窗少许，透出与现实的亲近与交融，通过这个窗口，墙外的红尘滚滚与墙内的寂寂仙境更显分离，出世而又入世；二是隐内，隐内即在寺内广植林木如菩婆、诃子树等，密植成林将建筑"藏没"于寺中，外围修葺后花园[②]作为过渡，阻隔外患，古木婆娑，让寺内保持安静幽邃的环境；三是隔断，隔断即把寺院各分区之间用廊道连接，形成虚实相间、动静结合的建筑空间，每一座单体建筑前后都修建庭院作为过渡，形成"寺中有园，园中有寺"的"园—院"空间结构，整体上既保留了庄严之态又不失灵活之姿。

（二）融林木山水，拟山居之感，满郭满园

明代名画《东园图》中的平原平地宅园不受围墙阻隔，将山林意象引入围墙，且以山意聚石，模拟山居。此画透露的造园艺术思想在中国古典园林中常常得以窥见，为了弥补平原平地地貌的单调性，寺观软化丛林边界，让寺院局部融入外部自然景物，或密林或水石，从硬质景观向软质景观过渡，相地造景，使得寺观丛林内城市与山林两兼，构建"人道我居城市里，我疑身在万山中"[③]的园林环境。

---

① 童寯先生说过："中国园林原来并非一种单独的敞开空间，而是以过道和墙分割成若干庭院，在那里是建筑物而非植物主宰了景观，并成为人们注意的焦点。园林建筑在中国如此令人愉快的自由、有趣，即使没有花卉树木，它依然成为园林"。

② 据清凉道人《听雨轩笔记》载："寺后有园一区，树石亭台，回廊曲沼，颇饶幽趣，相传为南汉主刘䶮避暑之所。寺僧历来修葺之，故虽已数百年，尚未颓废。"

③ 元代诗人谭惟则，曾在《狮子林即景》中表述过兼具城市于山林的山居感受："人道我居城市里，我疑身在万山中"。

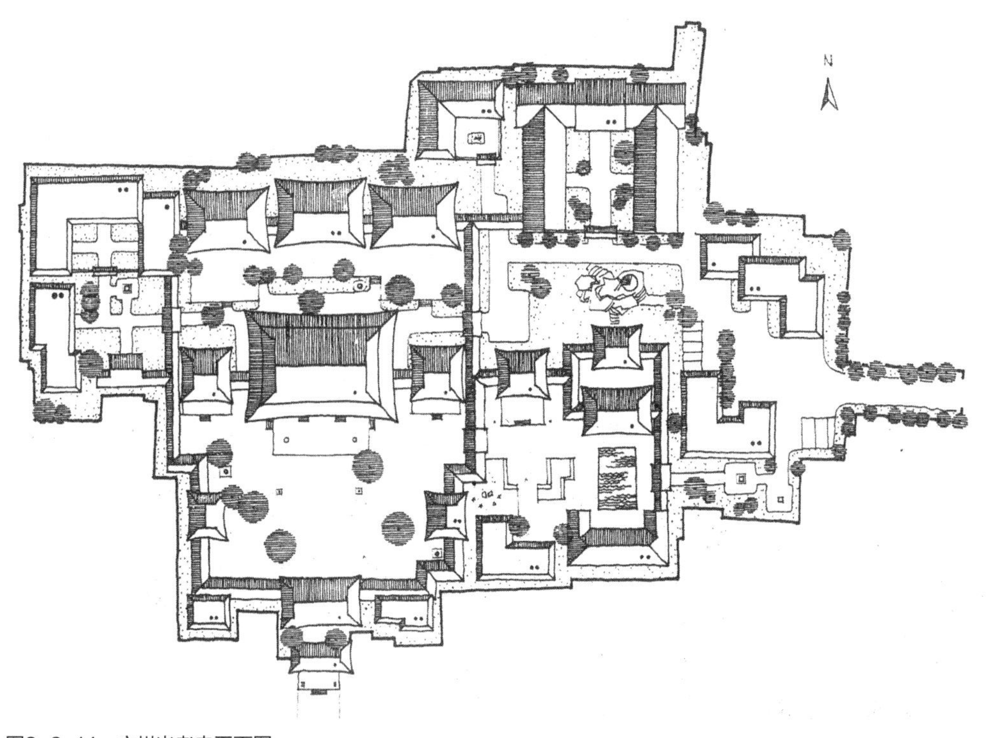

图2-2-14 广州光孝寺平面图
（来源：引自程建军《广州光孝寺》）

南汉王时建于广州花地河东岸的古佛寺大通寺就是引林木山景入园、城市与林木共融的平原平地寺观佳例。据史料记载，当时寺院没有围墙，寺之前后所植数百株古桧被引景入园，以密林作为“院墙”，让人疑在山林之中，景色十分幽静典雅。寺内同样遍植水松和桧树，浓荫匝地，尤擅幽邃，满郭满园。寺院渐渐容不下前来礼佛献花的香客，便在寺旁花田搭建茅房扩大寺院，大通寺由此更与自然环境融为一体。再加上珠江浓雾朦胧、烟波浩荡，整个寺院虽然建筑城市之中，却巧妙融入外部自然环境，浑然一体，景色如诗如画。

第三节

复合型地貌寺观特征与环境利用

有一些山林处的宗教丛林规模较大、范围广，地貌复杂多变，有山有林，有涌有湖，有谷有坡，这就具备了丰富多彩的构景条件，寺观可以利用范围内的各种地形地貌，构筑出一个非单一地貌的、变化万千的寺观园林环境。例如，罗浮山黄龙观丛林范

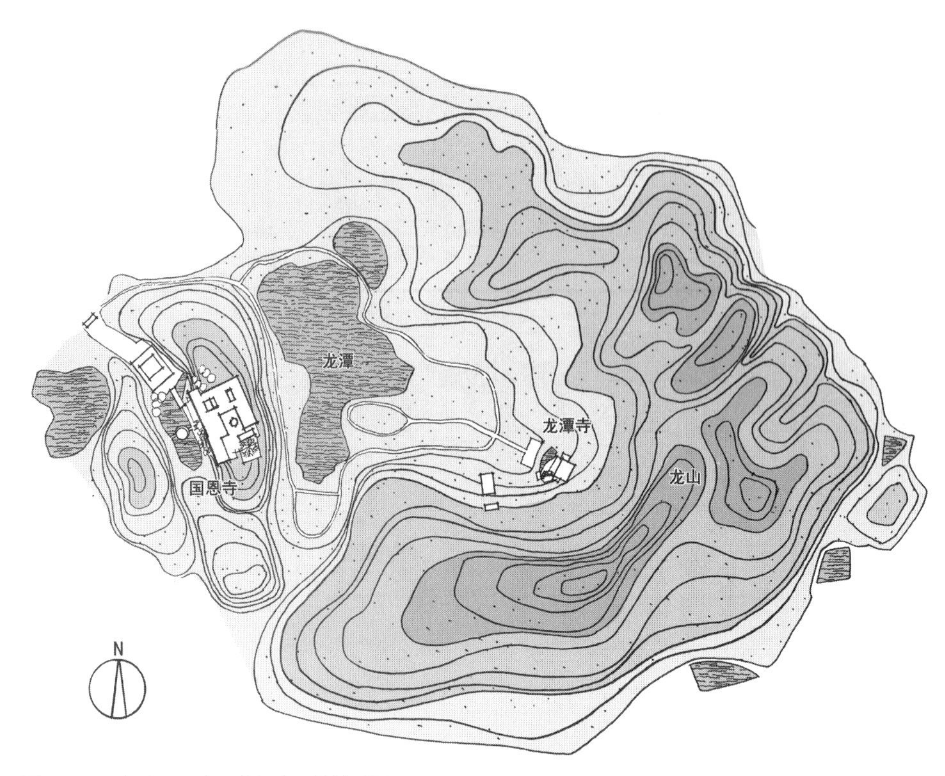

图2-3-1 新兴国恩寺、龙潭寺周边地形图

围内综合了峰峦、山间、瀑布地貌，国恩寺丛林范围内有小山冈和潭水地貌（图2-3-1），如此种种都是复合利用多种地貌构景的经典案例。

华首古寺位于罗浮山西南麓，台地海拔约300米，虽然藏于山林中间，但是集峰、丘、岩、谷、溪、泉、瀑、河等地貌于一地。更有空隐禅师倒骑牛入佛殿的历史典故①，成为岭南一大圣地。华首寺利用自然地貌特征，结合历史遗迹，构筑成许多风景优美的景观，体现出寺观园林综合利用若干种地貌景观来构景的一些特点。

一、善用地貌特征，巧构功能景区

华首古寺被群峰环抱，灵岩深谷；山环水绕，林深曲径；重峦叠嶂，绿荫蔽日；飞云溅雪，碧泉飞瀑。结合如此奇特的地貌，重建和修缮后的华首古寺园林范围呈现狭长形，主建筑群区域坐北朝南，园林各风景点依据南低北高地势沿山溪布置，按功能将佛寺丛林划分成四个性质和风格各不相同的区块（图2-3-2）。

① 据《博罗县志》记载，空隐禅师姓陆，字宗宝，广东南海人，二十九岁拜无异禅师为师，有一天，他倒骑牛走入佛殿。并口念偈语道："贪程不觉晓，俞求俞转渺。相逢正是渠，才是犹颠倒。蚁子牵大磨，石人抚掌笑。别是活生机，才落宫商调。"凡夫俗子自然难悟其中佛理，但无异禅师对此偈大为赞赏，收其为徒，将毕生佛理参悟心得传授于他。

第一景区是位于地势最低点的游览区，以望海观音像为高点、以元辰殿为基点的观音广场，包括鱼池、七曲桥、山涧小溪等共同组成丰富多彩的游览中心。观音广场依据地形高差大致划分为南北高低两区，之间由两条石径连通。高台处的望海观音像立于大岩石之上，进一步加强了视觉冲击力，显示佛教圣地威严、庄重的宗教气氛。元辰殿为大攒尖顶建筑，扁矮通透，还带有一点藏传佛教建筑特色，颇为别致，为园区增添了几分趣味。观音像和元辰殿一高一低、一宽一窄、一硬朗一圆润，如此构景的处理丰富了寺院的竖向景观视线。观音广场较其他景区更开阔旷达，便于聚集人流，再疏散到各景区，成为交通枢纽。广场周围景观丰富，地貌复杂，溪池穿插，沟壑纵横，构景条件优良。环绕广场的山涧小溪、鱼池、岩石壁阵等都是动观游览的优美风景点，揭开了一个引人入胜的华首古寺园林环境的序幕。

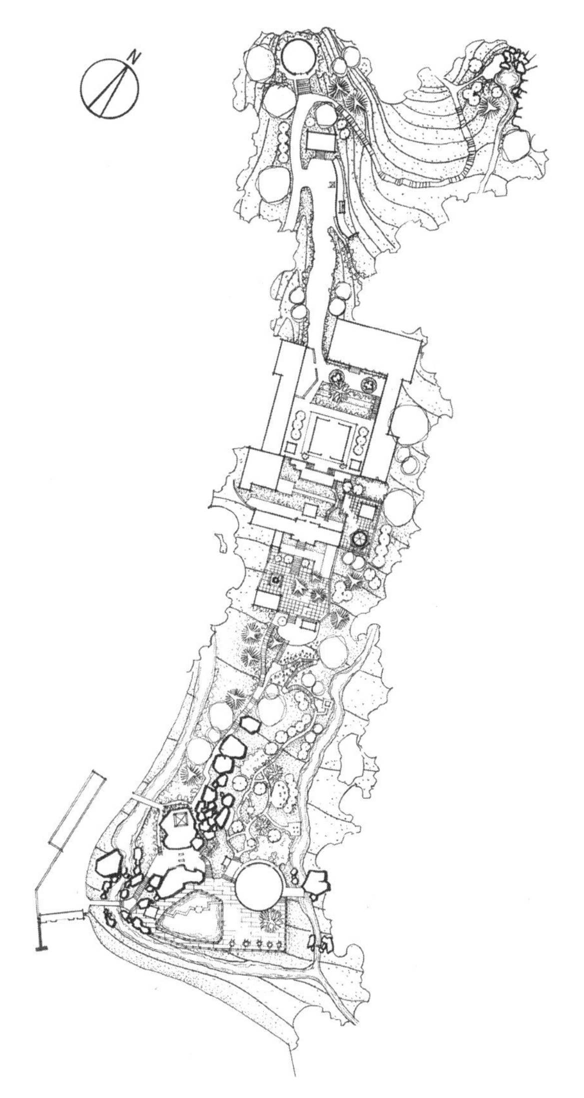

图2-3-2 罗浮山华首古寺平面图

第二景区为两丘间的上山道，上山道有两条主路，西侧是人工搭建的麻石栈道，栈道曲折穿插于山溪之上，岩石时而凸出于栈道之中，起到一定视线遮挡作用，也增添了几分趣味。东侧上山小径穿过大片桂花树林，小径时分时合，路上筑歇息小亭两座。桂花林浓荫遮天，树种丰富茂密，沿路几株古朴树、橄榄、古青果榕置于道路转折或分叉处，一直点景、引导。在收尾处，石径骤然变得陡斜、曲折，台级两侧也换上浓密的佛竹，仿佛告诉游人即将到达寺院风景的高潮区。在山谷的低凹地势和幽深的林木掩映下，一方面酝酿了游兴，另一方面也起了反衬作用，和第一景区形成动静对比，增添了华首古寺的神秘感。

第三景区为处于中部的核心建筑群。这里地势高而缓，借景条件良好，是整个佛教丛林风景的高潮。最南侧山门空间处由于密林围蔽，视域较差，但是通过一道道院门，经过一个个庭院，逐级而上，视野越来越开阔。沿级直上至普同塔，到达全院视野制高点，可远眺寺外神仙洞府和青山绿水。楼、台、阁、殿、塔组成的庭园空间，是静观为主的观赏区。这里横列了三栋层叠围拢式的殿宇，金碧辉煌，错落有致，大雄宝殿前植两株罗汉松、罗汉堂前缀两块湖石，连以廊房。山上有观音墙，以自然山脉为骨架尊藏大大小小数百尊观音像，蔚为壮观，拐角上山处舍利塔埋于沟壑处，构成建筑景观群和后山自然风景的转折节点。各建筑和庭院相互构景，自成一个平明旷朗的风景点。

第四景区为后山。这里林木茂密，小径通幽，安静而隐蔽，远离风景游览高潮，沿山路布置了飞云溅雪瀑布和山脊处观音洞，供游人俯瞰下方寺院全貌或休憩释佛。

如此四个不同性质的景区，功能区分明晰，组合关系也浑然天成，它们共同构成了可行、可望、可游、可居的庞大宗教园林环境。

二、突出景观中心，控制整体构图

复合地貌带来丰富景观感受的同时，也会带来风景点峥嵘，从而造成重点被埋没的问题，因此设计丛林中的视角重点非常重要。华首寺高台上的普同塔（万寿塔），成为整个群体的构图重心，也成为罗浮山风景区的标志。在景区数百米开外，普同塔通过地势之利成为视觉的吸引点，控制了华首古寺周围环境的风光。在古寺之内，高塔从不同角度、高度、在大部分位置上参与了各景点的构图，相互借景，相互统一。

三、注重道路规划，强调竖向设计

华首古寺的四大景区布置在沿路不同高差的平面上，景观之间的因借关系是立体的。风景点之间，有仰有俯，有远有近，高低错落，参差有致，与中国传统山水画中立体山水设计“高远、平远、深远”有异曲同工之妙。华首古寺景区内的道路主次分明，高低配合，时而分叉时而并合，在山间回环穿插，组成一个通过多条线路尽览寺院风景点不同角度之姿的游览路线系统。无论是第一景区高低错落的广场，还是第二景区两条沿途景色大相径庭的上山路，既满足了来往人流互不干扰的流畅性，又取得了丰富多变的景观和空间效果。

上述六种风景地貌，各具特色，各有其妙，它们相互之间常常交织穿插，相辅相成。寺观之间亦互有联系，互为补充，共同在构景中发挥作用（表2-3-1）。六种地貌类型形成的视角范围和借景对象各不相同。简单地概括，山间地貌水平视角良好，景观幽丽清宁，以水平借景为主；崖壁洞窟地貌垂直视角大，能俯瞰水平视线以下的景色，水平视角也十分深远，最大特色是景观险绝，以垂直俯借景为主，面向洞穴一侧视域最窄，但是也最幽奥神秘；水畔地貌视域比较宽广，既能近借园林小景，又能远眺海平线、天际线，景观总体特点是活泼、明朗；小山冈地貌水平视角较为宽广，垂直视角也比山间和平原平地稍大，借景以水平远借为主；平原平地地貌水平视角狭窄，以近景为

六种地貌风景特征比较 表2-3-1

地貌类型	特征示意图	特征简述
山间	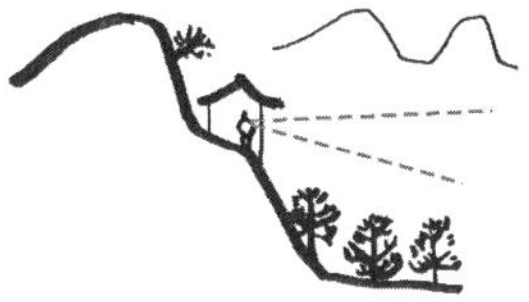	水平视角良好，景观幽丽清宁，以水平借景为主
崖壁洞窟	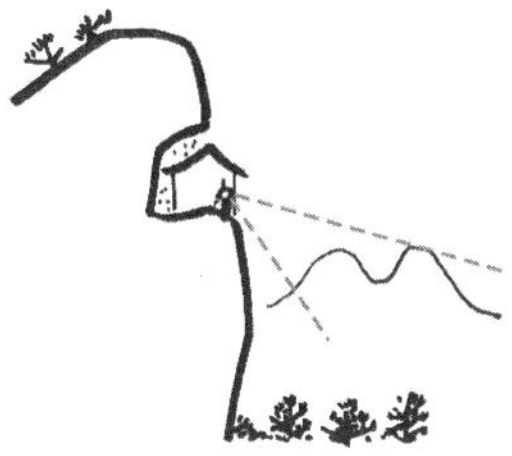	垂直视角大，能俯瞰水平视线以下的景色，水平视角也十分深远，最大特色是景观险绝，以垂直俯借景为主，面向洞穴一侧视域最窄，但是也最幽奥神秘
水畔		视域比较宽广，既能近借园林小景，又能远眺海平线、天际线，景观总体特点是活泼、明朗
小山冈		水平视角较为宽广，垂直视角也比山间和平原平地稍大，借景以水平远借为主
平原平地		水平视角狭窄，以近景为主，垂直视角以视平线以上景观为主，借景需靠远处高大的建筑物或山体烘托
复合地貌	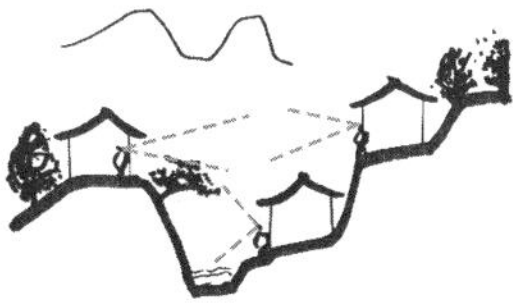	水平视角和垂直视角视具体局部地貌而定，特点是景观类型丰富，各处风景点相互因借，共同构景

主，垂直视角以视平线以上景观为主，借景需靠远处高大的建筑物或山体烘托；复合地貌水平视角和垂直视角视具体局部地貌而定，特点是景观类型丰富，各处风景点相互因借，共同构景。

长久以来，传统寺观园林环境之美之所以能让人津津乐道，就是通过合理利用和结合各种地形地貌，取风景特征之精华，去风景特征之糟粕，再施以适量的古典园林和建筑创作手法，对寺观的外部自然环境和内部建筑环境进行景观处理，从而创造出瑰丽多姿的宗教意境空间。

第三章

广东传统寺观园林造景的空间格局

清华大学李砚祖教授在评论环境艺术设计时指出："环境艺术设计是一门安排空间的艺术，设计师通过各种手法去解构和创造空间，形成一定的空间组织关系和一定的空间组合。"[①]相同的道理，本书认为寺观园林艺术是一门安排空间的艺术，造园者通过各种手法去创作空间，形成具有一定序列的空间组合。本章通过透视广东传统寺观园林空间的组织关系、格局特征等方面，深刻理解寺观园林的造园艺术精髓。

第一节

广东寺观园林空间——园林化的景观空间

由前面的章节可知，广东寺观园林在经过长足的发展后，其空间格局呈现明显的园林化迹象，一方面是世俗享乐生活深入宗教苦行生活的产物，另一方面是宗教气氛在社会发展过程中逐渐被人间情趣淡化的结果。因此，为了解决世俗游乐需求和宗教修学礼拜需求的冲突及矛盾，寺观往往会对空间进行功能划分，以确保神秘的宗教空间和明朗的园林空间可以并存。

本书认为，广东寺观园林的"空间"并非未经雕琢的天然环境空间，而是一种经过园林化的景观空间，而对寺观建筑和环境空间的分类、功能、特征和组合关系进行剖析研究，才能更深入地了解到广东寺观建筑园林化的问题。

一、空间类型及特征

赵光辉先生所著的《中国寺庙的园林环境》中把寺庙的园林化环境空间划分成"宗教空间""寺内园林环境空间""寺外园林环境空间"三种空间，"寺外园林环境空间"又可以细分为"寺前香道"和"寺庙周围的自然环境空间"。这种划分方式，其标准主要是根据寺庙院墙界线以及自然景色是否经过人工雕琢而成为景观来判定。由于对研究寺庙园林环境比较有利，后来被学者广泛使用和沿袭。本章论述广东传统寺观园林的空间，跟赵先生所研究的园林环境有很多共通点，故借鉴其空间划分法，结合广东实际情况，以新的视角归纳寺观园林空间类型。

从结构上来看，根据性质的不同，寺观园林空间一般可划分为环境空间（包括自然环境空间和人文环境空间）、前导空间、建筑空间（包括崇拜空间和起居空间）和园林空间，如图3-1-1、表3-1-1所示：

---

① 李砚祖. 空间的灵性：环境艺术设计［M］. 北京：中国人民大学出版社，2017.

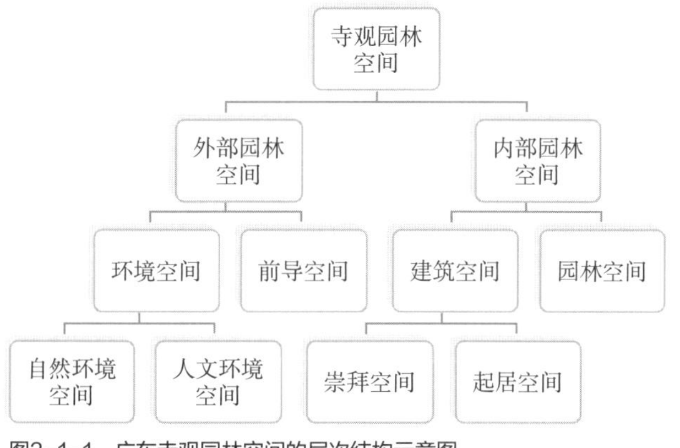

图3-1-1　广东寺观园林空间的层次结构示意图

寺观园林环境空间示意　　表3-1-1

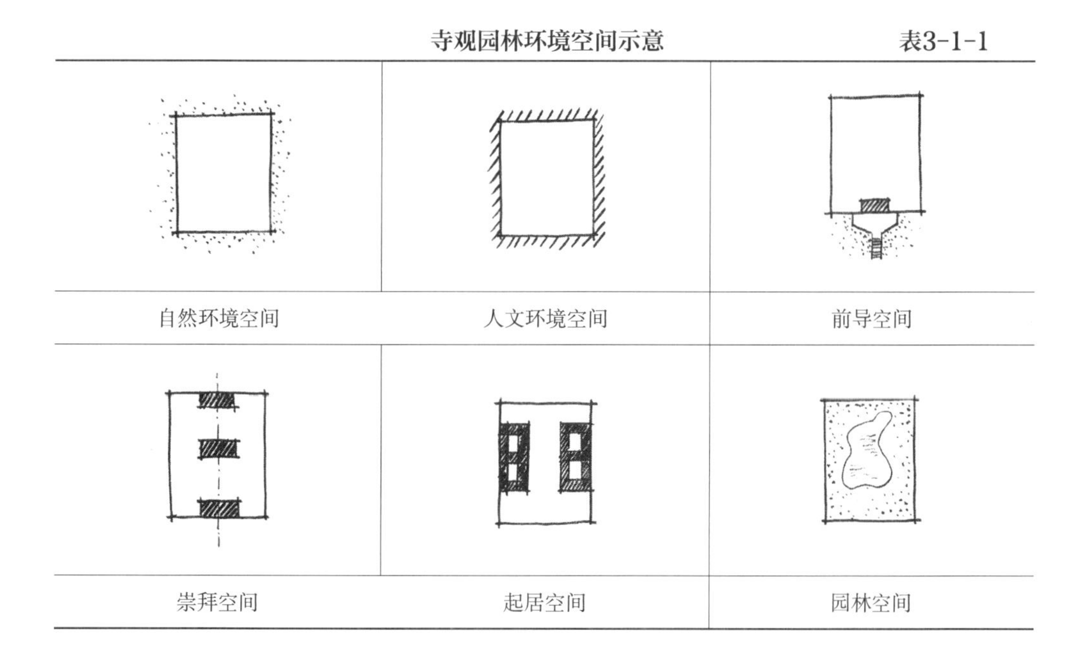

自然环境空间	人文环境空间	前导空间
崇拜空间	起居空间	园林空间

（一）自然环境空间

寺观外部未经人工改造或开发的原生态自然空间，所指范围极广，近可及院墙外的水石花木，远可达目之所及的丛山大川。自然风景为寺观的构景提供了山水骨架和美轮美奂的背景景观，有明朗清幽、自然古朴的景观特点，但若不能找到一个优越的观景点观景，自然风景可能会显得杂乱无章。

（二）人文环境空间

寺观外部由人工修建的建、构筑物或其他类型的人造景观。城市型寺观外部多为硬质的建筑环境，向外借景时园林造景手法与山林型寺观有所不同，需要充分考虑哪些人文景致可以帮助构图，哪些景致又会破坏画面而需要遮挡。

（三）前导空间

有人工修葺痕迹的半人工半自然环境空间，通常包括牌坊、香道、山门以及此路段的自然环境。前导空间既是封闭的寺观建筑群的出入交通枢纽，又是孕育宗教情绪和游览兴致的领域，地位十分重要。

（四）崇拜空间

崇拜空间指供奉神佛和进行宗教礼仪活动的空间，是寺观园林中的核心区域。崇拜空间一般处在独立于其他空间的封闭静止形态，以适应释佛修道的活动需求，为信徒提供一个“收敛心神”的精神场所。崇拜空间的布局常采用类似于中国传统礼制建筑布局的定式，例如“左祖右社”“五门三朝”等，构成中轴对称，纵深发展的严谨布局形式。由近乎程式化的刻板布局形式，打造宗教神秘高冷、让人压抑的环境氛围。

（五）起居空间

僧人生活起居的空间，是宗教建筑空间的另一个组成部分，与崇拜空间联系紧密，但属于私人领域，相对封闭。

（六）园林空间

寺观内的园林空间包括经过人工园林化的庭园空间和独立附园的园林空间。与宗教空间相比较，这一部分空间更多了一份山林野趣和空幽的禅境。寺观内部园林空间常常在最大程度上确保宗教空间完整，尽可能维持核心建筑群中轴对称的前提下进行布局。并且皇家宫苑、私家园林和庭园民居的建筑特色，通过引入亭、廊、台、榭、厅、堂、楼、阁等园林建筑形式，再点缀一些如塔、经幢、摩崖石刻、放生池等宗教构筑小品，从而为寺观提供优美舒适的生活游赏环境，有利于佛教、道教进一步大众化。

广东传统寺观园林空间，由各种性质不同的空间有机组合成一个整体。总体来看，从外到内，由宏观到微观，可分为外部园林空间和内部园林空间。寺观外部的园林空间包括自然环境空间、人文环境空间和园林化了的前导空间，属于外向神域；寺观内部园林空间包括园林化了的建筑、庭院空间和附园式园林空间，属于内向核心。

从游览序列来看，前导空间是序曲，寺庙或道院是高潮，园林游憩部分或为升华，或为尾声，由风景园林的景观品位决定。

各空间之间，以院墙、游廊等为界面，以多种组合方式，汇聚成千变万化的寺观园林空间。这一空间分类和构成模式与一般的寺观园林相同，说明广东寺观园林承袭了古典园林的造园思路。

二、各空间的衔接组合方式

以往园林学中把寺观园林分为城市型寺观园林和山林型寺观园林两种，分类依据为寺观的外部是以建筑环境为主或以自然山林为主，这两类寺观园林在广东境内都有广泛分布。上文提及的六种空间在这两类园林中，依据地貌的变化，所占比例及组合方式各不相同，一般有如下几种主要的空间衔接组合方式（表3-1-2）：

广东传统寺观各空间组合方式对比　　表3-1-2

组合方式	基本形式示意图		空间组合特点
独立串联	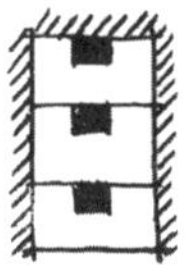	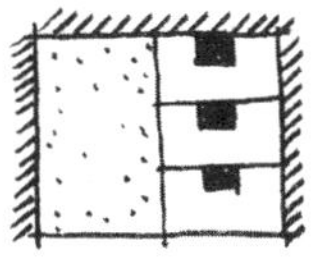	1. 保持崇拜空间的基本格局。 2. 崇拜空间与园林空间相对独立。 3. 有明确的分割界面，空间被分切为若干小单元，互不干扰，并形成一个完整序列。 4. 宗教功能占主导
	直线串联	并排直线串联	
	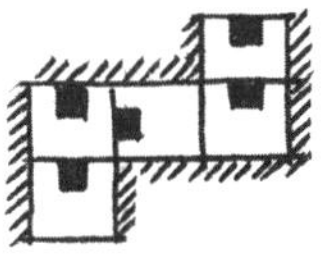	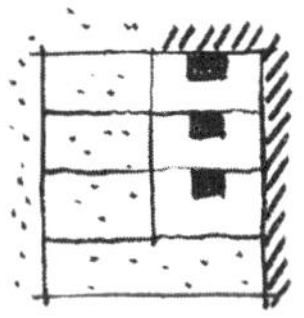	
	折线串联	并排直线穿插串联	
渗透互补	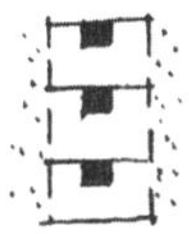	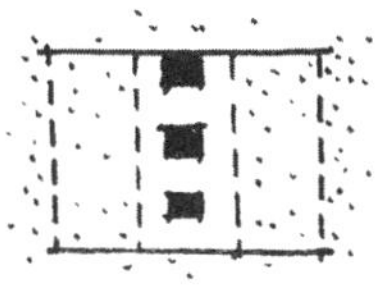	1. 崇拜空间格局出现变化衍生。 2. 空间界面漏透，园林空间渗入崇拜空间。 3. 以过渡空间穿插交纵出若干错落有致的单元。 4. 旅游功能占主导
	直线渗透	直线横向渗透	
	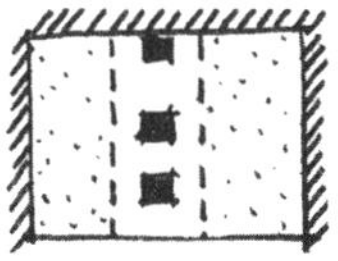	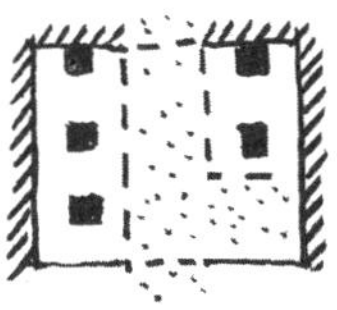	
	并排直线渗透	长短组合多向渗透	
综合性组合		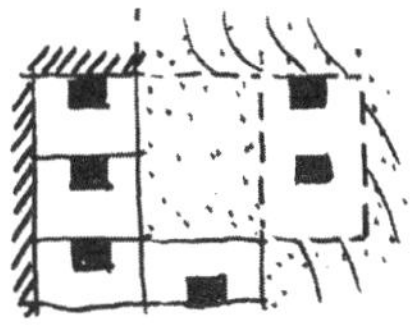	1. 空间布局变化万千，外部多为园林化环境。 2. 地形地貌复杂多变，景观条件好。 3. 空间界面消失。 4. 旅游功能占主导
	自由组合渗透	纵横穿插渗透	

（一）空间独立串联

空间独立串联即空间相对独立，功能各不干扰。这种组合方式基本保证了宗教空间的轴线和序列，使各空间功能得以完整化。平原平地或山间缓坡地貌处的寺观常会采用此种空间组合形式。另外，广东的寺观善于插入各种园林建筑，分割空间为若干小单元，在不改变整体格局的前提下，点缀些许园林小品或花木丰富内庭空间。由此，在平缓的地形上创造了丰富多变的景观效果。

（二）空间渗透互补

空间渗透互补即软化界面或增加过渡空间，使相邻空间的景色相互渗透融合。空间渗透分为两种，一种是主动渗透，另一种是被动渗透。主动渗透是人工有意地通过通廊、门洞或漏花窗等将外部园景渗透入宗教空间，以达到淡化宗教气氛之目的。被动渗透则是碍于地形地貌的复杂，礼教建筑格局很难维持，便顺应山势布局，让空间互相沟通，更好地融为一体。

（三）空间综合性组合

在复合型地貌上，寺观各空间不只是简单地串联组合或渗透组合，而是综合运用上述两种组合方式，根据地形进行布置，使景观更加丰富多变，成为宗教的园林胜景。

第二节

前导空间

在中国古典宗教建筑世俗化和园林化的过程中，除了院内逐渐形成的大大小小的“园林”之外，园林艺术亦跳出了院墙之外，创造了外部园林环境。拜佛香道经过园林化后也成了观赏空间，过往寺观园林研究中通常把寺观之前的“香道”分类为“前导空间”。而本书认为，如果从空间景观和崇拜功能两种视角来看，结合广东寺观的具体情况，并非只有上山香道才能称之为“前导空间”，某些具有景观引导和心理引导的“寺观园林空间”均能称之为“前导空间”。据此观点，前导空间一般还可以细分为山林型前导空间和城市型前导空间两种。

对于山林型寺观而言，前导空间主要是香道和山门组合而成的空间。进山香道，也有称之为甬道或者神道。山林型寺观前导空间的形态主要取决于香道的设计处理，香道本身需要有起承转合的节奏，设置蜿蜒山径，营造出幽静、仙灵的宗教氛围，由起点处的牌坊到结尾处的山门，将人逐步引入道教天地，起到营造景观佳境的过渡作用。

对于城市型寺观而言，碍于地貌的平缓和用地的匮乏，难以开辟香道，所以在过往的研究中通常把寺院范围内，由建筑或院墙围合出的院落空间定义为城市型寺观的前导空间。这个空间一般从山门出发，到天王殿结束。在城市型寺观的一般布局中，除了主殿门外，天王殿是第一个建筑空间，因此天王殿也常作为一种过殿，甚至一些寺庙的天王殿就直接用作山门。

一、景观功能与宗教功能兼具

（一）景观功能——拉开寺观园林景观序幕

区别于天子官宦御用的皇家园林和商贾为玩乐所建的私家园林，寺观园林的宗教性和公共性使其对游览路线的节奏和主次把握更加突出和重要。中国文学作品向来很讲究“开章”或“凤头”，只有开了一个好头，才能调动读者的兴趣让其往下继续阅读。

计成所说的“未山先麓”。“麓”是山势的余波，人在登临过程中对山的感受起点。建筑不是真山水，园林是在“自然地势之嶙嶒”[①]中去体会崇山峻岭。这相当于文学中的举隅法，部分代表整体。山林寺庙的园林艺术也是同样的道理，前导空间在整个游览过程中起铺垫作用，也一定程度上代表了整个寺观园林景观。一个优美的前置引渡空间景观，预示着后续寺观园林景观也会同样精彩，朝圣者才会有兴趣继续游览。

中国传统绘画一直强调“意贵乎远，境贵乎深”，即曲折多变、含蓄莫测的艺术境界。同样的道理，通过些许人工改造，把寺观之外本来杂乱无序的原始自然环境为我所用，设置曲折蜿蜒小径，营造出幽静、轻灵的宗教氛围，并设置山门、牌坊、桥梁等，将香道周围变成具有观赏价值的景观环境。前导空间的园林景观和寺观之内的园林景观串联组合，成为一个完整的，有开头铺垫、中局起伏和高潮结尾的完整游览景观线，起到渲染宗教氛围的作用，激发游览者的朝圣心态，拉开寺观园林的景观序幕。

景观序幕又分为短景观序幕和长景观序幕。

城市型寺观或离大路较近的小规模山林型寺观，一般都是短景观序幕。如果在短交通距离里取得幽邃深远的景观效果，就要对自然环境进行人工改造，尽可能做得曲折和隐蔽，把短线变长线，形成丰富而有层次的景观序幕。类似于《晋书·文苑传》中所说的：“景贵乎深，不曲不深。”即思想深邃必须经过曲折磨难，同样地，园林强调幽深曲折才能通佳境。

长景观序幕由于大路到山门之间距离遥远，大有发挥空间。有节奏地在香道上设计

① 摘自《园冶》掇山篇，原文为：“未山先麓，自然地势之嶙嶒；构土成冈，不在石型之巧拙；宜台宜榭，邀月招云；成径成蹊，寻画问柳。”意思是应该先见到山麓然后有山，园林设计时候即使追求怪石嶙峋的效果，也要先有铺垫不能太突兀。有铺垫方显自然，中国人讲求天人合一，这也是园林布景的原则。

些许亭、台、墙等景观节点，对自然环境做些许修葺和改造，形成一个完整的前导空间和景观序列。广东寺观中长的景观序幕例证甚多，鼎湖山庆云寺、罗浮山华首古寺、丹霞山别传禅寺、锦石岩寺等，都布置了一个别具特色的长的景观序幕。

（二）宗教功能——心理引导，接入宗教精神场所

从心理引导方面看，世俗社会是一个喧嚣的精神场所，而宗教空间是一个静谧的精神场所，从一个精神场所转移到另一个精神场所，必然需要一个过渡空间。前导空间就扮演着过渡转换者的角色。在登临过程中，寺前环境空间所带给人的，不是纪念性和神圣感，而是由深远延伸的空间感，转化为生命体悟的精神性，只有经历这样的过程、在这样的空间中才可体验。此“内外”，既是空间的内外，也是心境的内外；而此“空间”，也早已不是通常所说的建筑中的狭义“空间”。而关于“静谧”，不同于哲学中接近不可言说的描述，是一个包含可度量与不可度量之物的完整世界，是以空间的方式，引导人进入会神的凝视思考与宁静的自我存在；最重要的是，它不再只关注于物，而是将自然容纳，并成为这个特殊“空间”不可分割的组成部分，一个自然与人工共存交互的世界。

犹如《桃花源记》的描述，山重水复、蜿蜒曲折、柳暗花明之中，人被引导进入一处充满诗意、令人神往的胜景之中。当游人凝视或者置身于那些由阴影所围合的空间，丰富、暧昧、神秘、明暗俱存，是一种静谧的诗意之所在。总而言之，前导空间的存在，起到了酝酿宗教情绪，激发游览兴致的作用。（表3-2-1）

部分广东现存寺观的前导空间处理比较　　表3-2-1

寺观	引导空间类型	具体引导载体	引导方式	坡度	引导径宽度	引导径长度
光孝寺	城市型前导空间	院落	引导墙分割空间	平缓	—	—
六榕寺	城市型前导空间	院落	引导墙分割空间，六榕塔引景	平缓	—	—
华林寺	城市型前导空间	院落	引导墙分割空间	平缓	—	—
海幢寺	城市型前导空间	院落	竹林夹景引导	平缓	—	—
能仁寺	山林型前导空间	山径	引导墙配合自然混合林引导	有一定坡度	约2.5米	约105米
萝峰寺·玉岩书院	山林型前导空间	山径+台级	两侧梅林夹景	较大坡度	约3米	约35米
五仙观	城市型前导空间	台级+院落	牌坊配合两侧砖墙引导	微微坡度	约2.2米	约13米
三元宫	城市型前导空间	台级	院墙配合古榕树引导	有一定坡度	约4米	约40米
纯阳观	城市型前导空间	山径+台级	院墙配合山塘引导	较大坡度	约3.5米	约28米
佛山祖庙	城市型前导空间	院落	引导墙分割空间、照壁配合夹道树引导	平缓	—	—

续表

寺观	引导空间类型	具体引导载体	引导方式	坡度	引导径宽度	引导径长度
云泉仙馆	山林型前导空间	山径+台级	溪流、水潭配合引导墙引导	有一定坡度	约3米	约85米
宝峰寺	山林型前导空间	山径+台级	连接桥配合山间溪流引导	有一定坡度	约10米	约230米
飞来寺	山林型前导空间	山径+台级	山峡引导	平缓	约6米	约300米
飞霞洞古观	山林型前导空间	山径	引导墙分割，配合山涧引导	有一定坡度	约3米	约650米
藏霞洞古观	山林型前导空间	山径+台级	引导墙分割，山门引景	较大坡度	约3.5米	约520米
锦霞禅院	山林型前导空间	山径	竹林和自然混合林引导	微微坡度	约2米	约420米
南山寺	山林型前导空间	山径	自然混合林引导	有一定坡度	约8米	约150米
福山寺	山林型前导空间	山径+台级	夹道僧舍和行道树引导	微微坡度	约3.3米	约900米
南华寺	山林型前导空间	山径	石板径配合夹道婆娑引导	微微坡度	约2米	约100米
云门寺	山林型前导空间	山径+院落	照壁和放生池配合引导	微微坡度	约4米	约400米
锦石岩寺	山林型前导空间	山径	竹林和滴水岩配合引导	较大坡度	约2米	约200米
别传禅寺	山林型前导空间	山径+台级	陡峭石级配合岩壁引导	陡峭山道	约2米	约150米
仙居岩道观	山林型前导空间	山径	竹林和自然混合林引导	较大坡度	1.8米	约660米
洞真古观	山林型前导空间	山径	竹林夹景引导	有一定坡度	约2米	约35米
冲虚观	山林型前导空间	山径	白莲湖、湖心亭和岸边树配合引导	微微坡度	约4米	约520米
酥醪观	山林型前导空间	院落	自然混合林引导	平缓	—	—
黄龙观	山林型前导空间	山径	瀑布和自然混合林配合引导	有一定坡度	约2.5米	约1200米
九天观	山林型前导空间	山径	夹道树和放生池配合引景	平缓	约6米	约90米
白鹤观	山林型前导空间	山径	自然混合林引导	有一定坡度	约2米	约70米
南楼寺	山林型前导空间	山径	引导墙分割空间	有一定坡度	约6米	约200米
延祥寺	山林型前导空间	山径	夹道树配合自然混合林引导	有一定坡度	约5.5米	约380米
华首古寺	山林型前导空间	山径	夹道桂花林和栈道配合引导	有一定坡度	约2.2米	约350米
元妙观	城市型前导空间	台级	引导墙分割空间、台级和古菩提榕引景	平缓	约3.5米	约60米
准提寺	城市型前导空间	台级	引导墙分割空间	陡峭坡度	约2.5米	约40米
元山寺	城市型前导空间	台级+院落	引导墙分割空间	微微坡度	约4米	约50米

续表

寺观	引导空间类型	具体引导载体	引导方式	坡度	引导径宽度	引导径长度
定光寺	山林型前导空间	台级	放生池、夹道树配合引导	有一定坡度	约5米	约75米
证果寺	城市型前导空间	院落	引导墙分割空间	平缓	—	—
华阳观	山林型前导空间	院落	引导墙分割空间	平缓	—	—
开元寺	城市型前导空间	院落	引导墙分割空间	平缓	—	—
灵光寺	山林型前导空间	山径	竹林和自然混合林	有一定坡度	约3.1米	约40米
庆云寺	山林型前导空间	山径	山间溪流配合九丁榕引导	有一定坡度	约2.8米	约340米
白云寺	山林型前导空间	山径	引导墙分割空间	陡峭坡度	约2.8米	约300米
梅庵	城市型前导空间	台级	引导墙分割空间	微微坡度	约2米	约30米
玉台寺	山林型前导空间	山径	竹林和自然混合林引导	有一定坡度	约2米	约1900米
紫云观	山林型前导空间	院落	引导墙分割空间	有一定坡度	—	—
茶庵寺	城市型前导空间	山径+台级	放生池、石雕阵和牌坊配合引导	有一定坡度	约2.5米	约160米
国恩寺	山林型前导空间	山径+台级	连廊、夹道树、水池配合引导	微微坡度	约2.5米	约120米
龙潭寺	山林型前导空间	山径	引导墙分割空间、龙潭配合罗汉像引景	微微坡度	约4米	约600米
石觉寺	城市型前导空间	院落	引导墙分割空间、寺塔引景	平缓	—	—
天宁寺	城市型前导空间	院落	引导墙分割空间	平缓	—	—

二、广东传统寺观前导空间的处理手法

（一）前导空间的发起

前导空间的起点可以分为实起点和虚起点两种。

实起点是指有人工建筑或构筑物等实体作为前导空间开始的标志。对于山林型寺观来说，牌坊、刻石、牌楼、山亭等人工实体建筑或构筑物就是前导空间的起点。例如韶关云门山下的大觉禅寺，起点处上书“云门寺”的古牌楼作为一个实起点，象征了禅寺空间的发起，寺后是约400米的狭长甬道，让人有“见门不见寺”的幽深之感。后人为了增强牌楼的起点感，在古牌坊右侧搭建了规模更为庞大的新山门，更突出了云门山大觉禅寺的威严壮丽之势。由此可见，起点形象对寺观景观形成的重要性。城市型寺观由于没有香道，根据其平面形态，山门或山门前广场的标志物如影壁、亭、牌坊、塔、院墙等共同形成的围合空间就是前导空间的起点。有的大型寺观甚至通过开凿水池、种植林木等园林化手法来增强起点的标志感。例如，肇庆梅庵作为景观起点的山门体量小巧

别致，起点与院墙融为一体不太显眼，但门前植一株10人环抱的200年古菩提树作为点景，树冠数十步，绿荫蔽日，苍劲有力，山门与菩提配合组景，具有强烈印象的起点空间骤然形成。

虚起点则是指没有实体标志物，通过园林手法改造环境来形成前导空间的起点。常用的虚起点设计手法有三种。第一种是通过突然增大山径蜿蜒起伏之势来开始一段不同于先前杂乱无章的自然环境的空间序列，起承转合，激发探索寻觅之趣。如鼎湖山庆云寺从山道上的忠烈亭开始，坡度突然变陡，甚至出现五连发卡弯，地势突然变化意味着前导空间的展开。第二种是种植夹道树，例如通过种植松树形成一段长距离的松道，用变化的景观感受，作为前导空间的起点。如丹霞山的仙居岩道观，观外明确的景观起点难以界定，然而观前约六百多米的码头处开始山路突然收窄，两侧密植翠竹，形成长长的竹道，竹道宽1.8米，仅容两人通过。作为进入道观的开端，突出了道观的庄严和神秘感。第三种是山坡地形，在山门前坡上铺设长段石阶，延伸为“天梯”，石阶起点自然而然地成为前导空间的起点。如罗浮山延祥古寺，虽无牌坊，寺庙入口的序列感却很强，大殿中轴线上沿坡铺设的层层石阶，先入天王殿，再向右转折入佛堂，将寺庙与自然山林融为一体（图3-2-1）。

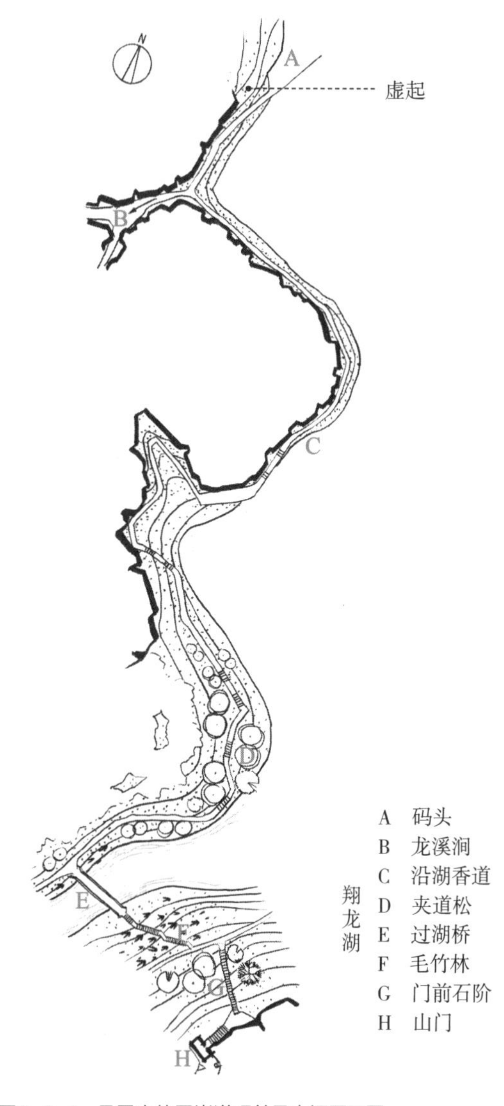

图3-2-1　丹霞山仙居岩道观前导空间平面图

（二）前导空间的过渡

起点和终点之间的路段是前导空间最重要的部分，起点发景之后必须立刻承接另一个空间，以完成前导空间的过渡。例如利用山径进行承接，采用“曲径通幽”“渐入佳境”的方式逐步展开，最后顺利接入寺观的入口空间，使整个前导空间具有渐进变化的序列感。广东寺观前导空间的环境过渡处理手法大体上有以下三点：

1. 藏景——因地制宜，以藏为主

前导空间归根到底是一个以自然环境为主导的环境空间，人工构筑物不可以喧宾夺主，过于突出，这也符合了寺观园林环境营造的大前提，“极力保持

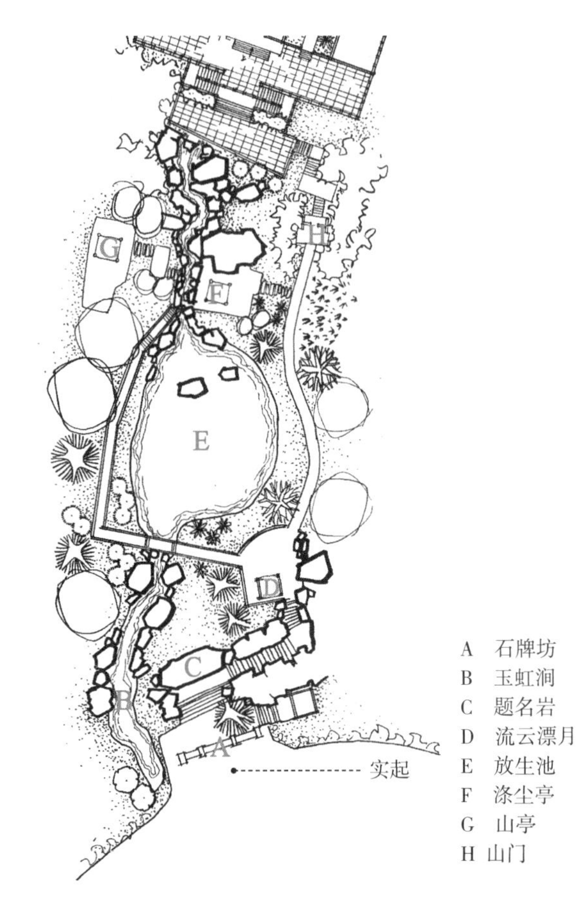

图3-2-2 白云山能仁寺前导空间平面图

自然山水脉理，顺应自然，少施斧凿”。所以，广东寺观的庙前景物都是因地制宜，精在体宜。选址在山坳处的寺观，往往采用幽谷式线形“香道”，以“藏”取胜。山谷左右回折，峭岩壁立，青峰插天，溪流潺湲，无数次“藏掩于谷中”之景观，使环境变幻莫测，灵境神然。从游览心理角度看，从深谷到峰巅，从隐藏到开阔，空间对比转化，反差悬殊，给游人的景观信息量增大，感受到的美也越加强烈。

白云山能仁寺的寺前香道沿玉虹涧布置，工匠们在疏泉凿石时以“藏”为造景原则，沿途修筑的饮涧亭、小隐轩等都是小比例的园林建筑，隐没在香道的林木浓荫之下。实际上牌坊、石径、亭轩、玉虹涧水潭组成的前导空间范围比宗教建筑群范围更宽广，却广而不大，藏而不兀，不曾喧宾夺主，反而更好地烘衬了能仁寺的规模和等级（图3-2-2）。

2. 引景——自然天籁，鬼斧神工

香道四周的自然环境是纯自然的、无序的环境，所以寺观前导空间若不引景，往往会导致游人渐渐失去游赏的兴致或迷失方向，因此寺观常用自然引景和人工引景两种方法来配合引导行人。具体来说就是香道线路的设置经过有意识地人工改造，充分调动沿线上的光、影、声、味、色等各种感官构景要素来作引导，指引游人步步前进。

广东寺观在前导空间引景方面运用得最多的是声音引景。例如，罗浮山南楼寺藏于山西麓朝元洞中，寺前石径沿溪流插入山雾之中。寺院利用溪涧环绕的地理条件用瀑声、流水声、泉声音引导游人前进，清朝博罗人曾焕章有诗形容寺前梵音美景“如雷水碓隔溪闻”“飞瀑啮山深露骨”“阶引泉声两派分”[①]，打破了前导空间的寂静沉默，增加了几分园林意趣。

① 全诗为：“如雷水碓隔溪闻，石蹬沿溪路入云。飞瀑啮山深露骨，断崖悬树倒抽筋。屋争峰势千盘上，阶引泉声两派分。别一洞天人迹少，打门红叶雨纷纷。”

再如西宁城北五里处的龙井庵，山径沿途松杉苍翠，满径落叶，在远处便听到庵内“钟呗沉沉”，嗡嗡醉人，梵音起到引导香客的作用，在给予多样观赏内容的同时又能进一步酝酿游乐情绪，为单调乏味的朝圣之旅增添一些意趣。

无论是通过大自然天籁之声还是寺观宗教活动发出的声响，在古人游记感悟中还能找到许多类似的运用声音引导的描述，诸如鼎湖山庆云寺“万木阴森，红尘隔断，钟声隐隐，石磴盘云”。

除了声音引景外，以寺观的人工景物引景也是常用的引导手法。例如，利用寺观制高点处的佛塔引景，罗浮山华首古寺的万佛塔（十一层，高约43米），从四百多米外山脚处的牌坊处便可看到佛塔雄姿，从而激发游人强烈的观赏欲望；云门山大觉禅寺的释迦佛塔（九层，高约60米）更是挺立在山前大路不远处，背依云门山麓构成有力的轮廓线，视觉冲击力颇为强烈；还有六榕寺舍利塔、国恩寺的报恩塔、石觉寺的千佛塔，也同样起到了引导的作用。

除佛塔外，也有部分寺院通过院墙的显露来引景。例如，广州海古珠寺红墙透过叶缝和珠江江面雾气，与碧天掩映成趣，“光接虎头春浪远，硬翻丽梦秋云热”①，给人深刻的印象。龙川东山寺也是类似的透景处理，建筑的金碧墙黛透过松荫依稀可见，凭栏远眺，颇有画趣。

3. 转景——曲折隔离，虚实相生

山势连续起伏、迂回蜿蜒是山林型寺观常常表现出的空间地貌特征。古代广东匠人在营造寺观前导空间园林环境时往往将计就计，采用“迂回曲折”的处理手法，通过组织序列和划分景区，把原本曲折难行的山路打造为蜿蜒起伏的承接空间，例如庆云寺香道上忠烈亭和补山亭间路段突然转折，使景观产生垂直起伏的变化，趣味横生，达到引人入胜的景观效果。

这种突发的和具有引导性的空间转换处理手法可称之为“转景”，是一种特殊的烘托手法，通过引导空间中的突然转折，使下一个景观一下子完整地展现在眼前。转景类似于禅宗顿悟过程，即由一个空间维度突然跳入另一个空间维度，使游人之前已经孕育到一定程度的宗教情绪冲破屏障，一口气迸发出来。

古诗有云：“犹抱琵琶半遮面”，隔离物制造人与景之间的距离感，犹如画中的水、云雾和植物，形成留白、层次和张力，使距离可见范围内，却能获得深远不尽的意象。寺观前导空间处理中常可见增设一个障景，切断较为平直单调的香道景观，使空间变得错综复杂，虚实相生，若隐若现，使人虽然观之不畅，却思之有味。例如，西樵山云泉仙馆，起点“第一洞天”牌坊至山门处长约80米的山道较为宽阔舒适，一侧列植若干芒果树，有强烈的引导作用，使山路方向性明确。然而到山门前，工匠们为了避免寺门

① （清）关涵，等．岭南随笔［M］．广州：广东人民出版社，2015：586．全文为：“一水盈盈，似湧出、蓬壶宫阙。遥望处，红墙掩映，碧天空阔。光接虎头春浪远，硬翻丽梦秋云热。看人间天上两团圆，江心月。”

正对大殿，于是把山门向东北挪动偏离中轴线。山门前通过筑起院墙发散出另外两条山路，一条往回折返通向白云古寺，另一条可达云泉仙馆前水潭“湖山胜迹”。通往水潭的小路侧还建了一影壁和短廊，颇有把人引向南而行之意，云泉仙馆在两条路上呈现出不同的景观形象。这个山门障景的设置可谓恰到好处，给道观前景观增添了无限变化，山门前短廊、影壁、古芒果树、深潭相映成趣，烘托了千年古观的庄严肃穆，空间的虚实相生，使人感受到古观的仙境神韵（图3-2-3）。

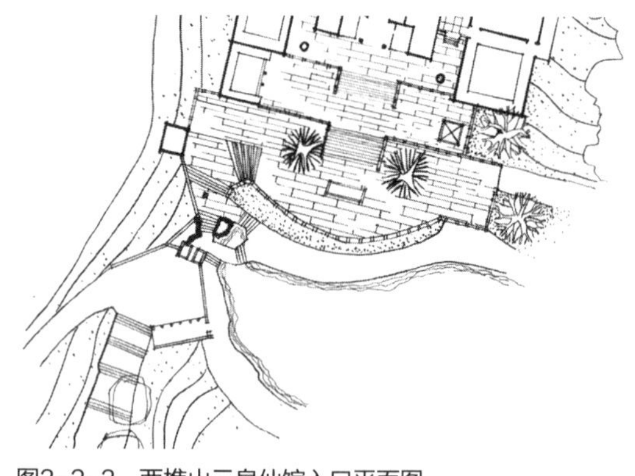

图3-2-3　西樵山云泉仙馆入口平面图

连州城东北山寺外山路曲折迂回，从南面折入寺中[①]，山路转折处点缀一观澜亭，亭后傍着一石，亭下架石为梁，突出险境。山泉出桥东萦回至此，泉水清冽，形成一个可以稍作停歇的转折空间，避开了正面道路的喧嚣繁杂。这样一个小小的转景处理丰富了北山寺前导空间的景观序列，可见工匠们的独具匠心。

（三）前导空间的收尾

经过起点的起景、香道的承景、曲径的转景，最后必然是末尾处的收合，完成前导空间景观序列“起”“承”“转”“合”四个步骤。最终在山门或天王殿处将庄严、雄壮、幽深的寺观核心宗教空间整体形象呈现出来。山门的形制根据寺观规模和等级的不同而有所差别，并且发展成为判断寺观规模和等级的象征。一些小型寺观的山门是单门，例如肇庆梅庵的山门，而较为大型的寺观庙门则做成三开间，例如陆丰元山寺等。

广东寺观的入口处理大体上可分为四种：第一种是山径或台阶直接连通庙门，直上直下，一览无遗，沿门的轴线铺设台阶，利用高差，壮大建筑形象，登石阶入寺观如上“天梯”；第二种常见于平缓地貌的寺观，门前有空地开辟一小广场，广场上沿中轴线对称列植松榕，严尊礼制布局，严谨有序；第三种是用院墙或引导墙稍作遮挡，山门隐蔽起来，沿围墙逐步攀升才窥得入口全貌，使入口空间变化有趣；第四种是邻近山门便可见寺观形象，但故意设置曲折回头路线，延长游览路径，使入口景观更加蜿蜒多变，激发游人“可观而不可触”之感，进一步提升游赏兴致。

结合表3-2-1和表3-2-2发现：首先，广东寺观园林前导空间大多以自然环境作引渡，人工痕迹浅，这与岭南人经济务实的价值观不无关系；其次，前导空间较短，轻起

① 北山寺于《岭南随笔》第一百四十四页的《北山寺石刻》：“燕喜亭北曰北山寺，寺外有亭曰观澜，曰流梧，曲折而南入寺。翁阁学曰：观澜亭即天泽亭，唐人旧址。流梧亭即匆幕亭，宋绍兴时所立十二亭之一也。观澜亭下架石为梁，泉出桥东，荇藻清绝。石上有‘崔公泉’三字，不知谁写。泉潆洄下至流梧亭，泉声既清，水味亦洌。亭后有石，镌诗一章，后题‘同野云再至竹塘’，亦不知其为谁也。”

寺观入口处理的几种类型　　表3-2-2

入口处理示意图	处理特点	代表性寺观
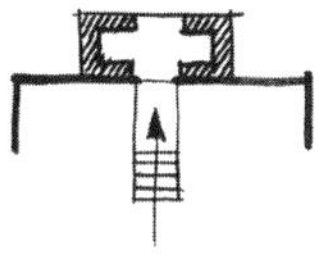	直上直下，一览无余，利用高差，壮大建筑形象	广州三元宫、广州萝峰寺、曲江南华寺
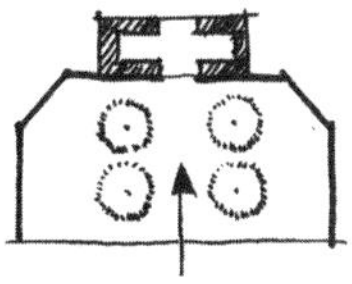	延长笔直的香道或加宽门前广场，添加些许对称性景物，提高威严感	连州福山寺、罗浮山冲虚观
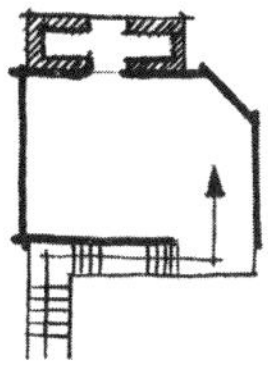	选择寺内高点景色作为起点，步步引景，路线上稍有遮挡，增加层次	白云山能仁寺、飞霞山藏霞洞古观、西樵山云泉仙馆
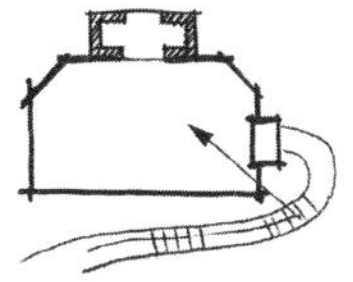	布置回头线路，点缀景观节点，如构筑物或古树，场景层次丰富	新兴国恩寺、鼎湖山庆云寺

点而重末端的处理即如寺观入口的营造。入口的形式比较丰富，具体地形或采用直上直下的方式，或增设松柏广场，或引出高台稍作遮挡，或设置回头线，体现了广东寺观园林因地制宜、大胆创新的工匠精神。

飞霞山藏霞洞古观，观庙门前空间处理甚有趣味。观傍临上山大路，与路面高差约6米，从路远处透过稍有镂空的低矮院墙能少许窥见前排建筑屋顶但不能得全貌，略显威严神圣。古观的山门虽然简洁朴素却凸出于前，位置鲜明，与地势环境合构成为第一景观。山门前台级曲折成回头线，靠道观一侧种植数株高大白玉兰以作遮挡，行至山门前才能看到古观雄伟排列之势，仅此一门，使空间景观变化有趣，足见其构景匠心（图3-2-4）。

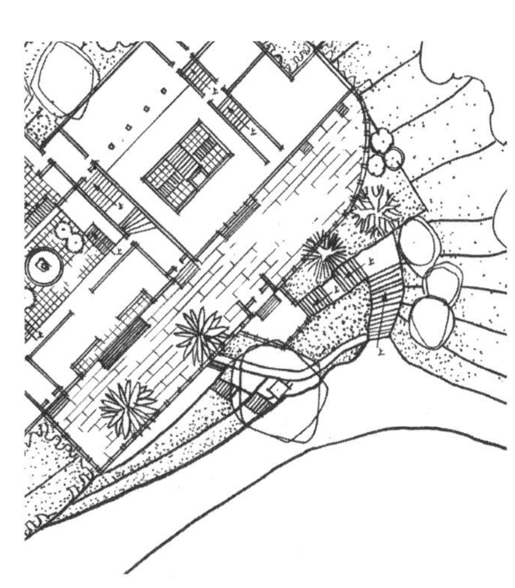
图3-2-4　飞霞山藏霞洞古观入口平面图

丹霞山别传禅寺前导空间沿幽静的山径蜿蜒曲折而上，行至岩壁下一小平台处道路猛然一百八十度回头，游线突然转折告知游人景观序列已到达尾声，即将到达山门。抬头可见前面石台阶依附在右侧大岩石下，极为陡峭和漫长，台阶被中央山门划分为两段，下段38步约8米高差，上段44步约7.5米高差。整段石台阶毫

图3-2-5　丹霞山别传禅寺入口平面图和门楼景观

无停歇处，随着不断上升两侧山石和树木也越加收窄，最末端延伸入云，只能透过门楼“丹霞山·别传禅寺”观看到远处石阶剪影，实在让人感到无力和敬畏。穿过门楼洞天再向右转折，前面在苍翠的山间和巨型岩石下，层层叠叠的楼阁殿宇跃然而出，气势巍峨壮观，真乃“山重水复疑无路，柳暗花明又一村”也。（图3-2-5）

（四）前导空间的处理手法总结

前导空间是寺观园林环境的序幕，上面列举的一些例证在起点、过渡和收尾处的处理手法丰富多变，但仍可总结出一些独具匠心的园林环境处理手法的共同特点：

1. 注重景观序幕的发起，突出强化景观起点

前导空间的景观是寺观整体园林景观的第一印象，又是寺观景观序列的序幕，一个优美的序章景观才能触发游人的游赏兴致，其重要性不言而喻。广东寺观特别重视前导空间的环境处理，根据实际地形改造和组织自然环境。大大小小的广东寺观，从起点到山门，或者从庙门到天王殿，或长或短，或高或低，或开或闭，或明或暗，变化万千，突出强化了寺观环境的开篇印象。

2. 延长景观序幕，丰富序幕景观

用有趣的景观起点激起游人的游赏兴致后，保持住这一份游赏兴致十分重要。在广东寺观前导空间中，常可见通过组织变化曲折、丰富多层的环境空间等手法来延长景观序幕，组织剪影景观，变化景观画面，摒俗收佳，提供充足的情绪酝酿空间。尤其是充分调动光、影、声、味、色等各层次的构景要素来构成眼、耳、鼻、舌、肤、心均可感

受得到的多样的观赏内容，使游兴不减反增。

3．起承转合，破散乱为严密

寺外自然环境是松散无序的，通过人为改造加工，组织前导空间景观序列，划分景观层次，破散乱为严密。游人经过起点的起景、香道的承景、曲径的转景、末端的合景，起承转合，将前导空间园林环境完美接入宗教建筑群的园林空间，形成一个完整的景观序列。

第三节

建筑空间

佛教、道教建筑是宗教信仰在现实世界中的具体物化，它是供奉佛像、神像和进行宗教活动的空间。寺观的宗教建筑空间主要包括了崇拜空间和生活起居空间，其中崇拜空间是建筑空间的重要构成，起主导作用，是寺观整体氛围的主要营造者，其布局形式决定了建筑空间的整体格局。根据寺观具体地形地貌和寺观等级规模的不同，而形成变化多样的建筑空间环境。

一、崇拜空间的建筑形制特点

首先横向对比几种中国传统建筑空间形制（表3-3-1），研究它们之间的内在异同。然后在文献查阅、现场调研、测绘和史料甄误后将广东部分代表性寺观宗教建筑空间的建筑形制整理如表3-3-2所示。通过观察、对比和归纳，发现广东传统寺观宗教空间的建筑布局和形制历经一千多年的发展演变，渐渐拥有了岭南特色，具体来说具有以下特点：

中国传统建筑空间形制比较　　表3-3-1

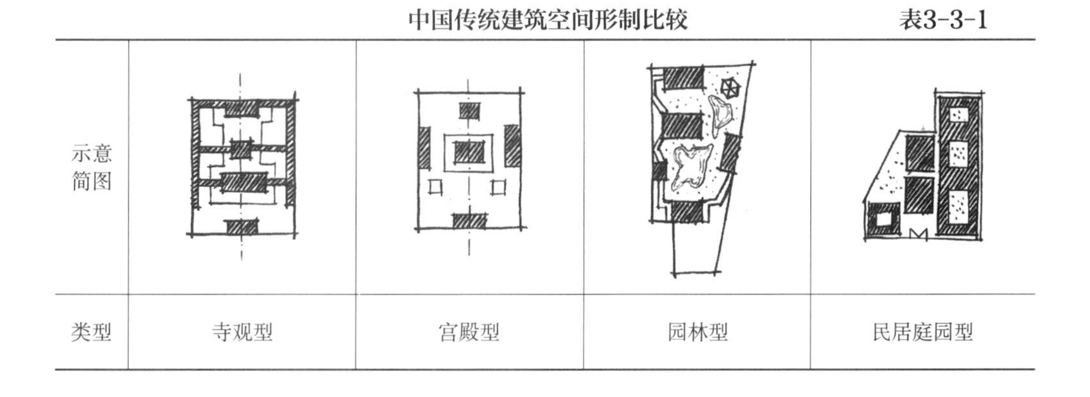

示意简图	（简图）	（简图）	（简图）	（简图）
类型	寺观型	宫殿型	园林型	民居庭园型

广东代表性寺观宗教建筑空间形制对比 **表3-3-2**

寺观	地貌类型	形制类型	平面形态特点	主朝向（大殿）	宗教空间占地/m^2	宗教空间外环境
光孝寺	平原平地	殿堂楼阁	有明显主轴线	南	30000	城市环境
六榕寺	平原平地	殿堂楼阁	有明显主轴线	东	7330	城市环境
华林寺	平原平地	殿堂楼阁	有明显主轴线	南	30000	城市环境
海幢寺	平原平地	殿堂楼阁	有明显主轴线	西北	20000	城市环境
大通寺	平原平地	殿堂楼阁	建筑轴线自由发散	北	33000	城市与山林混合环境
能仁寺	山间	殿堂楼阁	有明显主轴线	南	10000	山林环境
萝峰寺·玉岩书院	山间	厅堂宅舍	有明显主轴线	东南	1348	山林环境
五仙观	平原平地	殿堂楼阁	有明显主轴线	南	10890	城市环境
三元宫	山间	殿堂楼阁	有明显主轴线	南	5000	城市环境
纯阳观	小山岗	殿堂楼阁	建筑轴线自由发散	南	22000	城市环境
白云仙馆	复合地貌	厅堂宅舍	有明显主轴线	西北	15400	山林环境
南海神庙	水畔	殿堂楼阁	有明显主轴线	南	30000	城市与山林混合环境
佛山祖庙	平原平地	殿堂楼阁	有明显主轴线	南	30200	城市环境
云泉仙馆	复合地貌	殿堂楼阁	有明显主轴线	西	2200	山林环境
宝峰寺	山间	殿堂楼阁	有明显主轴线	北	21600	山林环境
飞来寺	水畔	殿堂楼阁	有明显主轴线	南	20000	山林环境
飞霞洞古观	山间	厅堂宅舍	有明显主轴线	东	25000	山林环境
藏霞洞古观	山间	厅堂宅舍	有明显主轴线	东南	13000	山林环境
锦霞禅院	山间	厅堂宅舍	建筑轴线自由发散	东南	350	山林环境
圣寿禅寺	山间	殿堂楼阁	有明显主轴线	北	80000	山林环境
福山寺	山间	厅堂宅舍	有明显主轴线	南	3600	山林环境
南华寺	山间	殿堂楼阁	有明显主轴线	西	20300	山林环境
云门寺	山间	殿堂楼阁	有明显主轴线	东	12000	山林环境
锦石岩寺	崖壁洞窟	厅堂宅舍	建筑轴线自由发散	西北	2000	山林环境
别传禅寺	山间	殿堂楼阁	有明显主轴线	西南	8000	山林环境
仙居岩道观	崖壁洞窟	厅堂宅舍	建筑轴线自由发散	西北	2000	山林环境
洞真古观	山间	殿堂楼阁	有明显主轴线	北	4000	山林环境
冲虚观	山间	厅堂宅舍	有明显主轴线	东	5584	山林环境
酥醪观	山间	厅堂宅舍	有明显主轴线	西北	2700	山林环境
黄龙观	复合地貌	殿堂楼阁	有明显主轴线	南	15000	山林环境
九天观	山间	厅堂宅舍	民居庭园型	南	2245	山林环境
南楼寺	山间	厅堂宅舍	建筑轴线自由发散	东南	4000	山林环境
延祥寺	山间	殿堂楼阁	有明显主轴线	南	7000	山林环境
华首古寺	复合地貌	殿堂楼阁	有明显主轴线	南	30000	山林环境

续表

寺观	地貌类型	形制类型	平面形态特点	主朝向（大殿）	宗教空间占地/m^2	宗教空间外环境
元妙观	水畔	厅堂宅舍	有明显主轴线	南	10000	城市与山林混合环境
准提寺	水畔	殿堂楼阁	有明显主轴线	东	5000	山林环境
元山寺	小山冈	殿堂楼阁	有明显主轴线	南	15000	城市与山林混合环境
定光寺	山间	殿堂楼阁	有明显主轴线	东南	29000	山林环境
证果寺	平原平地	厅堂宅舍	有明显主轴线	东南	1700	城市环境
华阳观	山间	殿堂楼阁	有明显主轴线	东	6000	城市与山林混合环境
潮州开元寺	平原平地	殿堂楼阁	有明显主轴线	南	20300	城市环境
灵光寺	山间	殿堂楼阁	有明显主轴线	西	6000	山林环境
庆云寺	山间	殿堂楼阁	有明显主轴线	东	17000	山林环境
白云寺	山间	殿堂楼阁	有明显主轴线	南	3000	山林环境
水月宫	水畔	殿堂楼阁	有明显主轴线	西南	2500	山林环境
肇庆梅庵	平原平地	厅堂宅舍	有明显主轴线	南	1400	城市环境
古香林寺	山间	殿堂楼阁	有明显主轴线	南	3957	山林环境
玉台寺	山间	殿堂楼阁	有明显主轴线	南	4700	山林环境
紫云观	山间	殿堂楼阁	有明显主轴线	西	6000	山林环境
茶庵寺	小山冈	厅堂宅舍	建筑轴线自由发散	东	3000	山林环境
国恩寺	复合地貌	厅堂宅舍	有明显主轴线	西	10000	山林环境
龙潭寺	水畔	殿堂楼阁	有明显主轴线	西北	1500	山林环境
石觉寺	水畔	厅堂宅舍	建筑轴线自由发散	北	4000	城市环境
化州南山寺	山间	殿堂楼阁	有明显主轴线	西	20000	山林环境
天宁寺	平原平地	厅堂宅舍	有明显主轴线	南	5000	城市环境

（一）遵宫殿建筑之礼制

等级较高、规模较大的寺观在崇拜空间形制上都谨遵宫殿建筑的礼制布局思想，如广州光孝寺、曲江南华寺、鼎湖山庆云寺等都是此类型的典型代表。礼制规定“左祖右社，前朝后寝”，北京故宫的布局形式最为典型，左为太庙，右为社稷坛，前有“五门三朝”，后为“两宫六寝”。寺观建筑群大都因循礼制规范形成严格的等级序列，以主殿为中心，“十”字形轴线对称的布局模式，历经多个世纪的发展演变，由简单到复杂。广州光孝寺的崇拜空间便是如此，中心是大雄宝殿，左为供奉至高无上的佛祖的卧佛殿，右为供奉次一级禅宗的六祖殿，左右对称，左尊右卑。中轴线上前有山门和天王殿构成的前导进香空间，后有寝学空间藏经阁。传统礼仪制度按社会地位将建筑划分出严格的等级，所以寺观中各处模数亦彰显着寺观的等级之高，“因名数不同，礼亦异数”，“九”“七”是“阳数”中比较高的数，高等级的寺观建筑才能用此数，例如广州光孝寺、西樵山宝峰寺和曲江南华寺的大雄宝殿都为七开间的大殿建筑，其他殿堂则为五开间或三开间建筑；此外，如佛塔的层数、斗栱的踩数、台基的高度和级数、屋脊上仙人走兽的尊数等都以数量之多少区分等级之高低。

除了数的关系外，还有用颜色来区分等级的规定。中国文化传统中，黄色是最高等级的象征。红色也是尊贵的色彩，红墙黄瓦是皇家建筑，包括受皇帝敕封的享受皇家待遇的建筑的专用色彩，一般其他建筑上是不允许使用这两种色彩的。例如，粤北韶关的南华寺和云门寺就院墙涂装为黄色以显尊贵，粤西地区等级规模小的寺观用色都比较淡雅，以青色、白色为主。

（二）守寺观建筑之规整

印度的传统佛寺原本是以佛塔为中心，周围布置僧房，但是传入中国后则演变为早期的廊院式寺庙。广东早期的佛寺亦是如此，寺院中佛塔多作景观建筑点缀，而非寺院的中心。六祖慧能弟子百丈怀海在《百丈清规》中规定了禅宗寺院空间的基本布局模式，深刻影响了中唐以后广东佛寺的发展方向。其创立的禅居模式大致是中轴对称，以法堂居中，僧堂库院对称置于两侧，山门、方丈分居轴线的南、北两端，不立佛殿。明代佛寺为中轴式的布局，即把主要殿堂布置在一条轴线上，大型寺院则在主轴两侧发展平行的多条轴线，布置附属的殿堂与僧房，这种寺庙格局一直流传至今。

广东道观在形制上与佛寺较难区分，有少数规模较大的宫观规制沿袭了北方王宫的三宫之制，殿宇造型也仿宫城，建在高大的重台之上，重檐琉璃瓦顶，殿前出月台，围以石栏，例如西樵山云泉仙馆中轴线上先后布置过殿、赞化宫、正阳殿三座宫殿，赞化宫前出一月台，高出地面约一米多并围以石栏，更显空间的垂直感受。规模较小的庭院式道观类似广东民居的天井院落，小巧灵活，有较多的生活气息。还有一些园林寺观有山有水，亭廊曲榭俱全，格外清幽，但丝毫不破坏崇拜空间的规整，例如肇庆梅庵，东侧梅林园清静别致，庙前翠竹青葱，园色映入庙中，与建筑和谐共存。

（三）得民居建筑之精髓

自南北朝出现“舍宅为寺”之风后，许多广东佛寺和道观都在住宅的基础上改建而成，供奉佛像或神像的主殿就是园林住宅的主要厅堂。这种类型的寺观以合院为基本单元，数座建筑配合院墙围合成庭院，再以庭院空间为单元组成各种形式的建筑组群布局，构成独特的寺观建筑布局体系。

民居改建的寺观，其崇拜空间布局在外观上的功能特点并不突出，但是借用沿纵轴布置，强调驻点低位的布局方式，依然可以有效地引导徒众有秩序地一步步进入宗教崇拜的情绪高潮。飞霞山上的藏霞洞古观和飞霞洞古观就是崇拜空间深得民居庭园景观精髓的典型范例。

二、建筑组群的空间布局特点

广东寺观的宗教空间在岭南自然地理环境、社会发展沿革的影响下逐步园林化，并慢慢形成具有南方地域特色的布局空间。具体归纳起来，可以划分为廊院式、附园式、庭园天井式、折尺式、散点带状式、综合式六种类型，如表3-3-3所示：

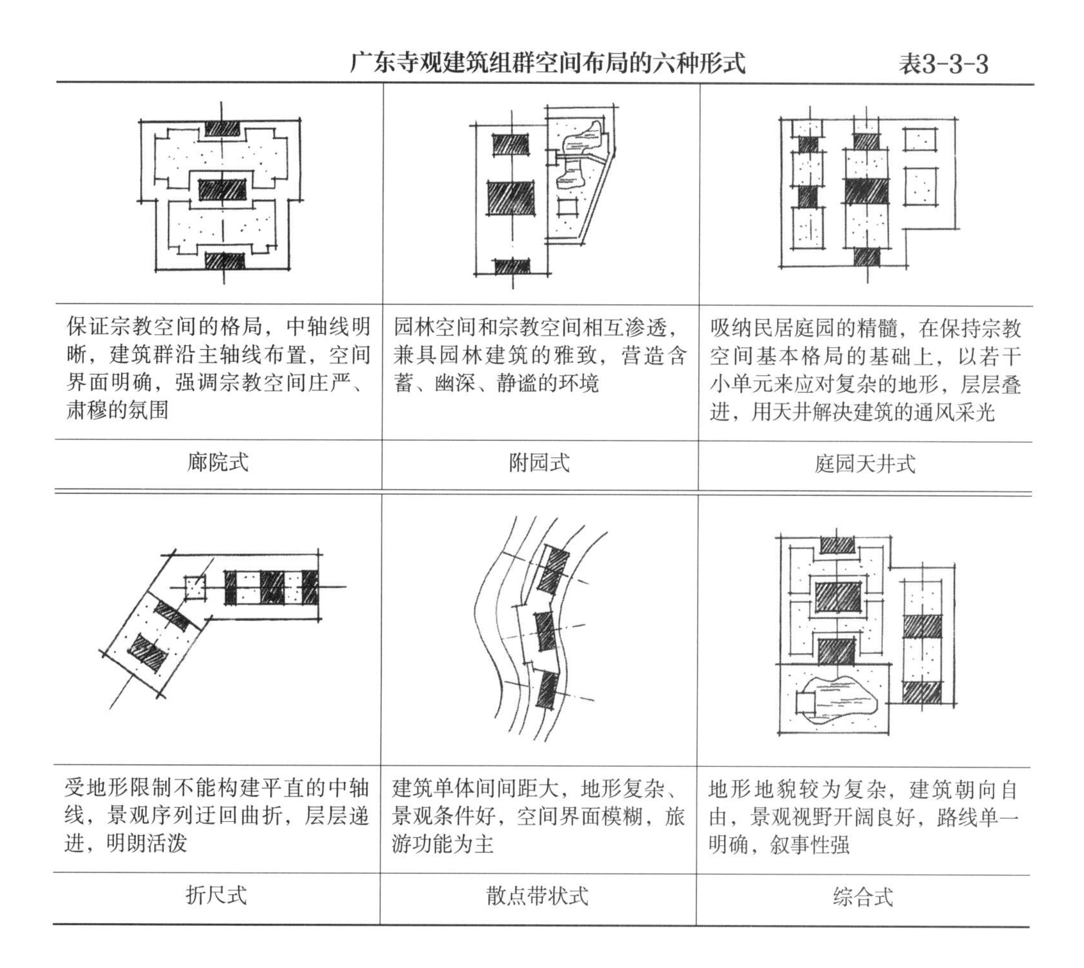

广东寺观建筑组群空间布局的六种形式　　表3-3-3

廊院式	附园式	庭园天井式
保证宗教空间的格局，中轴线明晰，建筑群沿主轴线布置，空间界面明确，强调宗教空间庄严、肃穆的氛围	园林空间和宗教空间相互渗透，兼具园林建筑的雅致，营造含蓄、幽深、静谧的环境	吸纳民居庭园的精髓，在保持宗教空间基本格局的基础上，以若干小单元来应对复杂的地形，层层叠进，用天井解决建筑的通风采光

折尺式	散点带状式	综合式
受地形限制不能构建平直的中轴线，景观序列迂回曲折，层层递进，明朗活泼	建筑单体间间距大，地形复杂、景观条件好，空间界面模糊，旅游功能为主	地形地貌较为复杂，建筑朝向自由，景观视野开阔良好，路线单一明确，叙事性强

（一）强调宗教氛围的廊院式

在广东寺观中，这是最为常见的布置方式，其保证了以主殿为核心的宗教空间格局。寺观内主要建筑沿主轴线对称布局，并且以回廊和实墙交错穿插、渗透其中引导交通流线，形成一进或多进廊院空间。在院落中筑山凿池，种菩提榕和其他高大林木，人与自然相联系的园林空间油然而生。廊院式建筑群布局既保持了宗教建筑的气势，又不失轻快、明朗的园林气氛。它有北方四合院的影子，用地更宽广、松阔，庭院大，建筑空间内为绿化空间。广州光孝寺、西樵山宝峰寺、曲江南华寺等都是这种典型的布局。

广州光孝寺（图3-3-1）在平地上布置建筑，天王殿和大雄宝殿等七座主殿严格遵从对称的格局，两厢向外布置生活起居的辅助建筑，逐渐从对称过渡到不对称。建筑之间连接以曲折迂回的通廊，在左右各围合成一廊院，东院凿池置石，花木掩映，倒影流丹，景色迷人。通廊配合立柱和花墙分割庭院，紧贴放生池配以庭石，“隔院楼台影影绰绰”，大有岭南私家园林之雅致。光孝寺尤其强调旅游功能，院中亭廊贯通渗透，花木隔园互相作背景因借，香客漫步在回廊曲院之中，每迈一步，皆有新景，与其说身居寺庙，不如说游玩于名园之内。

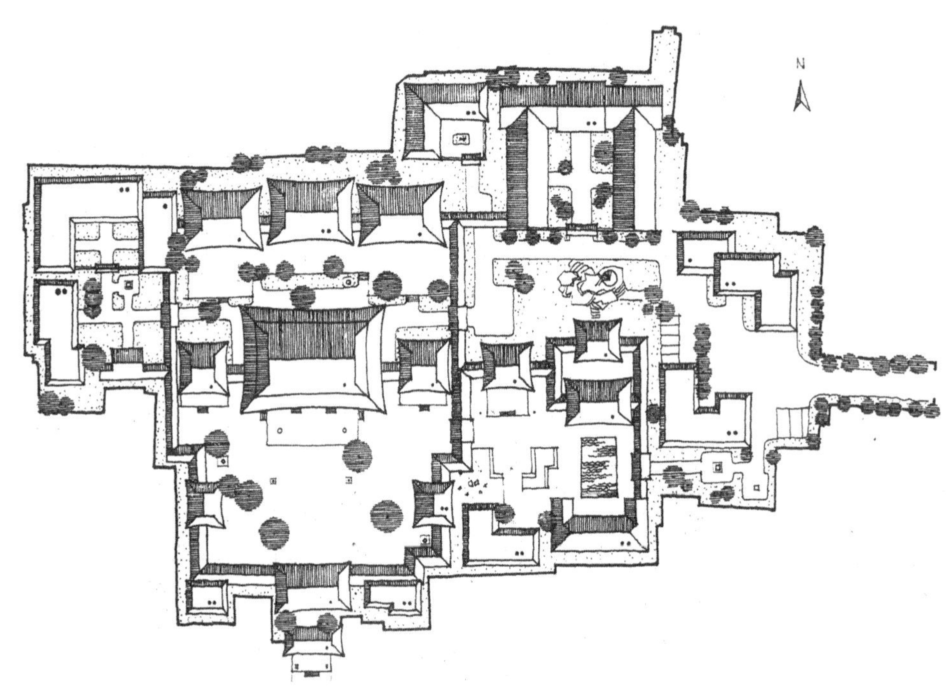

（a）光孝寺平面图

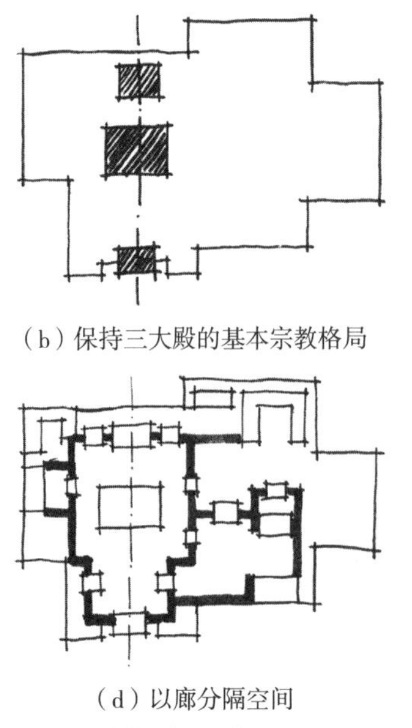

（b）保持三大殿的基本宗教格局

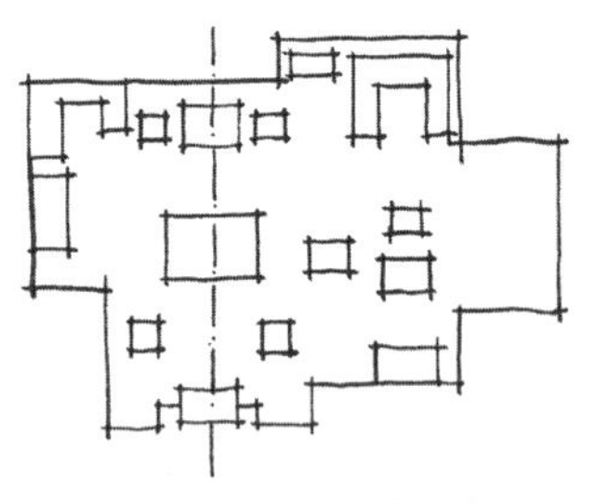

（c）对称向不对称过渡

（d）以廊分隔空间

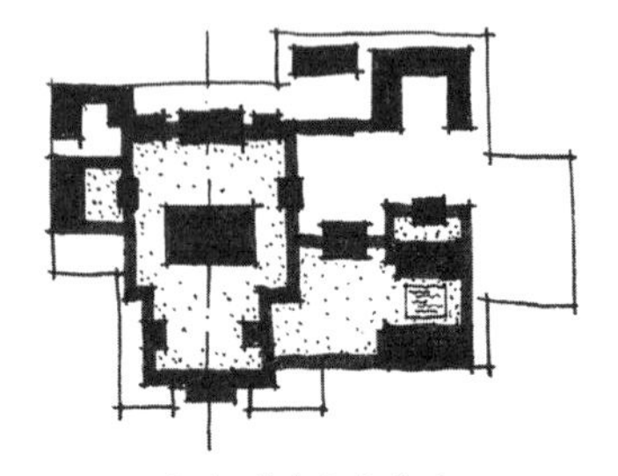

（e）形成多个廊院

图3-3-1　广州光孝寺建筑群布局分析图

西樵山宝峰寺（图3–3–2）选址在山脉北坡，背枕西樵最高峰大仙峰（海拔292.47米），左右分别是双马峰和马鞍峰，形成对称的天际线，具有天然的环境构景优势。宝峰寺建筑群依山顺势，层层叠进，整体上保持了严谨对称的格局，与背景主轴线两侧对称布置爬山廊，顺应地势围合出三层院落。院落间对称列植龙柏，将原本较为松散的景观视线向内聚拢，既划分了院落空间，又更强调了大殿建筑的雄伟气魄。爬山廊中部断开一段向外推出两个小平台以作停歇，摆置盆景，花木掩映，清丽宜人。西院借数条石梯廊围合空间，丰富竖向景观，庭院中庭石花木，蕉叶幽篁，相映成趣，自是神往画中游。

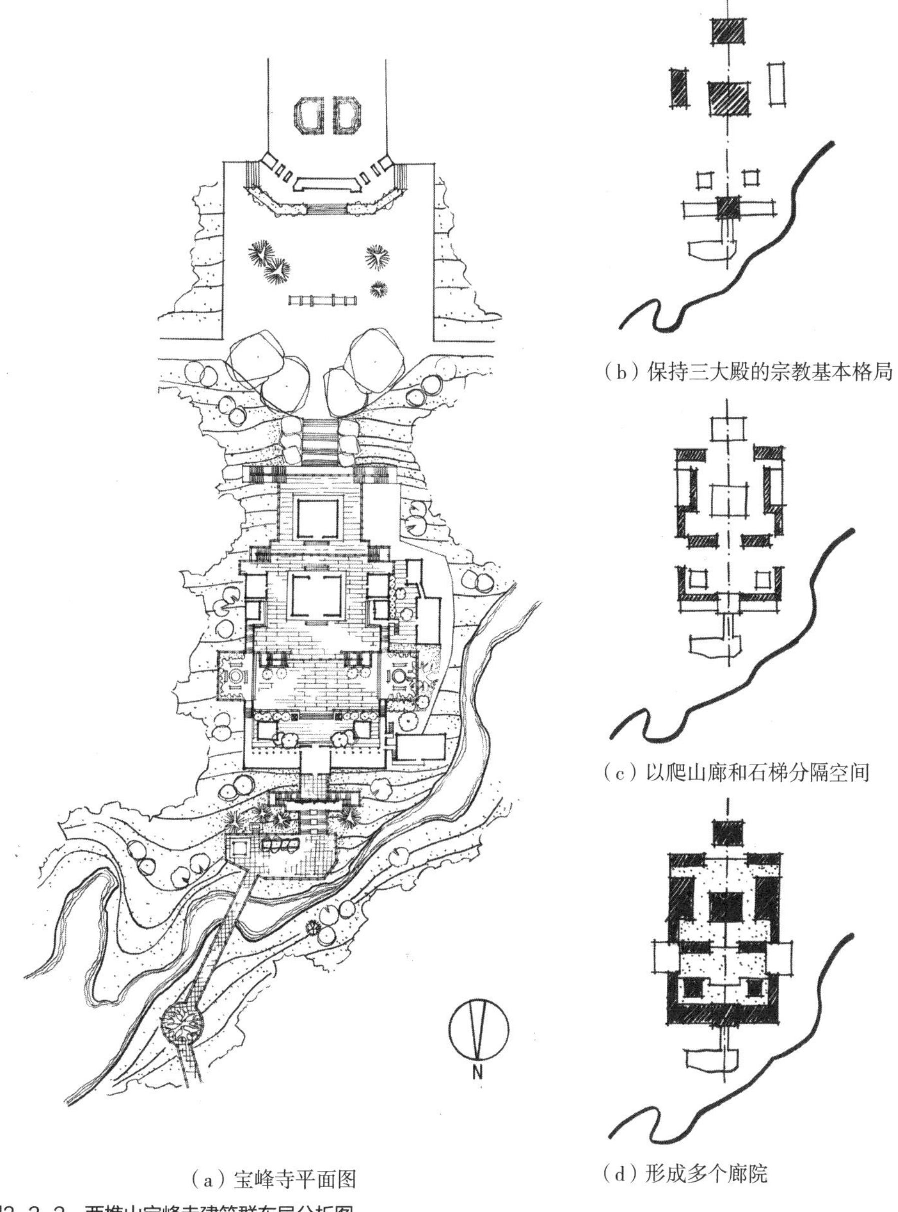

（b）保持三大殿的宗教基本格局

（c）以爬山廊和石梯分隔空间

（a）宝峰寺平面图

（d）形成多个廊院

图3–3–2　西樵山宝峰寺建筑群布局分析图

曲江南华寺（图3-3-3）建筑群轴线略有曲折，但总体上呈中轴线左右对称布局。轴线上建筑由南向北依次有曹溪门、放生池、五香亭、宝临门、天王殿、大雄宝殿、藏经阁、灵照塔、六祖殿、方丈室。前导空间的两重山门和院墙，崇拜空间内部的立柱连廊，将整个建筑群体空间分割为前后六进园林或院落空间，各个空间感受和主题各不相同，有掩映在林木间的放生池园林空间，有规整的天王殿后水庭空间，又有大雄宝殿后方贯通的跑马廊围合而成的藏经阁廊院区域，更有以寺塔为构图重心的廊院空间，丰富有趣。从景观序列来看，从自然环境向人工环境过渡，由轻松恬静的氛围向庄严肃穆的氛围过渡，层层递进，起承转合。寺庙北方庙门外有九龙泉，跨溪涧筑亭搭桥，围绕积水广植数10米水松形成胜景，引导游人从硬朗的建筑群环境再次回归幽深静谧的园林空间，使刚刚达到高潮的景观序列还能继续延伸下去。

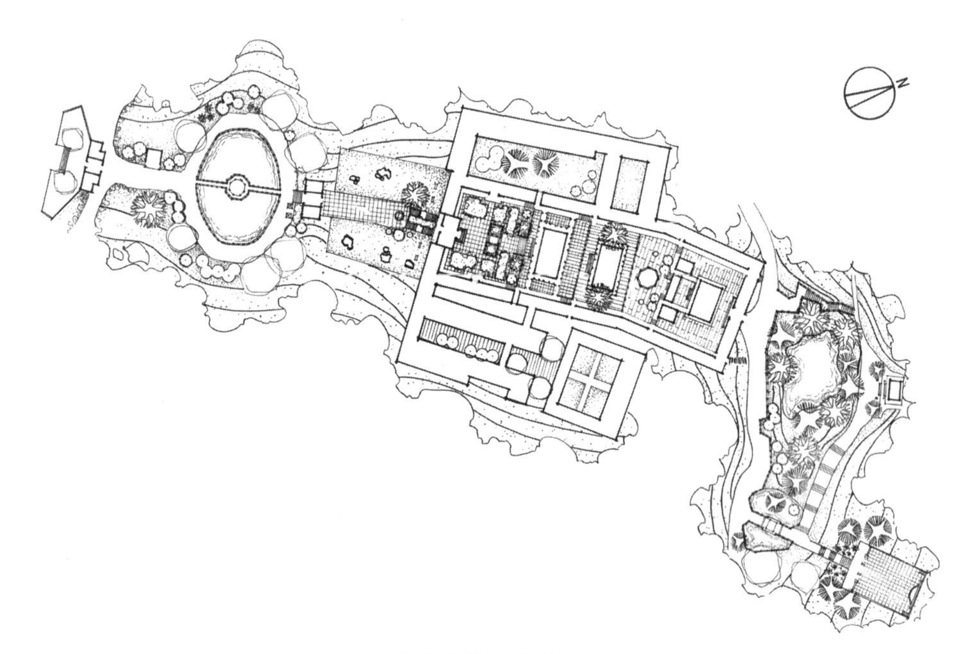

（a）南华寺平面图

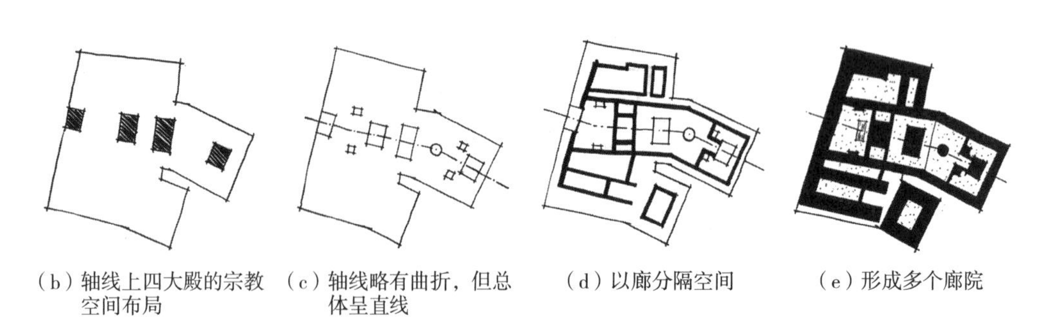

（b）轴线上四大殿的宗教空间布局　（c）轴线略有曲折，但总体呈直线　（d）以廊分隔空间　（e）形成多个廊院

图3-3-3　曲江南华寺建筑群布局分析图

（二）以园林烘托建筑的附园式

附园式布局是指在寺观主体建筑之后或侧边布置一个独立的园林空间。这种布局模式在保持宗教空间基本格局完整性的前提下，在附园之中添置亭、廊、台、榭等园林建筑，甚至崇拜殿堂，使得宗教功能和旅游功能兼具。此外，各空间之间往往采用错位穿插的组合方式，配合地形地貌烘托殿堂主体空间，以强化崇拜空间园林化的效果。在园林构景上，与私家宅园有异曲同工之妙。

广州五仙观（图3-3-4），入口牌坊、三元殿、真武殿、岭南第一钟楼组成明显的宗教建筑组群。而在崇拜空间东侧，紧贴一附园，园内古树参天，浓荫蔽地，将沿地势微微错落的建筑群掩映于内。园林中还建有池塘，池中白莲吟风雨，又有红砂岩石，据传是古代广州仙人留下的脚印。“篁声送天籁，花影满云台”①，景色十分优雅寂静，乃州府人休憩之良地。

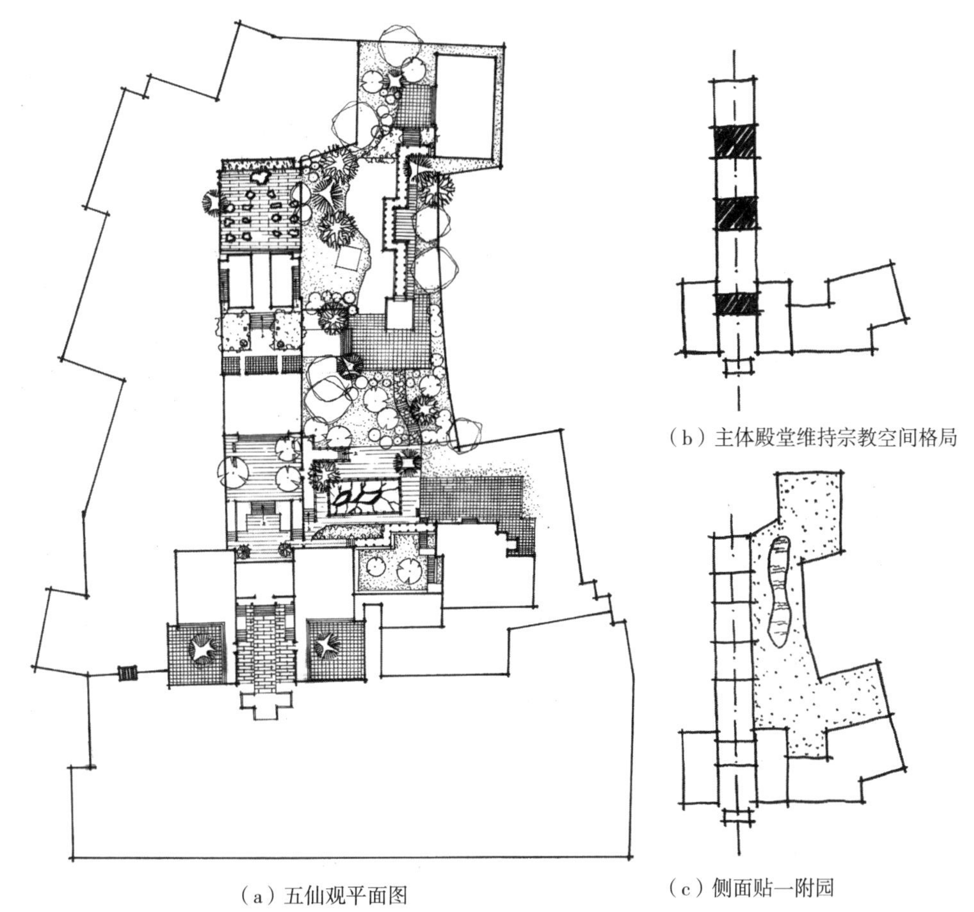

（a）五仙观平面图　（b）主体殿堂维持宗教空间格局　（c）侧面贴一附园

图3-3-4　广州五仙观建筑群布局分析图

① 引自（明）郭棐，《坡山》。

纯阳观（图3–3–5）建筑群呈曲尺形态布置，西北端的灵宫殿，大殿、拜亭和钟鼓楼组成了核心崇拜空间。殿厅轩台供二十余间建筑物依山而建，错落有致。紧贴建筑群落西南为山塘式台地园林空间，岗上修竹铺路，根据地形砌成数层平台，同时在岗上建了好几栋两三层高的楼房，“介节为俦”，给核心大殿——王灵官殿增添了几分挤迫之感。古岗、怪石、老榕树、青松景色渗入密密麻麻的楼宇中去，映衬了建筑空间的清幽肃穆氛围，构成了纯阳观一片苍绿且独特的道观园林环境，纯阳观是一处宗教圣地，也是一处寻幽仿古、休闲游憩的古园林。

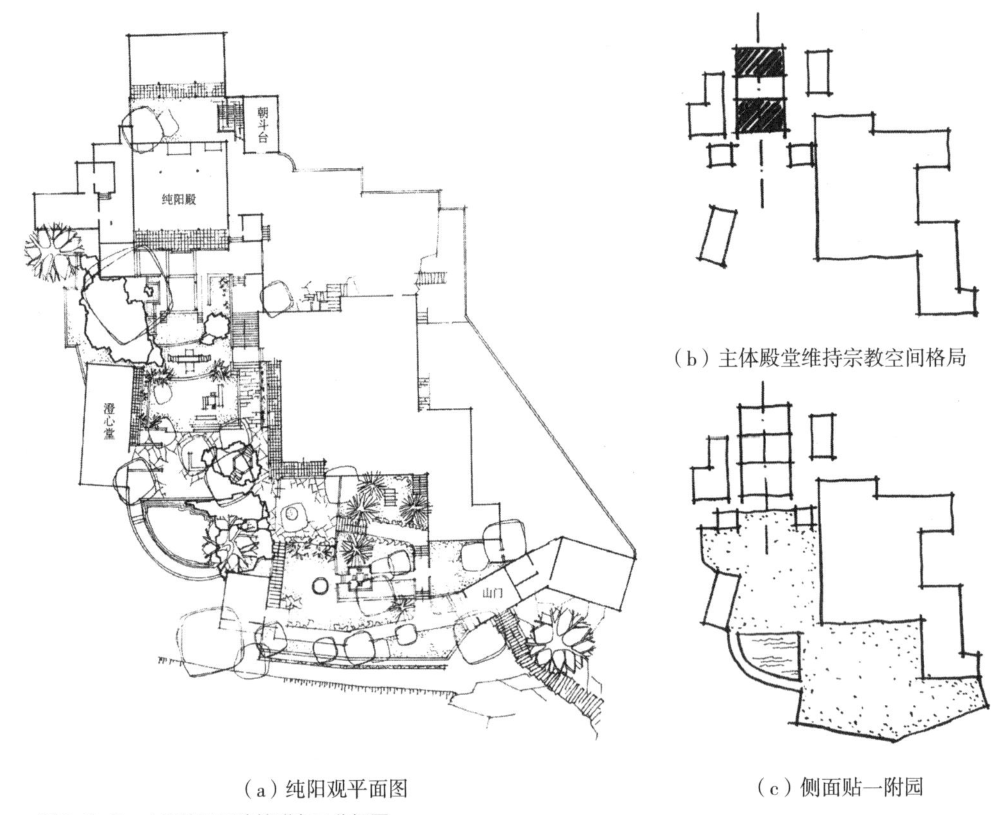

（a）纯阳观平面图

（b）主体殿堂维持宗教空间格局

（c）侧面贴一附园

图3–3–5　广州纯阳观建筑群布局分析图

（三）以小单元制宜的庭园天井式

属于庭园天井式布局的寺观数量仅次于廊院式，在广东亦十分常见，佳例不胜枚举。此种方式汲取了广东传统民居、宅园和聚落梳式布局特点，着重于建筑内部空间的园林化，以若干呈网点分布的小空间单元来应付复杂的地形条件。寺观建筑格局与广东典型民宅“竹筒屋”“明字屋”类似，纵深两进、三进甚至更多进，左右对称，厅堂为大殿，保证了中轴线上主体殿堂的核心地位。而且天井庭园与建筑交织，在人居功能方面，适应岭南地区湿热多雨的气候，加强了通风采光；在景观营造方面，天井式庭园虽小，其建筑空间界面或室或廊，或门或墙，或廊或梯，形成步移景异的丰富景观。轴线上主体庭院中布置奇石，栽植名木，形成园林景观，大有含蓄幽深、静谧情切的宗教气氛。

飞霞山飞霞洞古观的建筑群体气势宏伟（图3-3-6），顺着山势逐级叠建而上，平面上形成东西向三条并排的宗教空间殿宇群落，各轴线末端的大殿分别供奉儒、道、释三家的祖师及诛仙佛，其中最深的一组建筑达四进六层，颇有布达拉宫的震撼气势。建筑之间的距离很小，却大胆地在交通转折处或视点要害处采用各种剪刀梯、回头梯、圆形门洞、矩形门洞、过廊、月台等丰富天井空间，形成了一个个疏密有致、有分有合的庭院空间。古观利用建筑层数达四五层的特点，把起居空间安排在低层，崇拜空间安排在高层，配合层层叠进的山势进一步壮大了殿宇建筑的形象。建筑和景观的万千变化，道路的穿插和曲折，建筑组团外古木繁阴，花发四时，一洞天然，如人间仙境，形成一个优美宜人的游览区。

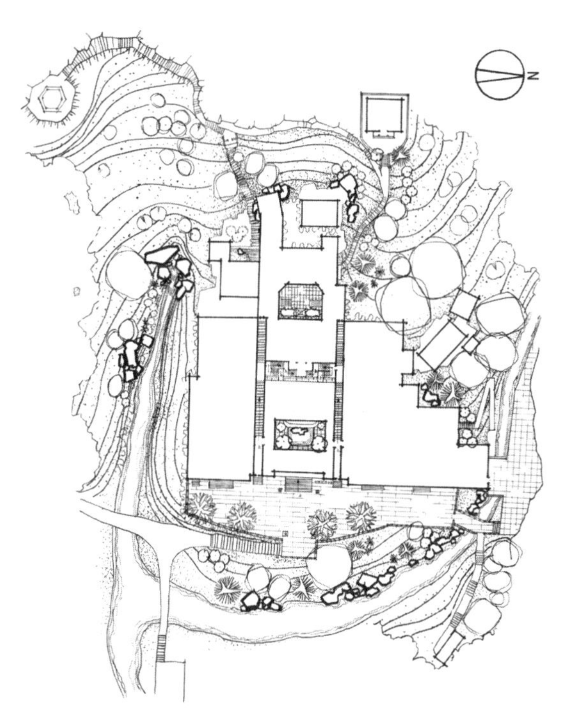

（a）飞霞洞古观平面图

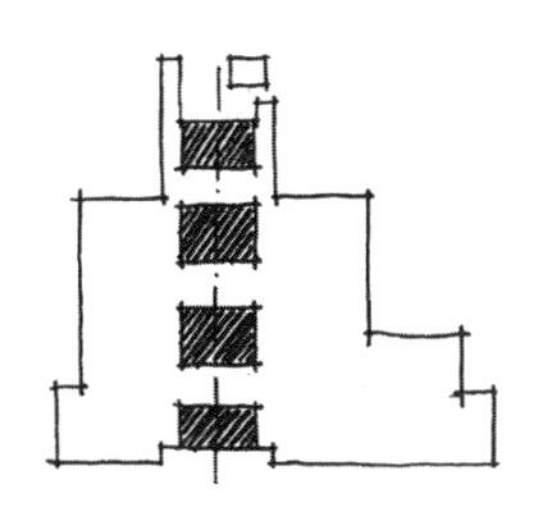

（b）厅堂为殿，保持宗教空间格局

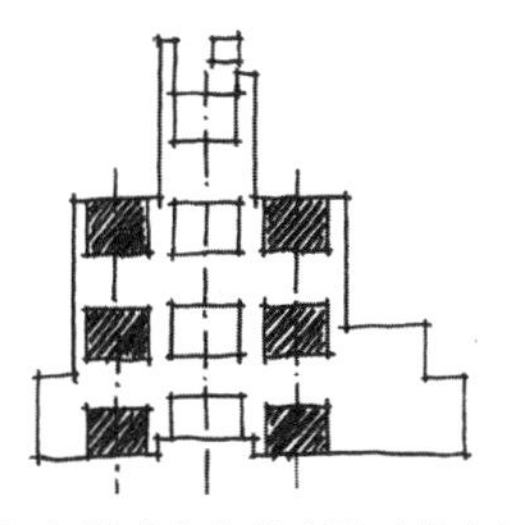

（c）形成丰富的庭园天井空间

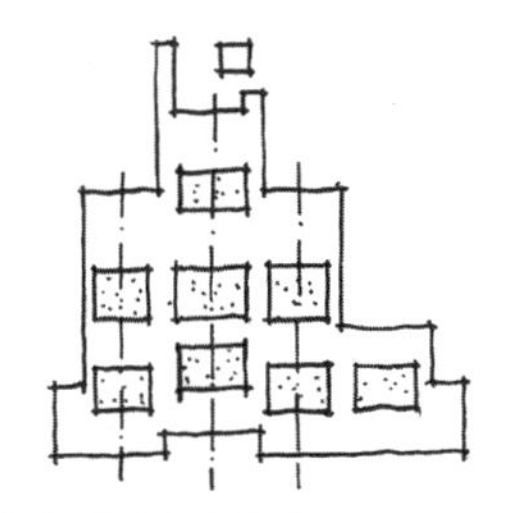

（d）形成丰富的庭园天井空间

图3-3-6　飞霞山飞霞洞古观建筑群布局分析图

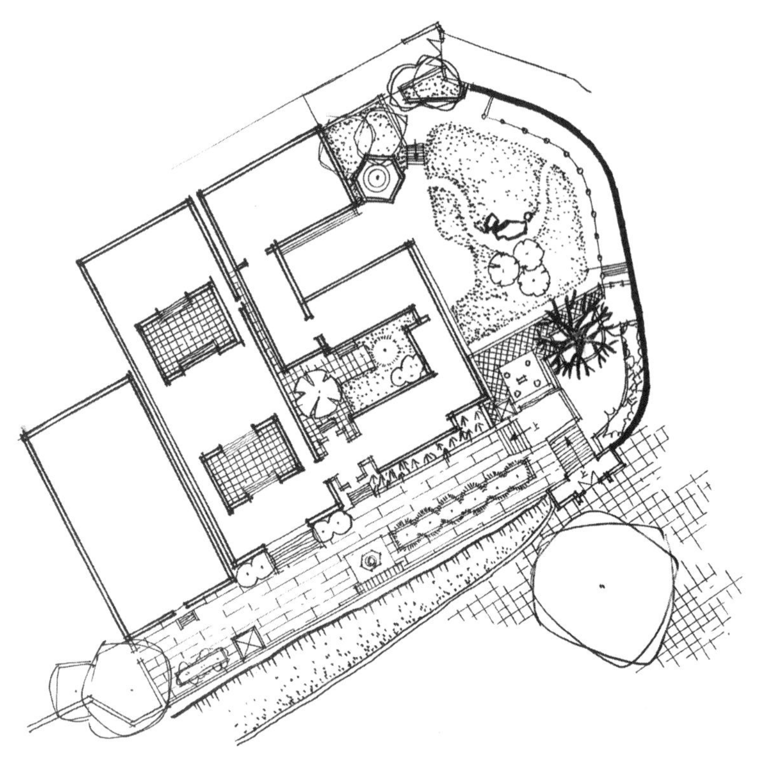

（a）梅庵平面图

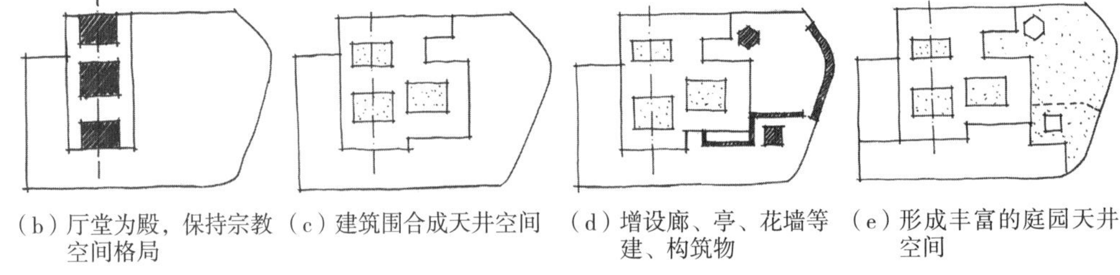

（b）厅堂为殿，保持宗教空间格局　（c）建筑围合成天井空间　（d）增设廊、亭、花墙等建、构筑物　（e）形成丰富的庭园天井空间

图3-3-7　肇庆梅庵建筑群布局分析图

肇庆梅庵（图3-3-7）厅堂改作大雄宝殿、祖师殿，组成核心宗教空间建筑群，建筑之间由连廊和青砖墙围合成天井院落。殿前过道沿墙面分植一排毛竹和一排腊梅，软化界面，使院落空间更有层次，景观更丰富。建筑群东侧有梅园，与宗教空间分离，其中植树置石，搭配亭廊和花墙分隔空间，独立成为景区。寺院虽坐落在繁华闹市之中，却宛然一座掩映于丛林翠竹中的“城市山林”。

罗浮山冲虚观（图3-3-8）前殿、三清殿、葛仙祠、黄大仙祠四栋硬山顶屋宇围合成天井式拜祭院落，作为中央核心崇拜空间。围绕三清殿前的核心院落，两侧延展开的斋堂、库房等再围合成大小不一的七个天井院落。冲虚观建筑群的天井小且紧凑，在院落处理上，厅堂多为敞厅，门窗也向天井开敞，配以岭南花木，四季常青，瓜果飘香，有一种优雅娴静之意。

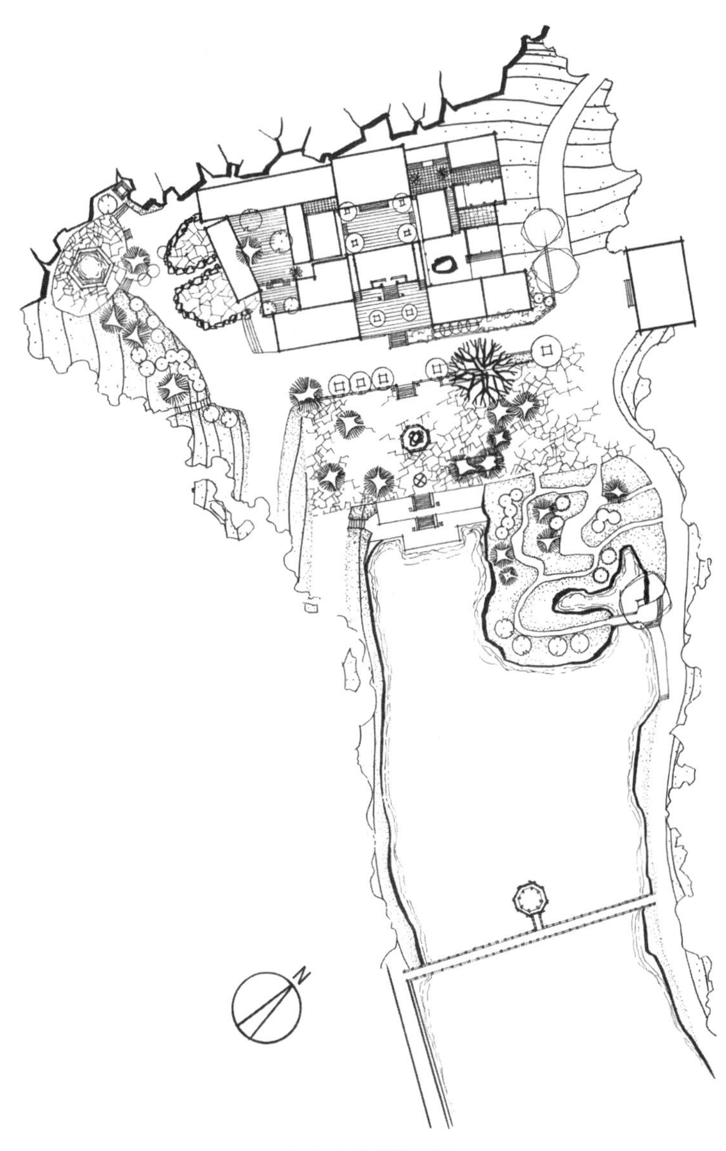

（a）冲虚观平面图

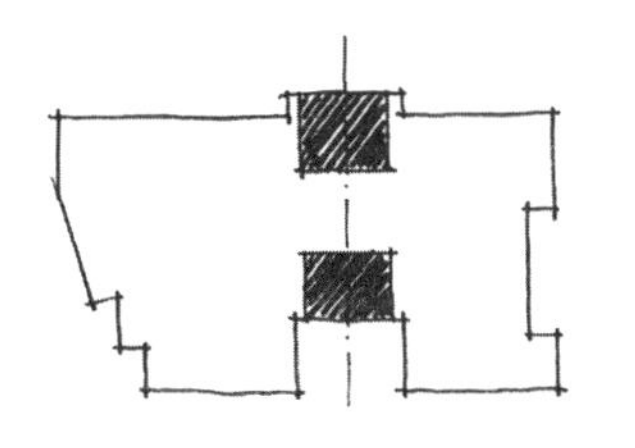

（b）厅堂为殿，保持宗教空间格局

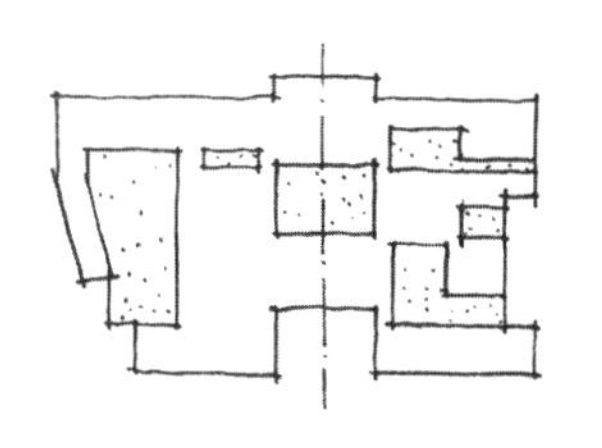

（c）建筑围合成天井空间

图3-3-8　罗浮山冲虚观建筑群布局分析图

庭园天井式布局寺观在广东还有不少佳例，不胜枚举。除上述例子外，广州萝峰寺（图3-3-9）、清远藏霞洞古观、罗浮山九天观及酥醪观、韶关太傅庙、阳江石觉寺、梅州灵光寺等（表3-3-4）都是目无全牛的案例。

图3-3-9 广州萝峰寺建筑群鸟瞰图
（来源：汤国华《岭南历史建筑测绘图选集》）

其他庭园天井式布局实例示意 表3-3-4

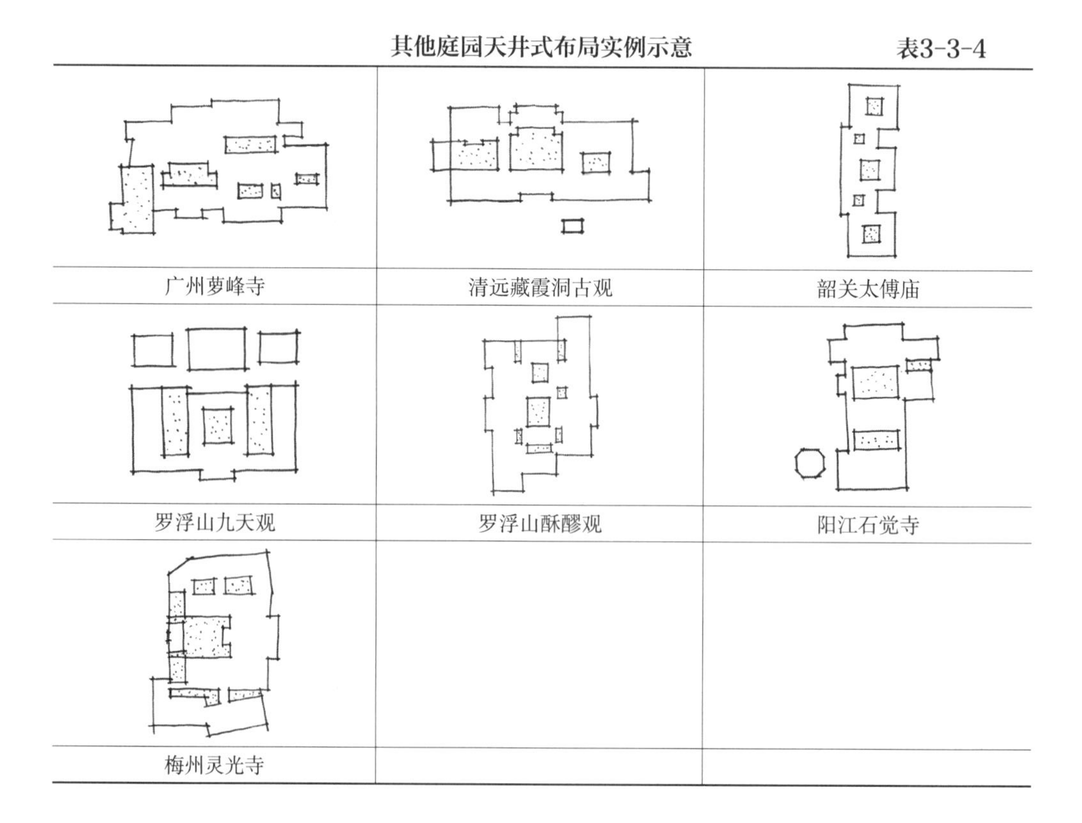

广州萝峰寺	清远藏霞洞古观	韶关太傅庙
罗浮山九天观	罗浮山酥醪观	阳江石觉寺
梅州灵光寺		

（四）景观节奏制胜的折尺式

山地筑寺建观，受地形限制，主体建筑不能沿轴线铺开时，就会以稍微转折的轴线来尽可能维持宗教空间的序列，于是就出现了折尺式布置方式。其最大的特点是在轴线转折处设置景观点以起到吸引和引导作用，使人在曲折幽深中产生空间节奏感，层层递进，逐步攀升，最后到达高潮。

新兴县龙山国恩寺，是折尺布局的佳例。寺院坐落在龙山山麓处龙潭西侧的小山冈上，建筑组群依山势布置在山冈西北坡面和冈顶之上，建筑组群分为两大体块，轴线转折成约105°角，形成蜿蜒起伏，主次分明，起承转合完整的景观序列。

国恩寺的牌楼挺立于西北角，高约14米，气势恢宏，构成景观序列的序幕。寺庙的门楼为开三门镬耳墙门楼，由院墙和连廊串联成排，耸立在石阶最顶端，利用石阶高差，进一步壮大了建筑形象。穿过门楼，东西两侧房舍和南侧护法殿围合出第一个院落，殿前一株参天古菩提榕绿荫参天，成为院落的构景中心。该院落非密闭空间，西侧界面有一段通透的连廊，把视线引向护法殿后的园池区域，提升游人的游赏兴致。门楼和护法殿组成的B轴与山门前牌坊面朝向形成的A轴形成约15°的夹角，此为建筑轴线的第一折。

穿过护法殿是国恩寺的园池区域，仙龟池和明镜池池面宽阔，呈异形葫芦状，池水清澈见底，池周广植松、柏、榕、竹和各种花木，形成一个向内的附园空间。整个环境空间氛围由之前院落的幽深静谧一下跳跃至爽朗明快，产生强烈的空间对比，由抑到扬，豁然开朗。池畔船亭玲珑剔透，连以短廊和般若桥，成为园池区域的视线吸引中心。池中点缀几尊湖石和一圆形花坛过道，提供了景观细部的观赏。护法殿南边围绕半山亭植五株高大乔木构成一个景观节点，丰富了岸线景观，颇为有趣。纵观整个园池空间，船亭和廊桥构成的C轴与之前的B轴又具有一定夹角，此为建筑轴线的第二折。

沿坡面层级布置的天王殿、大雄宝殿、六祖殿形成另外一条建筑轴线D轴，与C轴相互垂直。C轴和D轴交汇处形成一个小台级广场，但入口并非直上直下，而是设置一回头线，通过石级转折两次，再次穿过另一石牌坊才内行至天王殿前。从山门前牌坊至天王殿，这一段前导空间转折数次，景观亦随之变化数次，起承转合，引人入胜。D轴上围合形成两进院落，其中第一进院落利用高差划分为两层平台以加大院落的垂直景观层次，两侧植两株鸡蛋花，角落点缀四处灌木丛。中间连接处立五尊碑塔石刻，把建筑群体的高潮烘衬得更为热闹。D轴末端为六祖殿作为轴线的端点，但这并非游览线的结束，殿前两侧分出两支路，通往北侧的岗顶区域或南侧的报恩塔院落，成为空间和景观序列的延伸。

国恩寺的建筑空间主轴线经过三次转折，每一转折都有起景、收景和中心景观，起承转合，循序渐进，引人入胜。在空间感受上，开合有致，明暗变化，宽窄渐进，高低错落，形成了强烈对比，取得了层次鲜明、景观重点突出和充满园林意趣的空间效果。整个国恩寺建筑群落曲折层叠地半藏半露于龙山山冈之上，龙潭雾气迷离缥缈，为寺庙塑造了一个琼楼仙山的佛境（图3-3-10）。

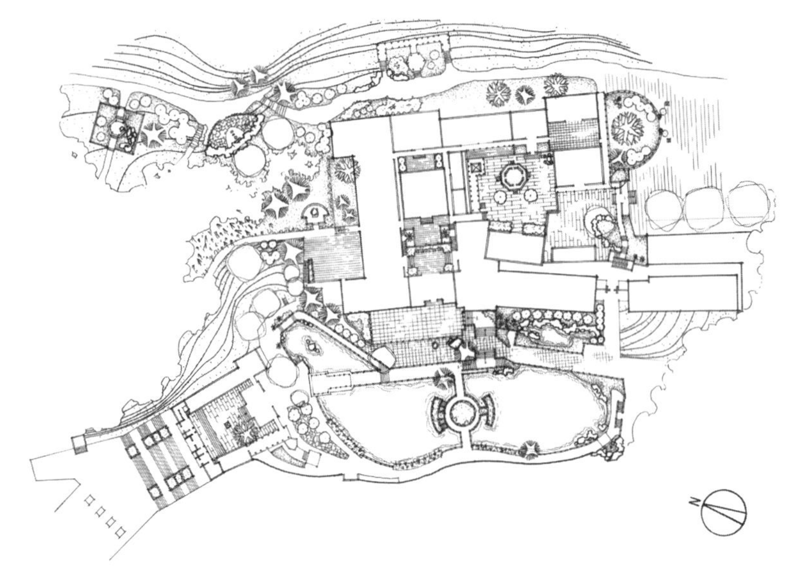

（a）国恩寺平面图

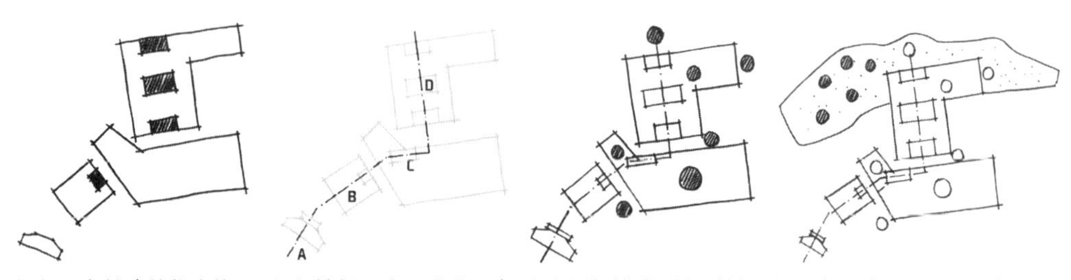

（b）以宗教建筑物为核心 （c）转折三次，形成四条主轴线段 （d）添加辅助园景，转折处点景，丰富景观 （e）布置岗顶后花园和辅助园景，景观序列得以延续

图3-3-10　新兴国恩寺建筑群布局分析图

（五）突破陈规的散点带状式

当在地形急剧变化、风景又十分优美处布寺，在建筑群体的布置上无法维持宗教空间的基本格局，只能突破陈规，改变建筑群轴线。在建筑空间处理上需要因地制宜，根据具体地貌使建筑的大小、朝向、高度随机应变，灵活地散点布置，充分利用风景环境，向外借景，这也体现了古典园林“构园无格”的思想。散点式布局的最大特点在于虽然打破了在一条轴线上依次布局殿堂的庄严气氛，但是却让建筑更投入自然环境的怀抱，获得比严谨布局更宽广的风景面，完全发挥建筑的构景作用。

丹霞山锦石岩寺的佛殿沿等高线带状攀附在长老峰的险峻峭壁上。玉宇凌空，石蹬盘旋，水平视野宽广，饱览湖光山色。“幽洞通天，倒生石腹，石花如千瓣芙蕖”，景象十分危奇。

依山傍势，建筑呈扇形面向西北侧风景面是锦石岩寺建筑群体布局的主要特点之一。由于建筑群无法在崖壁上局限的用地维持对称轴线的布局，经过取舍，大胆放弃宗教建筑追求的宏伟气势和严肃氛围，改而另辟蹊径，在险境处造景以突出寺院的旅游功能。

锦石岩寺的建筑，除了门楼正对山路，其余建筑都是东背依危崖，西面向滔滔锦江，呈波浪线形布局，充分借取了丹霞山的湖光水影。起伏曲折是建筑布局的另一个特点，各建筑都由主路串联起来，但山路时左时右、时高时低、时宽时窄、时明时暗，游人或只看到眼前建筑，或被巨岩阻挡去路，或被花木亭台吸引，或在凹曲处前止步于眼前深渊。景观顺着山路层层展开，节奏不断变化，免去一览无遗之弊，步移景异，增添了无穷的游赏兴致（图3-3-11）。

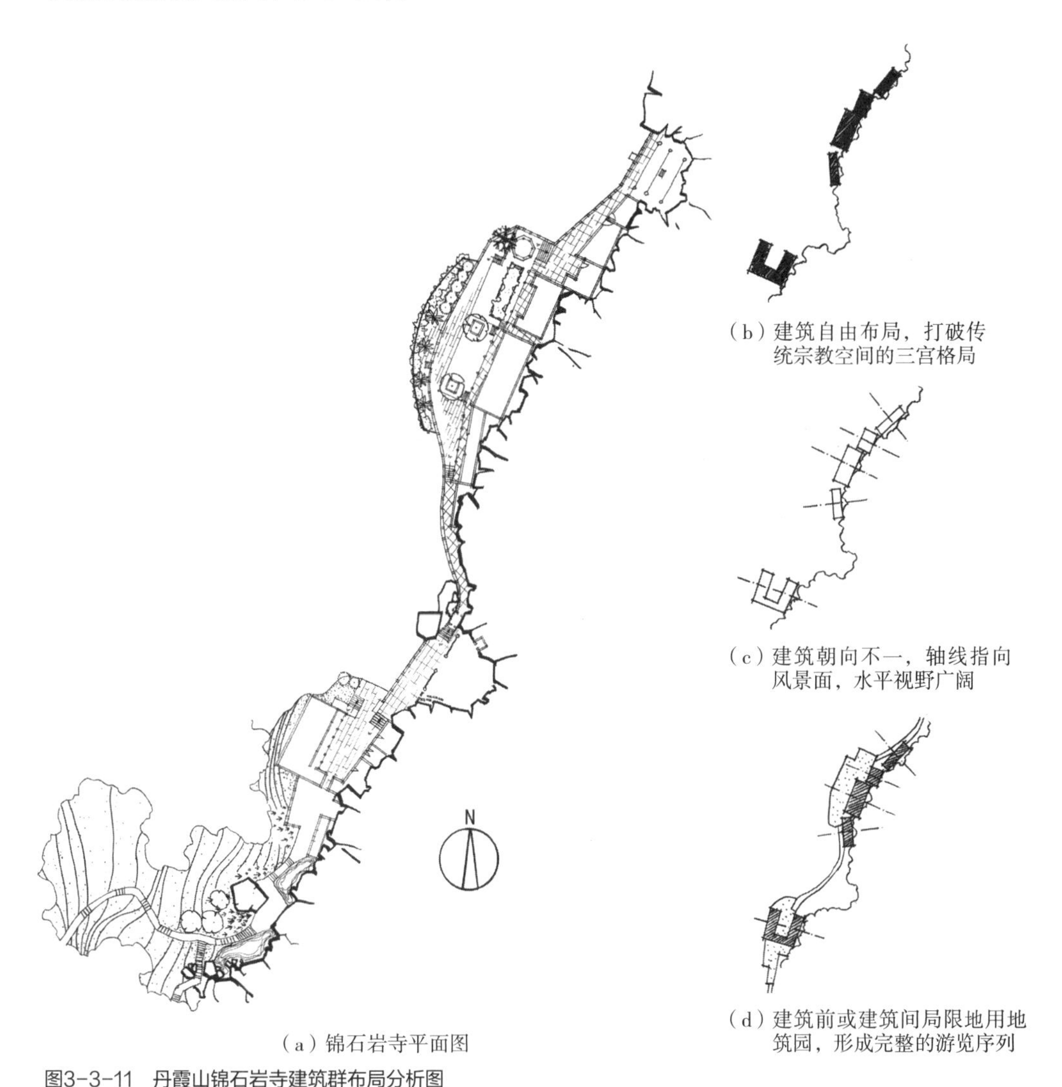

（b）建筑自由布局，打破传统宗教空间的三宫格局

（c）建筑朝向不一，轴线指向风景面，水平视野广阔

（d）建筑前或建筑间局限地用地筑园，形成完整的游览序列

（a）锦石岩寺平面图

图3-3-11　丹霞山锦石岩寺建筑群布局分析图

（六）随机应变的综合式

上述五种建筑群布置方式是根据现存广东名寺名观归纳的几种主要类型。然而在实际的宗教建筑建设中，尤其是寺观规模不断扩张，用地内地形越加复杂的前提下，根据地形条件和风景环境条件的不同，更多的是随机应变，综合各种方式，同时采用几种布局，既强调宗教空间的严肃神圣，又为寺观创造可近、可赏、可游的人居环境。

鼎湖山庆云寺（图3-3-12）兼收并蓄地综合了廊院式、天井式庭园、附园式布局特点。建筑群东侧地势顺应山势层级叠进，以廊围合空间，西侧地势高处则混合了天井和廊院，丰富了空间景观。建筑群以南沿山溪建登山廊，林荫中置石立亭，形成附园，西北角亦围绕放生池铺设亭桥，围合成庭园。整个寺院的景观和空间都处理得十分丰富，成为综合集锦式布局的佳例。

乳源县云门山大觉禅寺（图3-3-13）在不断扩建和发展后糅合了廊院式、附园式、天井式庭园、散点带状式等布局方式，是综合式建筑群布局的又一佳例。

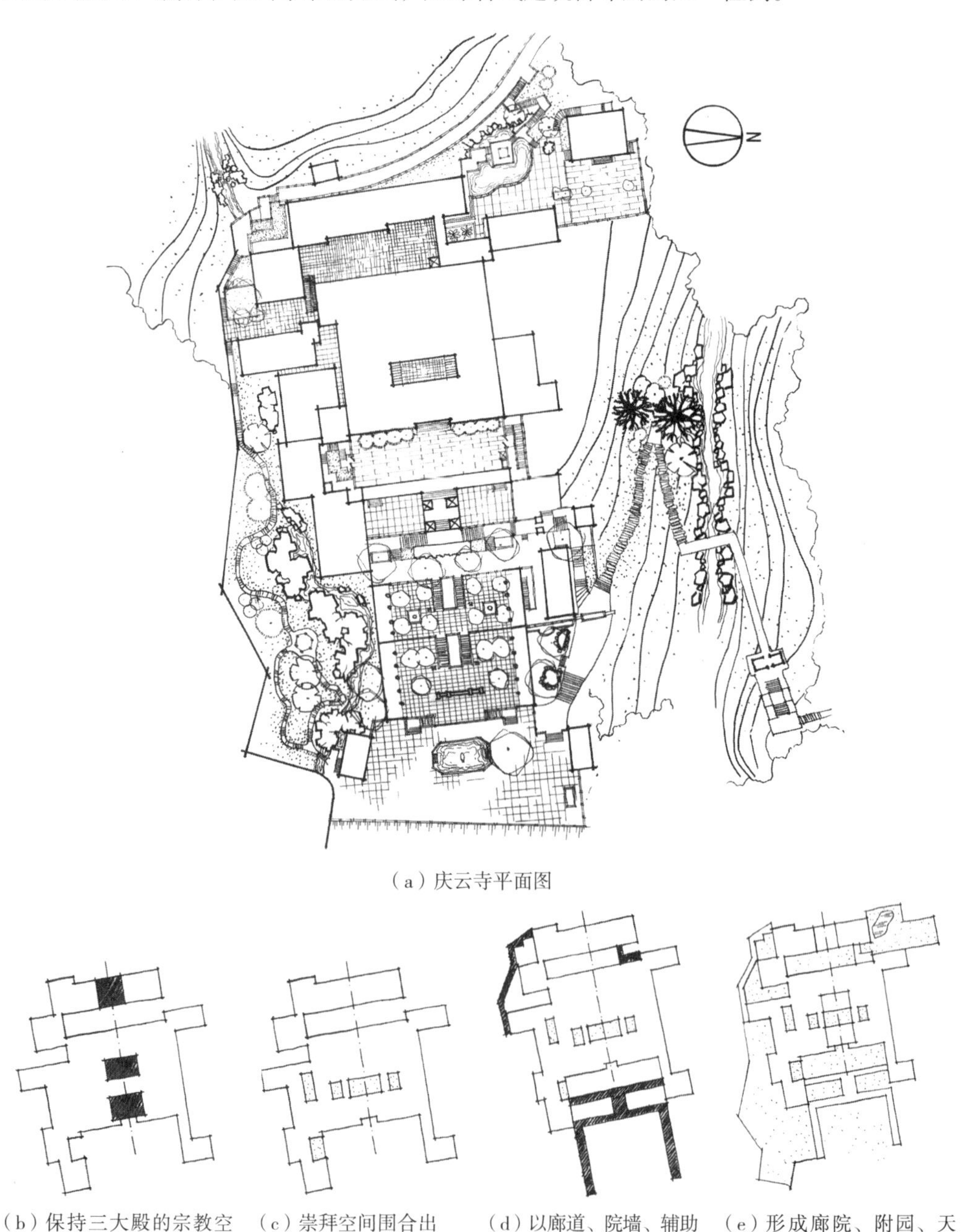

（a）庆云寺平面图

（b）保持三大殿的宗教空间基本格局

（c）崇拜空间围合出天井院落

（d）以廊道、院墙、辅助建筑配合分隔空间

（e）形成廊院、附园、天井庭园等多种空间

图3-3-12　鼎湖山庆云寺建筑群布局分析图

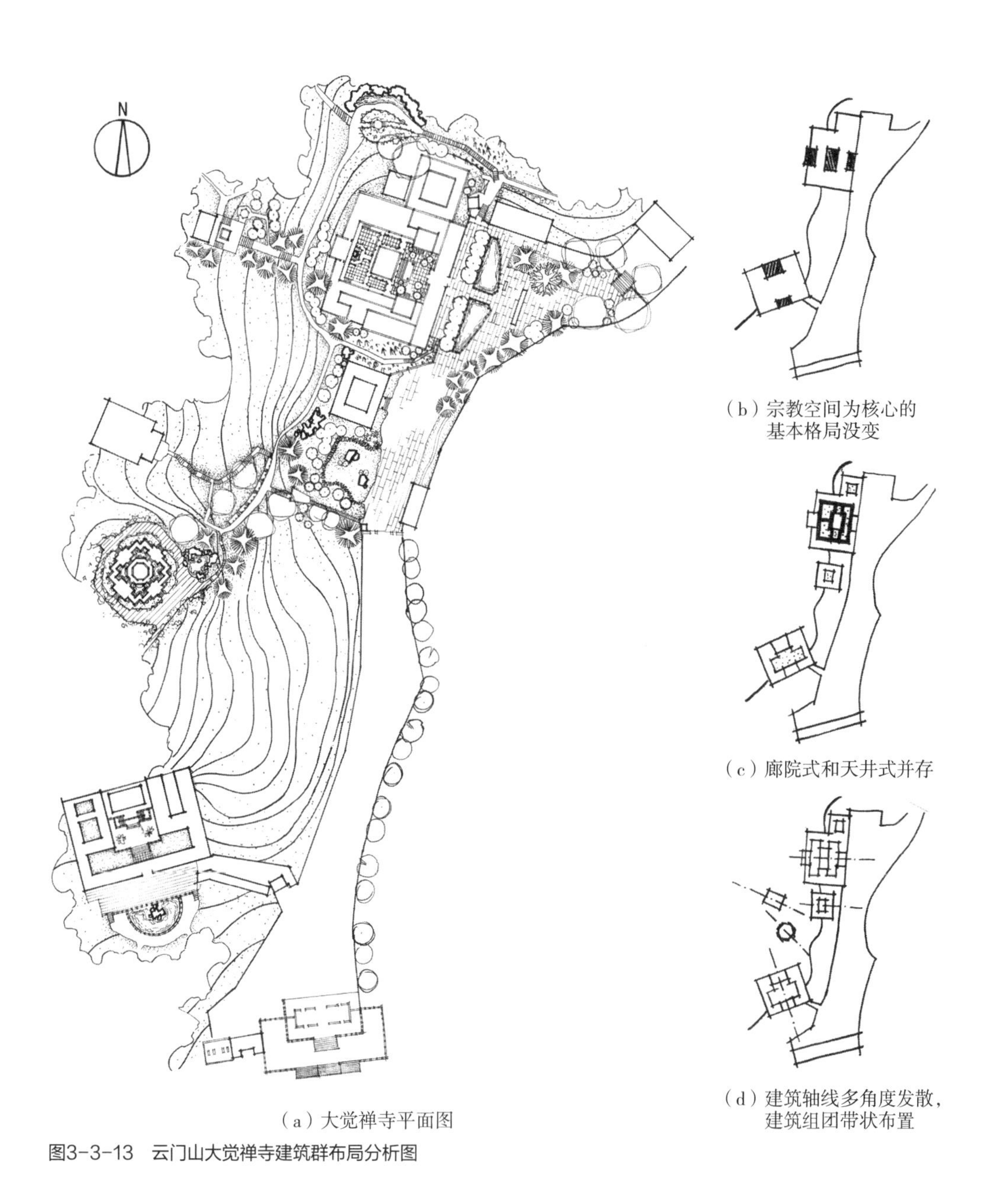

（a）大觉禅寺平面图

（b）宗教空间为核心的基本格局没变

（c）廊院式和天井式并存

（d）建筑轴线多角度发散，建筑组团带状布置

图3-3-13　云门山大觉禅寺建筑群布局分析图

纵观上文谈到的六种寺观建筑群布局类型，我们可以发现广东寺观在复杂的地形地貌条件下，最大限度地确保宗教建筑空间基本格局的完整性和相对独立性，并且较好地协调了建筑和外部自然环境、人文环境，以及宗教功能和旅游功能的平衡与取舍。而当地形条件限制了宗教空间布局完整时，工匠们又能灵活分隔空间，用若干相对独立的小单元相互穿插组合来适应地形，形成一条曲折的轴线或多条轴线，此举也可以说是灵活地通过另一种方式来建构宗教原本要求的格局和气派。在地形十分险陡危峻的地方，甚至能大胆地放弃轴线和中国两千年历史中基本定式化了的宗教建筑序列，以沿等高线散点布局，以期和自然环境相融合。广东传统寺观不断园林化的进程中，合理运用各种古建规划和建置处理手法，从寺观建筑群体布局上，从总体战略的宏观角度解决园林化的问题。

三、岭南气候下建筑组群园林化的成因和特点

广东寺观建筑空间园林化的成因是当地气候条件所致和寺观日趋“世俗化”后产生的审美需求增大，但最根本的原因主要是前者。而寺观建筑群园林化所体现出来的最显著的特征，在于吸收了岭南建筑开敞通透、渗透、连续和流动的处理手法，来打破原本宗教空间阴暗、封闭和孤立的静态空间，取得室内外空间和景色的交流，加强了建筑组群的园林化效果。

（一）适应岭南气候之湿热

广东地处亚热带，气候主要特点是炎热、潮湿、多雨，特别是春季，室内湿度大，有时达到饱和状态。人们居住、生活在室内，感到胸闷憋气，加上体内不断排汗，皮肤表面又潮又黏，十分难受。

陆元鼎先生在其岭南建筑著作《岭南人文·性格·建筑》中提到：“在这种特殊的气候条件下，解决湿热气候的方法就是要使室内通风，同时也要尽量防止太阳射晒和热量进入室内，以达到综合降温的目的。在这里要指出的是，炎热地区降温的手段主要是通风和隔热，但两者使用时的要求是不等同的，湿热地区应以通风为主，辅以隔热……”[①]陆先生文中提炼的“通风为主，辅以隔热”建筑适应气候的方法虽然是形容民居建筑，但是在相当一部分广东寺观园林建筑园林化处理中亦体现得淋漓尽致。

例如，云门山大觉禅寺采用了如岭南村宅般的总体通风布局，即以殿堂、天井、廊道来共同组成通风系统。各建筑单体如棋盘般布置，宛如一个梳式布局的村落。寺院的天井是露天大空间，廊道是半封闭小空间，殿堂介于两者中间。根据流体力学的相关原理（风速快、压强小，风速慢、则压强大），天井空气流动大、风速大、压强小，而殿堂室内风速小、压强大，压强差异便产生了空气的交换流动。根据对风速大小的需求，还可以通过调整廊道的走向和长短来实施。

（二）彰岭南建筑之通透连贯

广东寺观一般以通廊、院墙或天井庭院等三种方式来联系一个个独立和分散的殿堂屋舍，配合园林空间共同构建一个完整的景观序列，具体如下：

1. 以通廊联系建筑个体

廊本身尺度小，构造简单，因而可以方便做成各种形式。在平面上丰富空间，主要有曲尺形廊、“Z”形廊或各种曲线廊，而在应付高低错落的地势时，又有爬山廊，随着地形的变化任意起伏，从而把高低错落的建筑连成一体。例如，圭峰山玉台寺寺院西侧爬山廊，把天王殿、钟鼓楼、大雄宝殿几级院落巧妙地围合起来，形成数个错落的小

① 陆元鼎. 岭南人文·性格·建筑［M］. 北京：中国建筑工业出版社，2005.

院，曲折而富有韵律美。此外，还有一种别具一格的跌落游廊，不仅可以连接山地上高低错落的院落，而且其外形具有独特的韵律美，勾画出优美动人的外轮廓线，例如西樵山宝峰寺天王殿和大雄宝殿间的两级台地院落，两侧就对称布置了两条跌落游廊，颇有趣味。

2. 以天井联系建筑个体

此方式在屋宇类的寺观比较常见，例如清远藏霞洞古观、飞霞洞古观、肇庆梅庵等都是以天井连接建筑个体的案例，非常具有岭南民居建筑的特点。在平面上呈梳式布局，建筑非常密集，面宽很小，一般为3~5米，但是纵深却很长，达到面宽的4~8倍。除了景观功能外，天井还具有解决通风、采光、排水问题的功能，这是工匠们充分考虑了亚热带气候特点而采用的形式。这体现了广东寺观园林很注重居住性和实用性，侧面反映了寺观世俗化的属性。

3. 以院墙联系建筑个体

这是最省工省时的连接方式。《园冶・立基》篇有指："筑垣须广，空地多存，任意为持，听从排布"，意思就是绕园筑墙时，应该扩大范围，以便充分保持园林的立意结构，便于今后在园中建造屋宇或安置景物。寺观之内用院墙围合成院落，可根据具体地形地貌向外扩张，增大院落面积，再配以些许花木作点缀，一来可以辅助传达禅意，二来使园林意趣更浓。

（三）立体动态流线、散发园林"意境美"

佛寺道观建筑空间的意境一般通过建筑空间组合的环境气氛和规划布局的时空流线来传达，有时会搭配诗文赋对、书画刻石等艺术表现手法做进一步点化。广东寺观园林中常使人流随着建筑空间的转折而改变行进方向，再加上建筑造型产生的视觉冲击和随之而来的情感愉悦，从而营造出一种有如置身于园林仙境般的建筑意境。

1. 流线曲线上升

例如仙居岩道观，虽然占地较小，但是充分利用地形构景，建筑分为山门组团、大殿组团和僧房库房组团三个部分，分别处于标高不一样的几个水平面之上，游人在登临过程中，站在山门之前抬头仰望得到雄健、随山势节节攀升的建筑群形象，站在大殿前外廊向外望，得到平远、清空的苍松翠山之象，在僧房岩石之下，则获得了闲坐在世外桃源处的情逸。三个组团，相互构景，又互不干扰，巧妙地组成一条伴随着归隐遁世之迹的园林游线。

2. 流线直线上升

西樵山云泉仙馆在山坡上构成庭院空间，沿直线展开分段层层上升。从过殿西侧的前院到大殿前方主庭院是直线展开而又逐段上升的流线。前院狭小封闭，筑在缓坡上，本身分为两段，上升穿过前殿进入"一棹入云深"主庭院，倚虹楼船厅在坡脚临崖而建，与坡顶的唾绿亭相呼应。主庭院南侧的守真阁和北侧的戴云精舍，层层顺坡分级而起，院内山坡分级筑作庭，栽竹成林，古榕树盘根缠石，固附于石壁，如走龙蛇。“一棹入云深”凭高眺望，平湖密林，前景开阔，经前院至此，空间由小而大、由简而繁、由藏而露、由低而高，极具高低错落之妙。

第四节

园林空间

赵光辉在《中国寺庙的园林环境》一书中把园林空间按照性质不同划分为宗教空间、自然环境空间、园林环境空间和寺庙园林环境空间四种。可见，其把园林化了的宗教建筑空间也囊括在园林空间范畴内。根据本书写作框架特点，这里的园林空间是指寺观内部的庭园空间、附园空间以及部分寺外园林空间。其是为了满足宗教和旅游双重功能而出现，是宗教空间和自然环境空间园林化的产物，其与建筑空间紧密相连，互相渗透，有时甚至界面模糊。寺观园林空间具有深刻的艺术和文化内涵，它为枯燥乏味的寺院建筑增添了一份山林野趣和空幽的禅境。

一、以小见大的园林空间意涵

（一）以“小院”表“大山林”

对山水的依恋本是中国传统士人精神世界的归宿。人世的清净关怀，需要借无穷无尽、活色生香的物的系统来填充、排演。居室就是最小化的园林，而园林就是一个尘世生活的大戏台。寺观之内，居室的格局，庭院的草木，悦于目而娱于心。在这弹丸之地中，天然物与人造物经过精心筛选，共同组成一个繁密的“丛林”，宅居空间也因此变得曲径通幽，充满了山林意象和朴茂的“远意”，关上门，寺观庭园就是山林。

广东寺观院落空间尺度之小不免让人猜想是古人匠师们的有意为之，特意将空间审美限制在最小的“家庭”尺度上。例如，清远藏霞洞古观三仙宝殿前院落之中，古人有意将心思寄托在小小的东西上，影壁、池石、盆景和孤植的鸡蛋花等景物的对比关系皆取法于大自然，小空间顿然成为大千世界的浓缩写照。关上山门，道观内任我驱驰，关上庙门，一块小小的天地运筹于帷幄之中。道庙围合的庭园是园林的缩影，园林又是自然的缩影，在这个精神世界的层叠象征中，人才是安全的，才真真正正地站在洞天仙境的中央。

（二）以“界面”圈“小世界”

童寯先生在《江南园林志》中指出：“其要素：围墙、屋宇亭榭、水池、山石树木——犹如‘园’字；其手法：虚实互映、大小对比、高下相称——方得园之妙；其三境界：疏密得宜，曲折尽致，眼前有景”。

用殿堂、廊亭、院墙等实体界面圈出的自在的小世界，隔离了外界的喧嚣，营造出内在的静谧。其中，人工与自然元素相辅相成。明暗、大小、高下、疏密、虚实、曲直，有意经营，引人入胜，获得静谧。寺观的小空间，因此成为一种具有空间性的“不可度量”的诗意境界。

（三）以“小世界”叙“大故事”

叙事，是动态的观照过程，寻觅精神的可持久停驻之地，经由起点—絮语—高潮—体悟的过程，在对景物的透露或暗示中不觉进入高潮——过滤外部的喧嚣而达致静谧的境界。叙事创造并强化了由外部喧嚣抵达内部静谧之间的过程、期待感和戏剧感。

新兴县国恩寺的建筑和园林营造的那一个个大小世界，人工景物和自然景物像恋爱中的男女，无分主次、相异相融。从山门前牌坊，到护法殿院落，穿过船亭上般若桥，到放生池，回头攀上至金刚殿和大雄宝殿、报恩塔、千年古荔园，折返途径卓锡泉，至后花园……构成了一个具有完整叙事性的路径，营造和强调了宗教核心空间中由水面、植物、山石和建筑构件，乃至人的活动所共同组合而成的静谧风景。只有在现场亲身体验，才感受得到那种介于尘俗和雅意之间的动人诗意。

二、园林空间布局特点

（一）揽墙外自然风景地为园林空间

《园冶·兴造论》中有云：“借者：园虽别内外，得景则无拘远近，晴峦耸秀，绀宇凌空；极目所至，俗则屏之，嘉则收之，不分町畽，尽为烟景，斯所谓‘巧而得体’者也”，即借景于园外之景，把游人的视线引向园外。如遇晴山耸翠的秀丽景色，古寺凌空的胜景，绿油油的田野之趣，都可通过借景的手法收入园中，为我所用。这样，造园者巧妙地因势布局，随机因借，就能做到得体合宜。相比较其他类型的中国传统建筑，例如皇家宫苑、私家住宅、书院学宫等，寺观大多选址在山林河川，这为寺观向外借景或向外扩充空间提供了得天独厚的地利条件。

广东传统寺观园林空间的一个显著特点就是善于不设院墙，巧妙借景于外部自然风光，将其收纳为寺观的园林空间。寺观周围的自然环境，是丰富的构景素材，只要以建筑和园林手法，对这些自然景物稍微加工，就能构成浑然天成的园林景观，同时也加强了自然环境向园林环境的转化。

粤北曲江南华寺是一处以揽墙外自然风景为园林景观的寺庙佳例。前山门和第二道山门宝林门之间是景观轴线上第一个园林空间，依托于山林环境，不设院墙，将四周根深叶茂的古老香樟、菩提树景色归为己用，使人工景物将与自然环境融为一体。空间中央是椭圆形放生池，其上建一座八角形攒尖顶五香亭，成为该空间的构景中心，聚拢视线，幽深静谧，颇有佛学禅院的精神韵味。寺院后方九龙泉（原名卓锡泉），是南华寺的园林胜景。依托于宝林山参天古木，九龙泉泉水清澈甘洌，终年不息，绕潭而立的数株古水松挺拔参天，气势逼人，尤其是紧贴石蹬的一株四百年红叶榕冠幅巨茂，覆盖了几乎整个水潭。沿潭边修筑石径，跨溪筑飞锡桥，桥上立伏虎亭，直通曹溪圣地九龙壁。充分利用墙外自然景物，略加斧凿便形成了一个迷人的园林空间，实在让人不禁称奇。（图3-4-1）

图3-4-1　南华寺九龙泉水松景观

图3-4-2　锦霞禅院景观

飞霞山锦霞禅院是另一个摄取周围风景物为园景的佳例。“桃花蟠结千秋果，源水潆洄十里村”，锦霞禅院深藏于山林茂叶之下，四面青山环抱，古木参天。寺院占地很小，只有佛堂数间。为使外部自然环境充分渗透进寺院，佛寺不设院墙，只在山门处砌一段矮墙以强化入口形象。观音殿前庭溪涧环回，通过人工挖渠引流，在小溪转折处点缀植物，筑矮墙划分空间和构成的障景，形成了一个灵动小巧、生动别致的园林空间。春天时花团锦簇，灿若明霞，置身其境幽然，有如世外桃源。（图3-4-2）

（二）园林空间序列收合有致

虚实相间是中国古典园林的一个基本特征，“实者虚之，虚者实之”就是指虚实空间对比变化遵循的规律。寺观园林常采用空间的收合变化，形成虚实对比，比起平铺直叙的空间，更富有意境和情趣，一藏一露，自然环境的声色光影都被收纳在园林空间之中。

广东寺观的园林空间，充分抓住了地貌风景特色，加以人工的空间处理和营造，从而组成一条收合有致的景观序列，与前导空间的景观序幕构成完整的园林游赏序列。例如在山门前留出空地，开放空间，然后在天王殿和大雄宝殿围合的庭院内广种树木花卉，连成绿荫带，使空间闭合，附园处留出景观面，空间在此打开，由此形成开合相间的景观节奏。游人在仅有十几米、多可达数百米的寺观园林风光中或仰望俯瞰，或耳濡目染，声色兼备，应接不暇。正如《浮生六记》曰：“若夫园亭楼阁，套室回廊，叠石成山，栽花取势，又在大中见小，小中见大，虚中有实，实中有虚，或藏或露，或浅或深，不仅在‘周回曲折’四字，又不在地广石多，徒烦工费[①]。”

锦石岩寺地形狭长，险附在岩石上（图3-4-3、图3-4-4），虽然用地局促，其园林空间序列却巧具匠意。从可见山门的滴水岩处为起点到终点短短一百多米的空间中，借林木、崖石壁、建筑、山洞和石蹬形成展敛有致、大小昏亮相间循环的、节奏强烈的空间序列。如此一闭一合、一开一敞的空间变化，充分契合了道家“有”“无”相因的造园空间观，“开门于不通之院，映以竹石，如有实无也；设矮栏于墙头，如上有月台而实虚也[②]”，空间的起伏错落、建筑的疏密、园景的远近对比，体现了锦石岩寺虚灵、空旷的禅意。

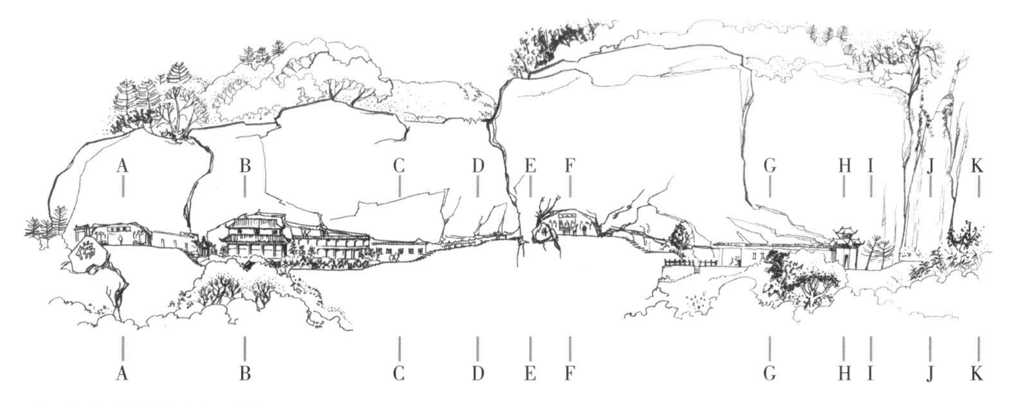

图3-4-3　锦石岩寺立面图

① 沈复. 浮生六记［M］. 兰州：甘肃人民出版社，1994：19.
② 沈复. 浮生六记［M］. 兰州：甘肃人民出版社，1994：67-68.

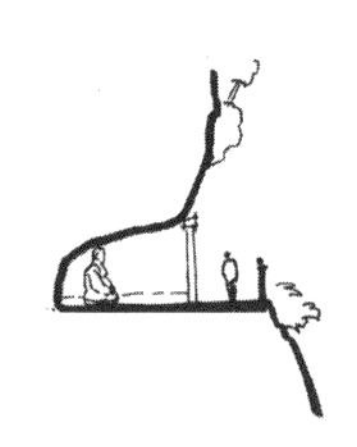

A. 佛殿内藏于洞窟，空间较为封闭

B. 剖面呈层级状，视野较为开阔，空间开放

C. 园路起伏变化，空间呈不稳定状态

D. 园路收窄，垂直视野和水平视野十分开阔，空间开放

E. 岩洞过道，空间全封闭

F. 头顶山崖突出，空间半开放

G. 一侧为附岩僧房，另一侧为外廊僧房，空间收敛

H. 山门处空间收束，突出建筑形象

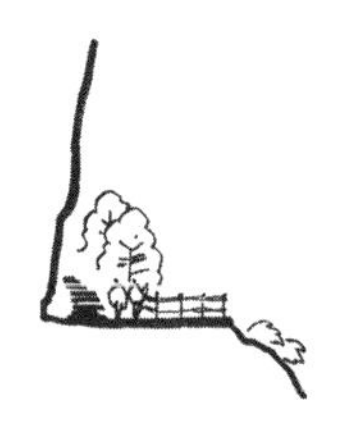

I. 门前广场，平坦通透，空间开放

J. 一侧滴水成渠，另一侧竹影繁茂，空间半封闭

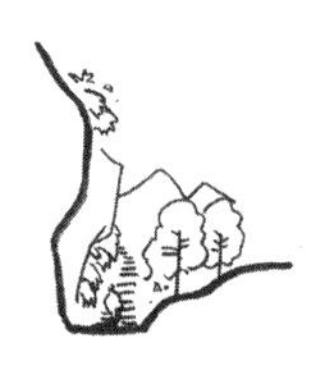

K. 山路林荫掩映，空间转为封闭状态，接入香道

图3-4-4　锦石岩寺园林空间序列变化

西樵山云泉仙馆（图3-4-5、图3-4-6）园林空间丰富多变，牌坊后的前导空间地势较为平缓，山路较为笔直，直指前山门。路一侧为低洼水潭，但沿路种植了数株高挺且具有引路作用的芒果树作为软性界面，使景观视线略有遮挡，增添了游赏意趣。经过山门后的石级曲折分叉，古木、古石、溪流交缠在一起，可上可下，可左可右，形成多个游览方向。往上是三层平台，崇拜空间严守三宫布局，层级台地视线平远，空间较为开放。此处北侧点缀一鱼池和山亭组成一组微景观，有山有水，空间内容丰富多彩。正阳殿前后地势有五层楼高，园路局限于“倚红楼”之内，空间封闭幽深。道观后山高差加大，石蹬数次转折回头，一小山涧从后山门“通德”旁石桥涌现，穿插在石蹬之下，

最后积水于半山小亭处。这一段空间植物疏密有致，花木掩映，空间整体较为封闭，但也有部分路段稍微开放明朗。

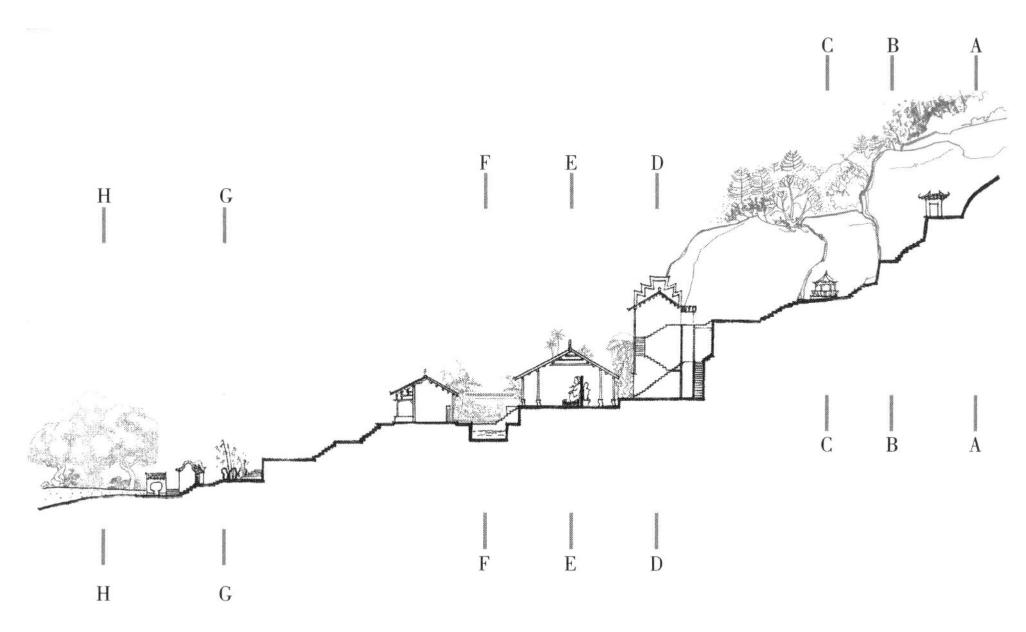

图3-4-5　西樵山云泉仙馆剖面图

A. 石蹬小径林木掩映，空间封闭

B. 山门障景，坡度变缓，空间变开放明朗

C. 石蹬转折数次，跨溪盘山而下，空间再次闭锁

D. 空间转折点，高差极大，实墙围合，空间完全闭锁

E. 地势放缓，空间半开放

F. 方形水池，小桥跨池，活泼清新，空间较开放

G. 石蹬畔潭而上，空间呈半开放状态

H. 林木掩映，空间重回闭锁

图3-4-6　西樵山云泉仙馆园林空间序列变化

三、乡土植物对园林空间的影响

《园冶·园说》开篇有云："径缘三益，业拟千秋，围墙隐约于萝间，架屋蜿蜒于木末[①]"，用松竹梅辟园路和藤萝掩围墙两个典故说明了园林植物在造园之中的重要地位。夏昌世、莫伯治二人在《岭南庭园》[②]一文中也直接指出："庭木花草的本身就属于自然景物，体型无论大小，都具有完整的独立构图……花木不仅可以作为景物空间的前景、背景，更可以隐蔽某些瑕疵。"受此启发，笔者认为园林的空间结构，除了建筑和水石外，绿化也是主要的组成部分，植物的配置方式直接影响着人对园林空间的感受。唐孝祥教授指出："科学性和艺术性的园林植物配置，是景观效果契合主体审美需求的重要前提。寺庙园林作为佛教空间的一部分，植物配置除了遵循古典园林植物配置的原理与方法外，在植物种类选择、氛围营造等方面，还需符合宗教所具有的特色。[③]"可见，寺观园林由于其宗教性质，对植物的选择和种植十分讲究，寺观空间构成离不开园林植物。同时，乡土植物的运用也为广东传统寺观园林的空间增添了更浓郁的地域色彩。

（一）空间意境营造中的寺观植物意涵

1. 听觉意涵

自然界中的许多声响都被禅师拿来作为纯粹现象，以启迪禅者觉悟，所谓"一切声是佛声"。寺庙作为参禅修炼的清净场所，要营造庄严肃穆的氛围，创造幽静的环境。众多的植物就形成了一种天然的屏障，把寺庙园林与喧嚣的尘世隔绝开来，形成一种适合僧侣参禅、修行的、宁静自然的园林氛围。

王维的《竹里馆》一诗中写到"独坐幽篁里，弹琴复长啸。深林人不知，明月来相照。"其就是描写了竹子营造的一种"静"的园林意境。寺庙园林植物景观还能营造一种"动"的园林意境。寺庙园林中常在禅房或者供香客居住的客房窗外种植芭蕉。每当下雨时分，雨水滴落到芭蕉宽大的叶子上形成一种轻微的、有节奏的声响，形成"芭蕉叶上潇潇雨，梦里犹闻碎玉声"的园林意境。僧人们的生活很简单，甚至单一，但是僧人们却通过自然界中最平常的竹风声、雨打芭蕉声体会到了自然、生活的乐趣。

2. 视觉意涵

"色"在禅宗的感性经验中具有极为重要的意义。宗教把"色"视为心相，视为"境"。禅者的直观及其觉悟赋予相对的景物以绝对的意义，所谓"一切色是佛色"。植物婀娜多姿的体态、丰富绚丽的色彩可以表现出不同的园林意境。春季海棠花色艳丽，树姿婀娜，陆游有诗云："碧血海棠天下绝，枝枝似染猩猩血"；夏季睡莲香远益清，

---

① 译：按照古人"三益之友"的风雅典故，沿路种植松竹梅，开辟雅致园路，建成可传千秋的园林产业。围墙掩映于藤萝之间，远处曲折蜿蜒的房屋轮廓犹如悬在树枝之上。

② 夏昌世，莫伯治．岭南庭园［C］//莫伯治文集．广州：广东科技出版社，2003：121-133.

③ 唐孝祥．广州光孝寺庭园理景简析［J］．广东园林，2017.3（39）：46-48.

亭亭净植，“出淤泥而不染，濯清涟而不妖”；秋季三角枫、榉树枝叶浓密，叶色如染，营造出一派“停车坐爱枫林晚，霜叶红于二月花”的秋季特有景观；冬季的松柏苍翠挺拔、不畏严寒，被诗人称赞为“修条拂层汉，密叶障天浔”。海棠之姿、荷池之雅、枫叶之色、松柏之幽分别构成了不同视觉上的寺庙园林意境。

3. 嗅觉意涵

植物的枝叶特别是花朵所散发的香气意蕴悠长，令人回味无穷。在佛教经典中，用各种美好的气味来比喻圣者的五分法身，尤其是常以香来比喻戒德的芬芳及如来功德的庄严。由于植物散发的香气只能顺风而闻其香，逆风则不闻，而佛教徒信守如能守五戒、修十善、敬事三宝、仁慈道德、不犯威仪等，则可以不受风、无风及顺逆的影响。因此，每当闻到植物的芬芳，佛教徒都要想到修善积德的佛家教条。桂花“弹压西风擅众芳，十分秋色为伊忙”，梅花“疏影横斜水清浅，暗香浮动月黄昏”，栀子“竹篱新结度浓香，香处盈盈雪色装”等，都是寺庙园林大量运用的香花植物。

4. 触觉意涵

植物通过其枝干给人的触觉能够形成一种让人的心灵有所启示的园林意境。寺庙园林中有很多古树，经过多年的岁月流转，已是“霜皮溜雨四十围，黛色参天三千尺”，其斑驳开裂的树皮给人以幽深古远的历史沧桑感。由于寺庙园林优越的自然环境和僧侣们对植物的精心栽植，使得寺庙园林内保存了大量古树名木。这些古树有的因为遭遇雷击而树皮被劈裂，有的则因为虫蛀而有大大的树洞，有的表面有许多附生的草本植物生长其上，但是这些树木中的绝大多数依然生长良好，让人感到岁月流逝的同时，也感受到生命的顽强，这与宗教想传达给人的某些禅理相契合。

5. 味觉意涵

植物景观不仅通过它的外观给人以启发，还通过它的味道向人们传递真理。茶树是寺庙园林栽植最多的经济作物，许多寺庙盛产茗茶。中唐时期江南高僧皎然曾作一诗，名曰《饮茶歌·逍崔石使君》：“一饮涤昏寐，情思爽朗满天地；二饮清我神，忽如飞雨洒轻尘；三饮便得道，何须苦心破烦恼……”所以“寺必有茶，僧必善茗”，如刘禹锡《西山兰若试茶歌》中所吟：“山僧后檐茶数丛，春来映竹抽新茸。宛然为客振衣起，自傍芳丛摘鹰嘴。斯须炒成满室香，便酌沏下金沙水”。

（二）乡土植物优势明显

本书通过实地调研，并结合胡新月、张丽丽、李林等人的研究成果①②③，发现广东

① 胡新月，刘亚，庄雪影. 广州佛教四大丛林园林植物及其特色［J］. 中国园林，2014，30（2）：82-86.

② 张丽丽，王立君，吴同强. 道观园林植物景观营造初探［J］. 中国农学通报，2009，25（18）：283-287.

③ 李林，方翠莲，欧阳勇锋. 广西寺庙园林植物景观及其南北比较研究［J］. 安徽农业科学，2011，39（16）：9950-9955.

传统寺观园林所选用的树种和北方大相径庭，北方寺观园林中常见的如云南娑罗双、苹果等在南方十分罕见。广东传统寺观园林中的植物几乎都是乡土植物，例如原产自华南地区的榕树和木棉，以及产自我国南部亚热带地区各省区的竹、苹婆、蔷薇等，除此以外还少量引进了一些印度和印度尼西亚的树种。因此，广东寺观园林的乡土植物优势十分明显，以广州光孝寺、海幢寺和六榕寺为例，寺院中植物数量如表3-4-1所示：

光孝寺、六榕寺、海幢寺乔灌木统计 表3-4-1

种名（拉丁名）	是否乡土植物	种类	案例		
			光孝寺/株	六榕寺/株	海幢寺/株
大叶榕（*Ficus virens*）	是	乔木	29	—	6
细叶榕（*F. microcarpa*）	是	乔木	36	3	1
木棉（*Bombax ceiba*）	是	乔木	12	3	—
菩提榕（*Ficus religiosa*）	是	乔木	9	3	6
石栗（*Aleurites moluccana*）	是	乔木	13	—	—
朴树（*Celtis sinesis*）	是	乔木	2	1	—
荷花玉兰（*Magnolia grandiflora*）	是	乔木	9	2	—
白兰花（*Michelia x alba*）	是	乔木	6	2	5
杧果（*Mangifera indica*）	是	乔木	2	1	5
人心果（*Manikara zapota*）	是	乔木	2	2	—
苹婆（*Sterculia nobilis*）	是	乔木	1	1	—
鸡蛋花（*Plumeria rubra*）	是	乔木	1	2	—
斜叶榕（*Ficus tinctoria*）	是	乔木	—	1	1
四季桂（*Osmanthus fragrans var. semperflorens*）	是	灌木	—	√	√
四季米仔兰（*Aglaia duperreana*）	是	灌木	√	√	—
黄金间碧竹（*Banbusa vulgaris 'Vittata'*）	是	灌木	√	√	—
福建茶（*Carmona microphylla*）	是	灌木	√	—	√
九里香（*Murraya paniculata*）	是	灌木	√	√	—
鹰爪（*Artabotrys hexapetalus*）	是	灌木	—	√	√
茉莉（*Jasminum sambac*）	是	灌木	√	—	√
黄金榕（*Ficus elastic 'Abidjan'*）	是	灌木	√	√	—
勒杜鹃（*Bougainvillea glabra*）	是	灌木	√	√	—

（来源：根据胡新月《广州佛教四大丛林园林植物及其特色》整理改绘）

总的来说，广东传统寺观园林中常见的树种如下：

榕树（包括大叶榕、小叶榕、菩提榕）是我国华南地区乡土植物，也是广东传统寺观园林中运用最多的树种，也最具代表性。榕树为桑科榕属，通常称为毕钵罗树或阿说他树，是佛教文化中的重要类群。印度自古以来即视其为神木，用来制造供具，或作为火供时的护摩木。菩提树在广东寺观中被大量使用。大型佛寺，例如广州能仁寺、潮州开元寺、江门玉台寺等，其大雄宝殿前庭院，几乎都必种植一株菩提榕。

松柏类树木是北方寺观园林最常见的树种，在南方寺观之中运用的数量虽不如前者，但是寺观之外、山道两侧亦见不少。其常绿，枝干苍劲而又多姿，寓意永恒。《史记》中有“松柏为百木之长”，古老的松柏一般为道观仙境的重要标志。凡是中国古老的道观，均为松柏摩天翳日，蓊荟郁葱。

荔枝属无患子科，常绿乔木。树冠广阔，枝叶茂密，常于庭院种植。罗浮山的道教十大洞天第七洞天的冲虚古观，道观里广植荔枝，东坡曾在这里写下“罗浮山下四时春，卢橘杨梅次第新。日啖荔枝三百颗，不辞长作岭南人”的名句。

竹属禾本科，常绿，劲直且潇洒，寓意德贤君子。在寺观园林中常常以佛名称竹为“观音竹”。白居易《养竹记》:“竹似贤”“竹性直”“竹心空”“故号君子”。竹与松、梅称岁寒三友。因其兼具色彩美、姿态美、音韵美和意境美，自古以来常植于庭院曲径、池畔、山坡、石际、天井、景门或室内。竹在广东寺观中应用广泛，例如新兴国恩寺的园池周边围绕着茂密的翠竹，山坡之上还种植了成排高挺的簕竹，高者达20米以上。肇庆梅庵前庭也贴墙种植了翠竹，并且配合白梅花营造清新的环境。

此外，岭南特色果树也是寺观园林的特色树种，例如龙眼（*Mangifera indica*）、蒲桃（*Syzygiumjambos*）、杧果和杨桃（*Averrhoa carambola*）等岭南佳果是岭南园林特色——即使用经济作物作为园林植物，它们既能满足寺僧自给自足的生活原则，也具观赏功能。

（三）乡土植物塑造的寺观园林空间之广东特征

1. “常绿观叶或观形植物主导”之空间绿化基调

各地寺观园林空间的基调因绿化植物种类的差异而大相径庭，陈从周在《续说园》中指出了大园小园植物之差别：“小园树宜多落叶，以疏植之，取其空透；大园树宜适当补常绿，则旷处有物”。然而，广东传统寺观园林无论大园或小园，都选择能守岁寒的本土常绿观叶植物，并由此而呈现浓郁的地方园林特色。现整理广东寺观园林园内常用植物的形态特征和栽植方式如表3-4-2所示：

广东寺观园林园内常用植物的形态特征和栽植方式　　表3-4-2

植物名	类型	树冠形状	叶色	花（果）色	观赏类型	寺观内常见栽植位置或方式
菩提榕	常绿乔木	心形	绿	—	观叶、观形	孤植于主要建筑如大雄宝殿前庭院，枝叶扶疏，浓荫盖地，也有一些寺观配合其他乔木列植于主建筑周围
大叶榕	常绿乔木	球形	绿	—	观叶	散植于建筑空间或园林空间各处，与其他树种搭配造景
细叶榕	常绿乔木	球形	绿	—	观叶、观形	散植于建筑空间或园林空间各处，与其他树种搭配造景

植物名	类型	树冠形状	叶色	花（果）色	观赏类型	寺观内常见栽植位置或方式
杧果	常绿乔木	半球形	绿	黄	观叶、观形	多植于建筑前、庭院内，与其他大乔木搭配列植
木棉	落叶乔木	半球形	绿	红	观形、观花	孤植于寺观构图中心，重要景观处
白兰	常绿乔木	伞形	绿	白	观叶、观花	多植于建筑前、庭院内，与其他大乔木搭配列植
罗汉松	常绿乔木	塔形	绿	—	观叶、观形	多植于水池边，散植，维持自然状态
秋枫	常绿乔木	半球形	绿	—	观叶、观形	多搭配芒果、人面子、菩提榕等群植于寺观广场空阔处
橄榄	常绿乔木	半球形	绿	青	观叶、观果	多植于建筑空间外围，作背景之用；少数散植于庭院之内，作点缀之用
朴树	落叶乔木	半球形	绿	黄	观叶、观果	多植于建筑空间外围，作背景之用
龙柏	常绿乔木	圆锥形	绿	—	观叶	寺观道路、台级两侧或庭院边界之行道树，列植
人面子	常绿乔木	半球形	绿	白	观叶、观花	多搭配芒果、龙眼、菩提榕等群植于寺观广场空阔处
无忧树	常绿乔木	球形	绿	金	观叶、观果	孤植于庭院之内，作点缀之用
竹	乔木状草本	圆柱形	绿	—	观叶	建筑前、水池周围成排或组团状栽植
鸡蛋花	落叶小乔木	半球形	绿	白	观形、观花	常见于厅堂式寺观之中，对植于崇拜空间的庭院之中，起点景之用
四季桂花	常绿小乔木	球形	绿	黄	观花	寺观庭院各处，对植，与大乔木搭配
金银花	灌木	—	绿	白	观花	寺观庭院各处，多围绕建筑而植
假连翘	灌木	—	绿	蓝、白	观叶、观花	寺观庭院各处，多围绕建筑而植
勒杜鹃	灌木	—	绿	玫红	观花	寺观庭院各处，多搭配大乔木组景，丰富乔木树冠之林下空间
红背桂	灌木	—	绿、红	—	观叶	寺观庭院各处，多搭配大乔木组景，丰富乔木树冠之林下空间
龟背竹	灌木	—	绿	黄白	观叶	寺观庭院各处，多搭配大乔木组景，丰富乔木树冠之林下空间
白蝴蝶	常绿草本	—	绿	—	观叶	寺观庭院绿化地被层
细叶结缕草	草本	—	绿	—	观叶	寺观庭院绿化地被层

由表3-4-2可知，尽管广东植物种类非常丰富，但是应用于传统寺观园林范围内的绿化植物数量并不多，而且具有比较统一的形态特征，也因此形成了有别于其他地域寺观园林空间的绿化基调。具体的特征总结归纳如下：

球形、半球形为主的树冠。首先，乔木比较高大，树冠较少修整雕琢，尽可能保持原始形态。树冠形状多为球形或半球形，冠幅开阔，枝叶茂密，层次不甚分明。由此产生较为自然的园林天际线，这和北方寺观园林中成排的圆锥形树冠所形成的硬朗天际线形成了强烈对比。潮汕地区寺观的植物则比较特别，树冠除了球形还有不少为塔形或圆锥形，例如陆丰元山寺主体建筑前的几株细叶榕种在花池之中，树叶被修剪为椭圆形，状如放大的盆景，福星垒塔前台阶两侧的罗汉松树冠亦被修剪为圆锥形。

苍劲有力的树干。寺观庭院内最为常见的大乔木如菩提榕、细叶榕等的树干，其形态按照夏昌世先生的划分标准应该归类为“虬劲型”。它们苍劲而有动态，枝干横空怒出富有力量感。寺观古建筑，十之八九的屋角起翘，外观庄严，平面又多均衡对称，因此榕树硕大粗壮的乔木枝干形体基本上能与建筑配合起来。还有一些例如木棉、大王椰子等树种，树干为“劲拔型”，树干高耸挺拔，但是数量较少，多见于寺观景观重要节点处。

统一的叶形、叶色。叶的形状和叶的颜色在树木观赏特性中占有主导地位，也会影响植物的观感与形象。调查发现，广东寺观园林中常见的乔木、灌木和草本植物，大多数无花无果，以观形或观叶为主要观赏方式。叶形比较统一，一般为卵形和椭圆形阔叶，除了少数灌木和竹类为其他形状。叶色也较为一致，几乎都是常年青翠的绿色系，树幼时色淡，年长时渐浓。在阳光照射下，叶薄者呈黄绿色，在浓荫遮蔽下或叶厚者呈深青色。

花果细小、色泽清新淡雅。植物花、果的形和色也是重要的观赏特性之一，而结合上表数据，不难发现，广东传统寺观园林中的植物不以花果之美取胜，而是以观叶、观形为主。常见的灌木如假连翘、勒杜鹃等花的色调清新淡雅，而且花冠细小，在视觉上成为青绿色树叶之陪衬，起到点缀的作用。

总之，绿化植物以球形为主的树冠形态、虬劲有力的树干姿态、统一的叶形叶色和清新淡雅的花果颜色等特征共同形成了广东传统寺观园林空间独特的绿化基调，本书将其高度概括为“冠形自然、叶色郁绿、花果稀少”。也正因为这种绿化基调，令寺观园林在花木景观方面凸显了独特的广东特征。

2. “乔木”+“灌木”+“盆栽”三层之植物结构

广东寺观园林一般采用“乔木”+“灌木”（“小乔木”）+“盆栽”的三层次植物结构，形式虽然朴素却富有美感。其中，位于上层“乔木”树冠茂密丰满，常有丰富、尊贵、华丽的气氛，是寺观园林中绿化景观的骨干树。下层的“灌木”或“小乔木”起补充大乔木林下空间或软化建筑墙脚轮廓的作用，其枝叶相对较疏，可以透光，给人以亲切、谦和、圆满之感。“盆栽”则是广东寺观园林的一大特征，它通常跟灌木搭配出现，或摆放于墙角处，或摆放于栏杆上，或置于树池之内，减少角隅的生硬和单调，增加空间层次。例如，从西南角观看纯阳观主殿，山上的榕树在建筑后面，成为背景，而变叶木和观音竹则在台基之前，作为建筑的前景，建筑与林木互为掩映。对于寺前山路而言，竹搭配栏杆上的盆栽成为背景，各种植物统一的绿色色调与灰调的建筑、深沉的山石形成颜色和质感的对比，小乔木和盆栽补充了草本植物稀少的林下空间，上密下疏，使园林空间取得致密和留白的对比效果。

由上述各类乡土树木配植起来而形成的植物结构别具风貌，这也是广东传统寺观园林的主要特点之一。

3. “建筑优先、绿化衬托”类私家园林之栽植方式

夏昌世、莫伯治二人在论述岭南园林空间中建筑与自然的关系时谈到：“庭园中的配植是人工与自然的结合关系，使植物材料与水石建筑互相联系、互相影响，从而互相辉映，使得风致增色，构成的园景为一个有机的整体。”这告诉了我们，岭南园林中的植物不是将自然风貌重复一遍，而是对植物的品种、性质、形态都经过精心安排，从而塑造一种再现自然环境特征的园林空间。

结合广东寺观园林中景观配植风貌来看，由于寺观规模普遍不大，并以“园”“院”为基本结构单元，因此除了山林地寺观的自然环境绿化外，寺观范围之内的绿化栽植方式与岭南私家园林颇为类似，本书将其高度概括为以“建筑为优先、绿化作衬托”。因此，寺观园林中甚少单独以单株植物或者植物组群作为一景，而是以植物为辅，衬托殿堂雄伟的建筑形象。例如，冲虚观前广场上高大挺拔的十几株人面子、芒果、龙眼等乔木组成的树阵烘托了道观中轴线层层叠高的恢弘气势。建筑空间之内，尤其是尺度较小的寺观，为了不喧宾夺主，甚少在庭院内种植榕树等大乔木，取而代之的是小乔木或灌木。例如国恩寺、藏霞洞古观等都仅仅在主殿前庭对植几株鸡蛋花或金叶女贞作点缀。

寺观绿化和寺观建筑的空间结构是交错参差、互相渗透的，加上自然气象和节序变化等所引起的动态效果，使寺观园林空间和一般的造型艺术有所不同，它的空间结构具有“掩映”的特点。各景物互为表里，似掩又露，有起有伏，有动有静，构成一个整体的关系。

此外，中国古代建筑在修复和保养工作中，古建周围或内部的绿化改造大都服从建筑之形态，正如陈从周先生在《谈古建筑的绿化》一文谈到古建筑绿化修复时提到：“绿化古建筑应以建筑物为主体，绿化是陪衬，也就是用树木花草将古建筑烘托得更美丽”“对于树形的选择，首先要考虑到建筑物的外观。”可见，广东传统寺观园林这种以“建筑为优先、绿化作衬托”的植物配植思路，除了如夏昌世、莫伯治二人所述是适应岭南园林的规模和尺度而形成，也是其之所以能在历朝历代的修复改造之中依然能保持建筑与绿化和谐共存的原因。

第五节

空间格局对比

中华大地上的古典寺观园林实例多如繁星，由于历史跨度长、地域涵盖广阔、数量过多、种类庞杂、特征各异，研究难度很大，故过往一直未能有一个十分系统而完整的寺观园林分类。过往的中国古典园林学研究中，专家学者们达成的一般共识是从地域上

进行分类，把各类园林分为北方园林、江南园林、岭南园林和巴蜀园林。笔者查阅了大量中国各地区寺观园林的相关资料，发现上述四地寺观园林受到地缘政治和文化影响，形成差异明显的园林风格特点，包括寺观园林的空间格局。本书根据四地各类寺观园林的特点，通过进一步分类整合，认为北方皇家寺庙园林、江南与日本禅宗寺院园林、西南及闽南宫庙园林是其中最具代表性的三类寺观园林。下文分别将广东佛寺与道观园林，以及广东寺观园林与上述三类寺观园林进行内外横向对比分析。

一、广东佛寺与广东道观对比

（一）相通点大于相异点

中国传统建筑的一个重要特性是其构成上的相似性及类型上的相通性，以儒、道、释三教的祠庙、道观和寺观这三类建筑而论，其形态上或十分相近，或大同小异，而少根本的区别。

1. 儒、道、释合流贯通

南北朝教徒盛行“舍宅为寺”之风，官僚贵族住宅改为供奉神佛像的殿宇，宅园部分则原样保留为寺院的附属园林。这一客观事实导致寺观园林在内容和规模上和宅园很相似，只是欣赏趣味上有所不同。因此，往后一段时间里佛寺和道观园林都有着宅园的影子。唐宋时期，佛教、道教、儒教迅速发展，寺庙建筑的布局形式趋于统一，即为“伽蓝七堂式”。佛寺、道观不仅是举行宗教活动的场所，还是民宗交往、娱乐活动的中心。

受到中原地区的影响，佛、道共存共荣这股东风在岭南地区从唐宋开始一直盛行到清朝。因此，研究现存寺观园林案例，不难发现佛寺和道观的形态发展上具有明显的继承与演变关系。同一座宗教建筑几度改变其皈依的宗教的例子屡见不鲜。例如陆丰玄武山元山寺，寺内正殿中供奉的是北极真武元天上帝神像和释迦牟尼佛像，其他各处神龛左右对称供奉一道一佛像。寺后石塔设置有“文昌”“魁星”“三官”神位，证明这是一座道教之塔。再例如罗浮山上道、佛两教竞相繁衍，长期以来一直争夺风水宝地立基建屋，在互相比较、互相模仿中不断发展演变，在这样的氛围之下，山上道观和佛寺在选址、空间格局和造园艺术方面越趋相似是必然的结果。

2. 共性的地域经济条件

严耀中在《江南佛教史》中说过：“宗教作为文化的一部分，不会有所例外，也必然带有某种地域性。因为宗教不是一种孤立的现象。”这句话给我们的启示是，从经济学角度来看，一个地区的经济繁荣程度对宗教的繁荣有着举足轻重的影响，地区经济的不断向前发展使该地寺院道观的建设、传教活动有了充裕的经济基础。人们的生活习惯、建筑形态、语言等都是影响宗教发展的有利因素，它也使一个地区的宗教建筑在各个方面都有某种相似性。所以，在相同的地域经济条件影响下，广东各种宗教建筑体现出相似性是合乎情理的历史结果。例如，古代广东经济发展快、重商贸、接触外来商业较早，从而导致广东传统寺观建筑造型和空间组合与当地精致小巧的民居相似，规模虽小、空间组合却复杂多变，讲究实用性。总之，广东寺观园林呈现出与北方、江南寺观园林截然不同的特性，即寺观园林的“宗教场所性”较弱，寺观建筑和宗教结合程度相对北方较低，和经济、生活习性结合程度反而更多。

上述论据，或正面或侧面，都反映了一个共同现象，即广东传统佛寺和道观园林在长久的发展过程中，其园林化方向的同一性和兼容性。所以，广东佛教寺院和道教宫观之间，光就空间格局这一点来看，是相互借鉴、相互影响之中不断发展的，最终形成相近、形似的基本空间格局也就不足为奇了。

（二）“三宫”或“三宫两楼”基本格局

1. 基于“百丈”伽蓝形成的广东禅宗寺院格局

最早期的佛寺受古印度佛教影响颇大，与塔密不可分，当时的佛寺被称为“塔寺”“塔庙”，有寺必有塔，有塔必有寺。当时人们对于佛教的精神崇拜还处于主导地位，塔毫无疑问矗立在寺院的最中心地带，其他殿堂都要服从于它。但是这种以塔为核心的佛寺布局在岭南地区并没有维持多久，自百丈怀海的别立禅居和清规的创立，从此开创了禅宗修法道场和修行方式的新天地，故有所谓“禅门独行，自此老始”[①]根据调研资料整理部分广东佛寺现存案例的建筑组合基本格局如表3-5-1、图3-5-1所示。

广东佛寺格局的演变示意　　表3-5-1

时期	结构	特点
汉晋—隋前	讲堂 殿堂 佛殿 殿堂 塔 寺门	以塔为绝对核心，塔后建殿
隋唐	佛阁 殿堂 佛殿 殿堂 塔 寺门	塔逐渐游离寺院之外，早期偏离中轴线，后期甚至偏居一角，改为以佛殿、佛阁为中心
唐	法堂 僧堂　库院	《百丈清规》：“不立佛殿，惟树法堂”
宋元	方丈 法堂 僧堂 佛殿 库院 山门	佛殿重新回归寺院中心，形成以“佛殿”为中心或以“佛殿+僧堂”为中心的格局
明清	方丈 藏经阁 法堂 殿堂 佛殿 殿堂 鼓楼　钟楼 天王殿 山门	三大殿格局基本形成，方丈、法堂偏移到轴线侧边

① 出自《禅苑清规·古清规序》。

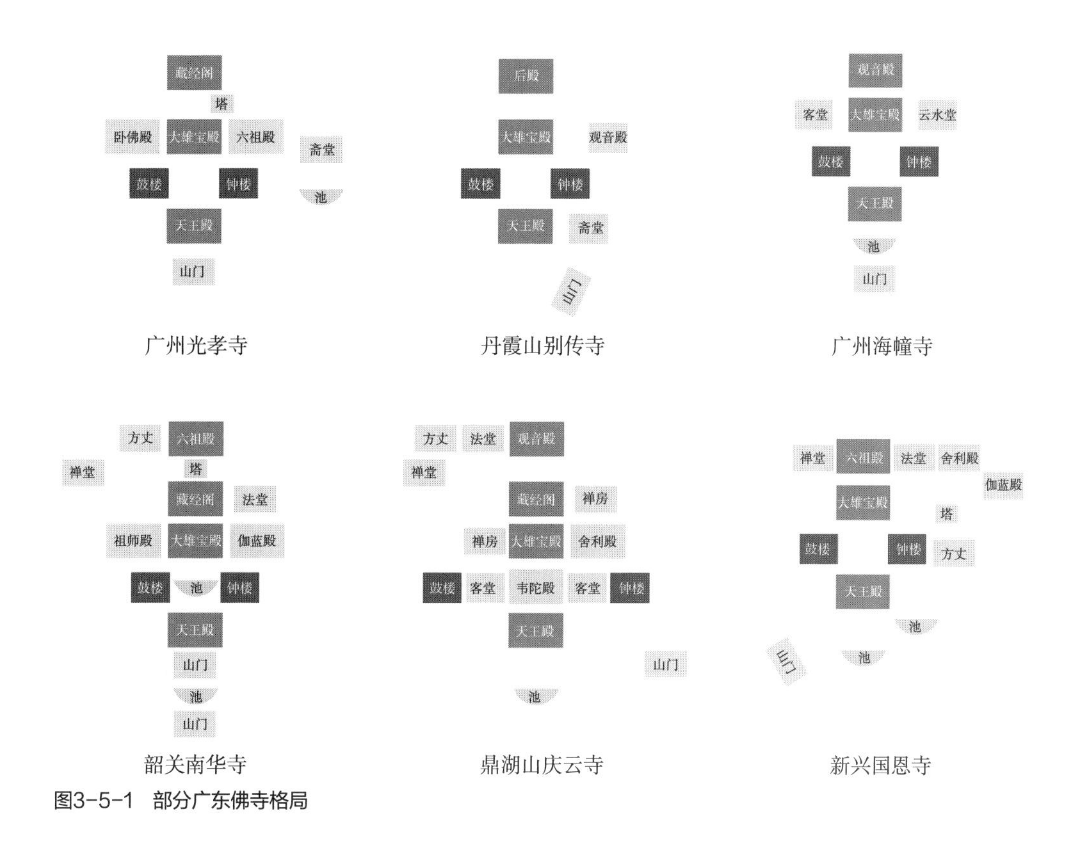

图3-5-1 部分广东佛寺格局

2. 禅宗与律宗、净土宗、密宗的伽蓝格局对比

学术界普遍把律宗创始人道宣所提出的佛寺空间布局模式称之为“道宣式”。根据《戒坛图经》所描绘的佛寺平面图，律宗“道宣式”布局的主要规划要点——有明确的南北中轴线，主要建筑均布置其上；中部是以中院为核心的礼拜区域；南部为学修区，类似于各宗派的学院，弘扬佛法之所；北部为寺院内除了主科佛学以外的各种杂学研究区，包括了例如儒学、医学等；东部为内部修学区，设置经院、律院及经行院等，为僧侣提供一个自学自修的场所；西部是后勤服务区，各类生活医疗服务较为完备。不难发现，这种“道宣式”律宗寺院是一个复合型的多空间佛寺，各功能模块相对独立和完整，拼接合理，由于平面布置上排列有序，交通组织也很方便。据史料记载，“道宣式”布局不仅用于寺院，在唐代时还被广泛应用于城市规划中。

“百丈式”和“道宣式”伽蓝格局都出现于隋唐时期，但是两者从形式到内涵都有很大差异。从空间功能来看，“百丈式”看上去类似后者某一个部分分离出来的单体空间，而“道宣式”则偏向于一个功能完善的复合空间。简而言之，若“百丈式”是一座袖珍的山林修道院，则“道宣式”就是一座综合性的佛教大学。从平面布局来看，两者都是围绕中心展开的伽蓝格局，但是“百丈式”中心庭院（主佛殿前庭院）统领全局，其他殿堂建筑从属于这个中心，在寺院构造上强调团体的凝聚力。而“道宣式”虽然也有中央“佛区”，但是各功能模块相对独立和完整，主次关系不如前者那般明显，在实际建置寺院园林中也更易于依据地形灵活布局。

净土宗的规划思想比较理想化，强调重现佛国世界的“极致辉煌”“美轮美奂”凝聚了东方乃至西方皇家园林的奢华气派。首先是园景排布的庄严性，每一座宫殿楼阁都环绕着栏杆，栏杆之外有整齐的林木，行道树上覆盖有七重罗网，这些物件都由金、银、琉璃精制而成，质感豪华气派。其次是寺院内水池很多，大大小小，星罗棋布，大者可达百千由旬①，整个寺院如同海洋一般，或绕佛讲堂，或绕罗汉、菩萨讲堂。水池四周往往布置有多层台阶、走廊和道路，四周平地上建有用宝石装点的华丽楼阁。在净土宗寺院中行走，犹如穿梭于“极乐世界”之中。简而言之，净土宗寺院的建置风格比较理想，与禅宗的现实主义形成强烈对比。

从院落组合形式来看，净土宗寺院大多为廊院式，以多层殿阁为主，以佛殿为中心，其他次要建筑围绕佛殿而建，建筑之间以围廊相连，形成院落空间。这种寺院建筑群组合模式与广东禅宗寺院比较类似，不同点在于净土宗寺院建筑规模尺度非常巨大，平面铺陈广阔，建筑的局部空间呈“凹”字形布局形式，而后者建筑规模较小，院落形状多样，水平或竖向组合形式丰富。

密宗寺院在藏区分布最为密集，其基本建筑配置和禅宗差异很小，最大的不同点是舍利曼陀罗道场，即阇城建筑。例如普乐寺密宗寺院，其保留了伽蓝格局，轴线上依次建有山门、天王殿、宗印殿，天王殿两侧有钟鼓楼，天王殿后各有五间南北配殿。这种建筑配置循规蹈矩，与中原大地上的汉族寺院一模一样，不同的是宗印殿后增建的主体建筑阇城。阇城形制特殊，它是根据《大毗卢遮那成佛神变加持经》的理论而建造的，整座建筑形状如莲花，共三层，每一层均为方形的圈状。除此之外，例如唐代大兴善寺、青龙寺和玄法寺等密宗寺院，都在保留伽蓝格局的基本建筑物配置上加建曼陀罗道场。中间留出一块场地置佛像或观音，同时按照曼陀罗形式或筑台坛，或置房室，或安门墙，其空间组织模式以“中央—四周—八方”或者“内院——外院”来划分。

从密宗、禅宗兴盛时段的错落史实，还有从唐宋开始寺院内堂、阁建筑逐渐高大化成为寺院建筑布局的中心的发展情况来判断，作者认为，禅宗寺院在一定程度上继承了古老密宗寺院的布局。

3. 广东道观的“类伽蓝”格局

相较于佛寺，广东道观的基本格局显然比较简单，并且在长久的发展过程中，并无太大的变化。从早期葛洪灵宝派流行时的道教建筑来看，大多源自民居，无特别的形式，山中天然洞穴处的道教建筑以石室形式出现，而一般的道教建筑则以结庐的形式出现，比较简陋，属“静”修之所。唐宋期间，道教建筑规模变大，由“祠”变“观”，但功能依旧比较简单，一直到了清朝，广东道观才形成了稳定的基本格局，没有中原皇家道观般正规，但是也讲究等级划分。等级划分主要体现在祭祀空间上，道观按照祭祀

① 由旬，古印度长度计量单位，佛学常用语。一由旬相当于一只公牛走一天的距离，大约七英里，即11.2公里。

的主神祇又可分为尊神、仙真、自然、俗神四类。尊神类以供三清、玉帝、元君为主。一般来说，与佛寺的天王殿类似，道观的前殿常供奉门神，常兼具山门的功能。供奉主神的正殿位于中央，可划分为殿堂式、祠堂式、神龛式三种。一般是三开间到五开间，进深也多为三开间到五开间，神龛布置在后端的进深开间内。祭拜区靠檐廊，殿堂与其他房间通过连廊和院落联。后殿一般位于正殿中轴的后边，多是出现在比较大型的道教建筑群里面，形成一种压轴的组合，多以楼阁形式出现。这种做法在儒家、佛家的庙宇中出现，儒家的文庙一般把后殿布置在主轴线的最后一进，布置楼、阁，暗喻高榜题名。而道教建筑中的后殿阁楼，多出现在城镇平地的道教建筑群中，成为最后的制高点。根据调研资料整理部分广东道观现存案例的建筑组合基本格局如图3-5-2所示。

4. “三宫两楼”和“三宫”格局

通过上述分析，发现明清时期稳定下来的佛寺格局，其核心部位都有“天王殿—钟鼓楼—大雄宝殿—后殿”这个中枢结构，而道观的中枢结构是“护法殿—正殿—后殿/阁”，一些纵深较短的道观则没有后殿。总而言之，本书认为两者可以统一归纳为“前殿—钟鼓楼—大殿—后殿”的“三宫两楼”格局或“前殿—大殿—后殿”的“三宫”格局。

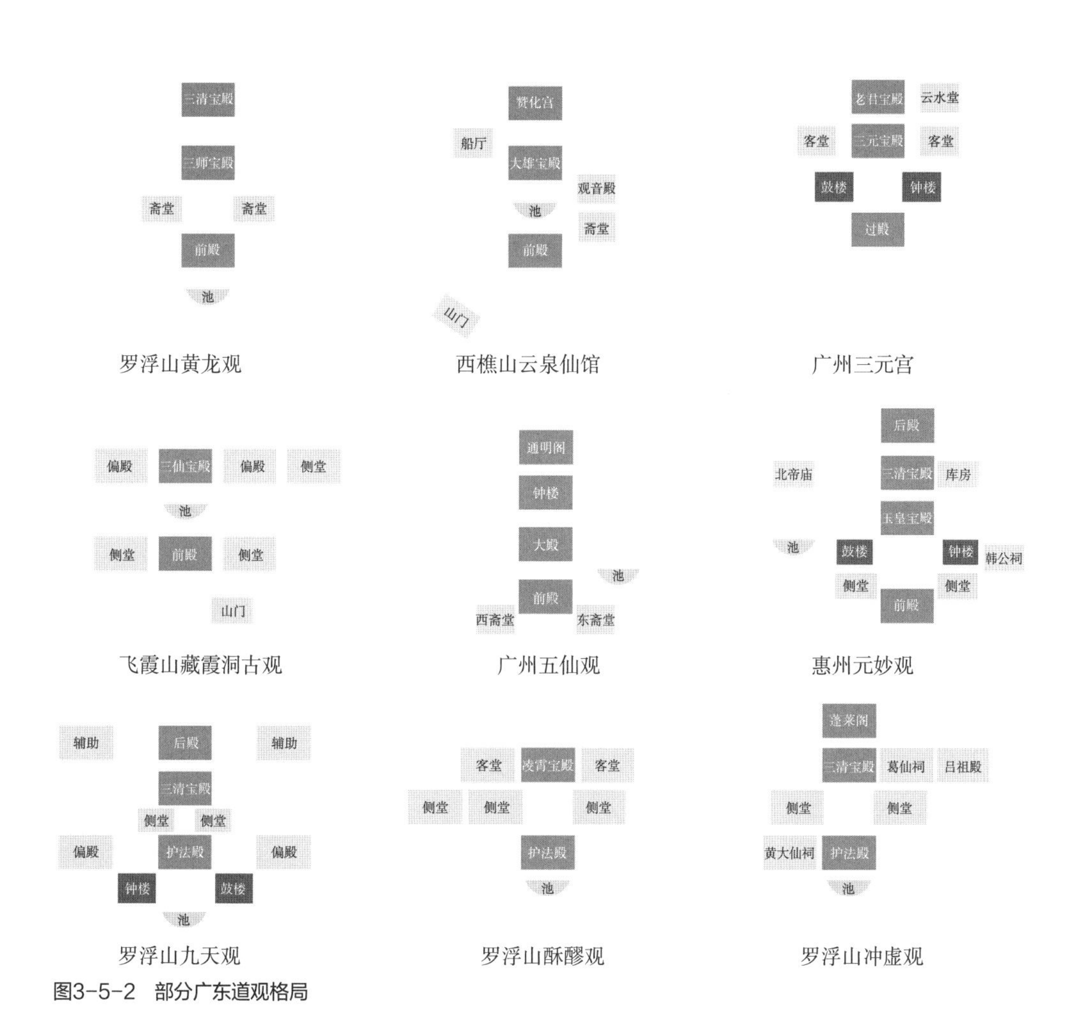

图3-5-2 部分广东道观格局

不同的寺观格局根据其规模、功能、地形以及具体内容上尽管会有不同的变化，但是其核心主题部分却始终保持着这样一个基本的、稳定的同构关系。其他寺院内容均是在这基础上向左右、向前后发展布置，但不会破坏这个基本格局。例如广州光孝寺，虽然僧房、殿堂众多，规模布局庞杂，但是主体中枢部分的构成与“三宫两楼”完全一致（图3-5-3），由此形成广东寺观园林空间格局的共性和特色。

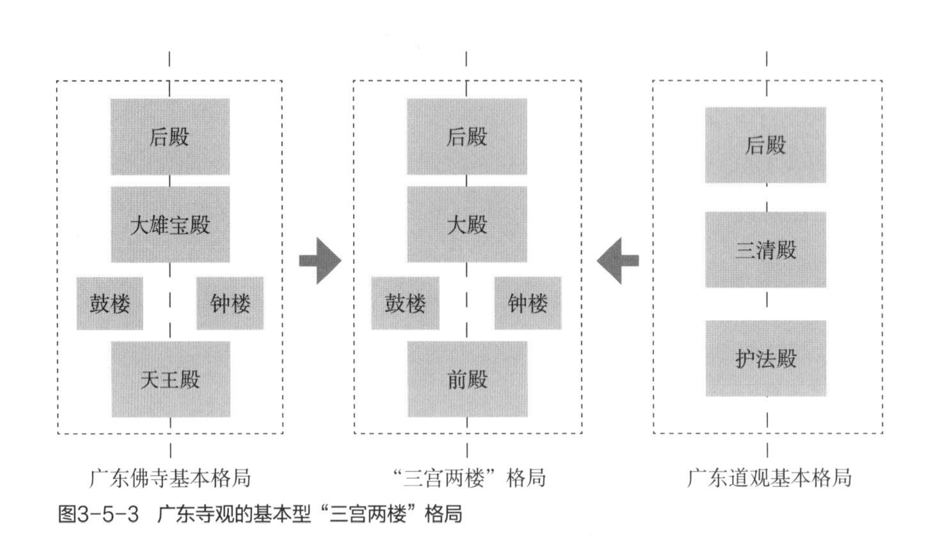

图3-5-3 广东寺观的基本型“三宫两楼”格局

二、广东寺观园林与北方皇家寺庙园林对比

北方皇家园林是规格最高的中国古典园林种类，其主要分布在古代北方各国首都城如洛阳、长安、建康等城内，即现今的华北和东北地区。其中，历史名都北京园林实例最多，清朝自康熙时期开始在北京西郊一带大规模地造园，至乾隆时期已在北京西郊形成了“三山五园”的格局。此外，还在紫禁城内重修御花园，筑建福宫花园、宁寿宫花园和慈宁宫花园；在西苑三海中增建修葺亦很多，如北海阐福寺、万佛楼，中海紫光阁、南海宝月楼，等等。北京作为清代帝王的都城形成了以紫禁城为中心，层层环拱，山水园林化的格局。皇家园林之中建筑类型很多，包括了寺庙、佛塔、楼阁、轩馆、水榭、画舫、书斋、城关、亭台、游廊、牌坊等，每一类建筑根据各自在皇家园林中的具体位置和功能又有很多形式。其中，佛寺、佛塔、道观及一些祠庙主要作为祭拜神佛的场所，同时也带来了特殊的建筑形象。

（一）规模宏大，寺观群落体系

北方皇家寺庙园林与其他地区寺观园林的不同点，首先在于前者不是单个寺庙独立存在，而是以多个寺院组成一个庞大的寺观群落，广泛分布在皇家园林各区。尽管一些宗教圣地例如四川峨眉山、山西五台山、浙江普陀山上也有一系列建筑群，但它们只是占领一座山，而皇家园林占地规模非常庞大、大者可达数百公顷，在建设之初都进行了精心的选址和总体规划，范围之内除了山岳，还有湖泊、平地、草原等，地貌种类要丰富得多。得益于皇家寺庙园林的群体属性，在皇家园林之内，寺观和非寺观园林建筑要素共同构景，使之功能越加完善，景致更为丰富。

例如离宫御苑承德避暑山庄，面积达564公顷，整座皇家园林大致分为宫廷区、湖泊区、平原区和山岳区四个部分。宫廷区建筑密度最大，湖泊区景观最为丰富，平原区最为空旷，山岳区面积最大并保持了自然山林的本色。山庄共有佛寺“内四外八”座和若干宫观，法林寺和珠源寺在如意湖畔，规模稍小，周围零星布有一些游廊和亭榭；平原区的永佑寺前后四进院落，后面仿南京大报恩寺塔修建了一座九层舍利塔，屋檐铺设黄绿两色琉璃瓦，在蓝天的映衬下显得尤其挺拔灵秀；碧峰寺则筑在山岳区，依托山地环境展开，层层跌落，手法十分精彩；外围还有汉风的普宁寺、藏风的普陀宗乘庙和蒙古风的普乐寺等“外八庙”，共同谱成了一个风格多样的空间环境。

（二）治国安邦和神佛世界

北方皇家寺庙园林作为一种有别于其他类型园林的人造景观，最大的区别体现在其要传达一种“治国安邦”“神佛世界”的文化主题。首先是“治国安邦”的政治寓意，寺庙和皇家园林中的其他皇家建筑，尤其是宫廷御苑建筑一样，象征着至尊无上的皇权，寄托着古代帝王治国平天下的理想，园林中的山水格局、建筑形式以及匾额题名都含有深刻的寓意，以歌颂太平盛世、天下大同，标榜帝王圣明、文武贤良、宣扬纲纪伦常、忠孝义节。孟兆祯在《京西园林寺庙浅谈》一文指出：“单纯具有宗教和历史文物价值而不具备山水林泉之胜的寺庙，只能称为名胜古迹……”；潘莹的论文《清代皇家园林中的禅宗园林环境》提到：“皇家园林中的寺庙园林环境除了具备一般的园林功能外，还负担着满足皇室统治需要的艺术大政治功能，包括勤政、抚民、安外、平心……”[1]，前人的这些论述，都佐证了上述观点。

然后是“神佛世界”的宣扬，尽管古代皇家园林中对仙境的塑造多以神话传说为主题，但是其中并没有多少宗教内涵。要满足帝王将相通神、祭祀功能还是要靠真正的宗教建筑，因此自汉代佛教盛行、道教兴起之后，帝王园囿中开始出现宗教建筑的踪影，例如梁代建康华林园里的佛殿重云殿和北齐邺城的“雀离佛院”。到了明清时期，皇家寺庙园林数量大增，大大小小的儒、道、释三家和很多民间祠庙散落在园囿各处。例如皇家园林典范圆明园，园中宗教建筑数量为清代之最。属于儒教系统的有供奉历代清帝御容的安佑宫和祭祀孔子的圣人堂；属于道教系统的有祭祀龙王关帝、天后吕祖等民间信仰的大量观庙祠堂；属于佛教系统的建筑规格最高，有慈云普护、月地云居、舍卫城、日天琳宇、同乐园永日堂、长春园的法慧寺、宝相寺、梵香楼、绮春园的正觉寺、

① 潘莹，赵晓峰，赵小刚. 清代皇家园林中的禅宗园林环境［J］. 才智，2013（36）：229.

延寿寺、庄严法界，以及九州清晏、含经堂、鉴园等景区的大小寺院佛堂。

北方皇家寺庙园林营造的“神佛世界”不但寄托着历代统治者的拜佛求神的精神需要，也为皇宫御苑带来了别致的奇幻景观。宗教建筑中的殿堂、塔、亭台等，相比起皇家园林中其他小的园林建筑，装饰华美，造型突出，表达了特定的宗教含义，并与山水环境和植物完美结合，成为全园最引人注目的焦点。另外，清朝时期在皇宫御苑中引入了大量藏族风格的佛寺，而藏式佛寺建筑风格鲜明独特，为皇家园林景观多样性注入了新血液。正如乾隆所说“无论西土东天，倩他装点名园”，即不管是哪里的宗教、何种风格，都可以为御苑美景增色。由此可见，皇家园林中各种佛寺、宫观、庙宇具有其他景物所不可取代的价值，也从侧面说明了寺观宗教文化对皇家园林的深刻影响。

（三）“伽蓝七堂制”的中轴之美

北方皇家寺庙园林由早期的“以佛塔为主体（可能没有其他建筑）”，到“以佛塔为中心，佛殿为附属，呈中心向外发展”的布局，再到唐中叶禅宗盛行时的“以佛殿为中心，佛塔为附属”，再到最后演变为“以楼阁为中心”的格局。大体上可以划分为五个阶段（表3-5-2），其中后两个阶段格局基本以完整的“伽蓝七堂制”的形式稳定下来。

北方皇家寺庙园林格局演变简表　　表3-5-2

第一阶段	第二阶段	第三阶段	第四阶段	第五阶段
以佛塔为主体，不一定有其他建筑	以佛塔为中心，佛殿为附属建筑	以佛塔、佛殿共同作为寺院中心	以佛殿为中心，佛塔为附属建筑	以楼阁和佛殿为中心，佛塔和库房为附属建筑

“伽蓝”又称僧园、僧院，原意指僧众所居之园林，后来一般用以称僧侣所居之寺院、堂舍。“伽蓝七堂”制形成于宋代，是佛寺建筑布局的一种制度。在制度中，一所伽蓝的完成，须具备七种建筑物，特称“伽蓝七堂”。七，表示完整之义。具备七种主要堂宇的寺院，又称“悉堂伽蓝”。寺院之诸堂表佛面之义，七堂系指顶、鼻、口、两眼、两耳；或相当于人体之头、心、阴、两手、两脚等。“伽蓝七堂”随宗派和历史年代的不同而各自相异，以禅宗为例，七堂指佛殿、法堂、僧堂、山门、厨库、西净、浴室。也有文献记载七堂为：塔、金堂（佛殿）、讲堂、钟楼、藏经楼、僧房、食堂。

无论具体是指哪“七堂”，“伽蓝七堂制”则体现了中轴之美，在佛寺轴线上，以诸殿堂和两侧附属建筑围合成一个或多个四合院，殿堂位于轴线上的主体地位，形成肃穆严整的空间构图，表达宗教崇拜的庄严气氛。由于围合庭院尺度通常在几十米以上，这样就有条件在庭园中布置花坛、树木，形成绿树芳草的佛寺园林。

例如北京静明园中的大型道观东岳庙，共分为四进院落，坐东面西，前设三座牌楼，之东为山门，再东为正殿仁育宫，其东为后殿玉宸宝殿，最东为后罩殿泰钧楼。东岳庙南侧的圣源寺也是四进院落，最后一进院落内有一座华丽的琉璃塔。北京琼华岛上的永安寺也是讲究中轴之美的佳例。寺院最高点是一座藏式白色喇嘛塔，白塔立于琼岛中心，坐北面南，塔以南依次有善因殿、普安殿、正觉殿、法轮殿、山门、牌坊，从山顶延伸至山下，岛与岸之间有永安桥相连。永安寺地处官苑之内，美轮美奂，富有皇家气派，所有殿顶以黄绿两色琉璃瓦覆盖，殿脊上雕龙形图案，寺中山石亭台的配置，亦如皇宫御苑，与园内别处景致浑然一体。

（四）对天下名园胜迹的仿照

北方皇家园林在园林造景方面，除了模拟传说的仙境之外，还喜欢以自然山水环境作背景，集仿各地名园胜迹于园中。这种造景手法在过去一般被称为“仿写”，也就是“摹写”“模仿”的意思。仿写手法有多种，有“以园写园”“仿造造型特殊的景观建筑”“同主题景观再现”“模仿名园或假山片段”“仿建著名佛寺或祠庙”和“模拟山水形态”六种。

例如上文提到的承德避暑山庄，园中的宫廷区是紫禁城的翻版，四周宫墙宛如缩小的长城，湖泊区展现出类似江南水乡的风光，平原区具有塞外草原粗犷豪迈的特色，山岳区则呈现出北方群山的浑厚气势，加上外围藏、汉、蒙古风格的外八庙，将中华大地上最有代表性的自然与人工景观收纳于一园。

结合前人研究成果，发现皇家园林中的寺庙园林环境，特别钟情于仿写江南禅院“禅境”，这种现象在清代尤为明显。清代皇家园林中的寺庙园林环境与江南的山水寺庙有着密切的关系，许多景区是摹自江南的佛寺，典型的如镇江的金山寺、焦山寺，以它们为原型在皇家园林中创作了一系列景点，如北海琼海岛北岸漪澜堂建筑组群、清漪园万寿山大报恩延寿寺等。此外，无锡惠山的“竹坊山房”、浙江“茶禅寺”对北京西郊皇家园林静明园的“竹坊山房”、静宜园的“试泉悦性山房”等景点的意匠影响深远。香山“洗心亭”的灵感则取意于杭州“云栖寺”“涤心沼”，香山、清漪园、避暑山庄都有的“五百罗汉堂”景点则以杭州云林寺罗汉堂及海宁安国寺罗汉堂为原型。这种“仿写”的园林创作手法是清代皇家园林的又一重要特色，反映了清代皇家园林与江南园林的血缘关系和相通意境。

三、广东寺观园林与江南，以及日本禅宗寺院园林对比

南方禅宗在广东、江南流传甚广、影响至深，并且在宋朝东传至日本。在同一种思想流派的熏陶下，这几个地方的禅宗寺院必然存在很多相通点和相似点，尤其是建筑群的性质和格局，有着深层的内在联系。研究江南与日本禅宗寺院园林，对理解广东寺观园林空间格局有积极意义。

（一）江南禅寺的等级与格局

“五山十刹”是江南禅宗寺院最标志性的寺院等级制度，形成于中唐，鼎盛于南

宋，衰落于明清。“五山”是核心，包括余杭径山寺，钱塘灵隐寺、净慈寺，宁波天童寺、阿育王寺；“十刹”，包括钱塘中天竺寺，湖州道场山护圣万寿寺，温州江心龙翔寺，金华云黄山双林寺，宁波雪窦山资圣寺，台州国清寺，福州雪峰寺，建康蒋山太平兴国寺（灵谷寺），苏州万寿山报恩光孝寺、虎丘山云岩禅寺。“五山十刹”是天下禅寺最高的寺格等级。十刹之下，又有甲刹，是十刹之下各州最重要的寺院。据以往研究，元代甲刹有三十六座，所以五山十刹实际上是由五山、十刹和三十五甲刹共51座天下大型寺院所组成的三等级制度，是宋元时期禅宗寺院的最高水平。通过以江南为中心广泛分布在中国东南沿海，广东韶州六祖山法泉禅寺亦是甲刹之一。

其分布如表3-5-3所示，显而易见，“五山十刹”皆在南宋疆域之内，一方面表明了南宋禅宗寺院的中心地域及其范围，另一方面也是南宋半壁江山的真实写照。元代在南宋的基础上向外扩散，北至北方部分重要祖庭，西南达广东北部韶州。所以，江南禅院的寺院建置思想传到了广东，影响了广东寺院的建设，这与广东及江南禅宗寺院格局有异曲同工之妙的客观事实是吻合的。

江南“五山十刹甲刹”地理分布简表　　表3-5-3

	浙江	江苏	福建	江西	湖北	河南	广东	安徽	河北
五山	5	—	—		—	—	—	—	—
十刹	6	3	1	—	—	—	—	—	—
甲刹	11	8	2	7	2	2	1	1	1

（来源：作者根据《中国江南禅宗寺院建筑》整理）

关于江南禅寺的基本格局，中唐之前还是注重传统轴线关系的廊院形式，尤其以佛殿、佛塔为中心的基本构成模式。《百丈清规》提出以后，一反传统伽蓝布局以佛殿为中心的格局，树立了以法堂为中心的构成形式，形成鲜明的江南特色及个性。到了南宋，江南五山大刹等在伽蓝布局上形成了更为验证完备的伽蓝规制。例如，灵隐寺、天童寺和万年寺都是规模宏大、形制齐备、布局严谨的伽蓝格局代表性寺院（图3-5-4）。通过图3-5-4，不难发现它们都遵循着“山门—佛殿—法堂—前方丈—方丈”的基本骨架，中轴线上的配置基本一致，轴线两侧分别设置库院、僧堂等。这种以佛殿为中心的纵横十字结构，是一个十分成熟和稳定的构成关系。正如南宋佛果禅师所说：“上是天、下是地，左边厨库，右边僧堂，前是佛殿三门，后是寝堂方丈”，很形象地概括了宋朝江南禅寺构成的基本格局，也从中表露了以法堂为中心的伽蓝格局构成观念。

宋元两朝四百多年，佛教在中国式微，江南禅院的空间模式发展变缓，直到明清时期才又迎来一次兴盛。对比明代一些大刹与前朝禅寺（图3-5-5），发现总体上纵深加大，追求整体对称，格局由简变繁，尤其是轴线东西两侧的配置得到进一步强化，僧房进一步外移，并且增加了左轮藏殿、右观音殿等。以“佛殿”为中心的格局变成了以“佛殿+禅堂院”的形式，明朝之后的江南佛寺布局，基本上都是在这种构成模式上稍作增

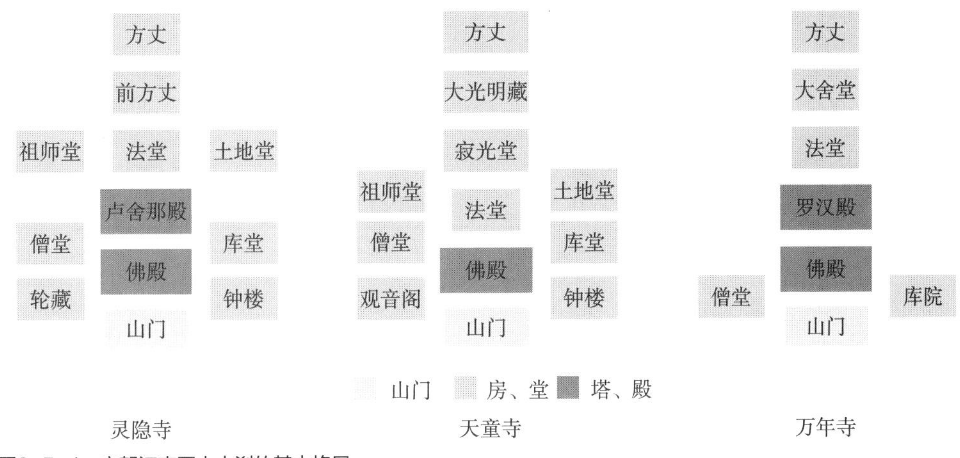

图3-5-4 宋朝江南五山大刹的基本格局

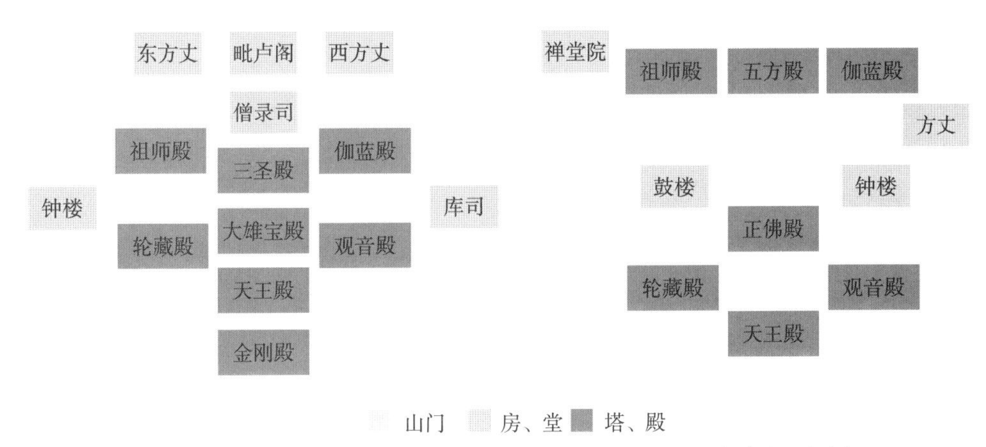

图3-5-5 明清江南五山大刹的基本格局

减。清朝藏经的地方迁移到轴线的最北端，具体表现为以藏经阁作为伽蓝轴线的最末端建筑。

（二）日本禅宗寺院与宋风伽蓝格局

日本中世的禅宗，其源头实际上是中国宋朝南方禅宗的延伸和移植，与宋元禅宗一脉相承。随着两国僧侣频繁的来往，江南禅宗思想文化东移至日本并受到广泛喜慕和崇拜。这为日本宋风禅寺对南宋江南禅寺的全面移植和仿照打下了基础。古诗有云："大唐国里打鼓，日本国里作舞""无边刹境，自它不膈于毫端"等，都是对中日禅林密切关系的生动描绘。

在丛林等级制度方面，日本禅院出现初期全面仿照江南禅宗五山十刹制，日僧渡宋回国后所作的南宋五山十刹图，在性质和目的上是模仿宋风伽蓝格局而做的一份蓝图。在此份蓝图指引下，日本禅院除了全面仿照江南的五山十刹制之精华，还形成了一些自身的特色，开创了所谓的"镰仓五山十刹"和"京都五山十刹"，并且一直沿用到近代

（表3-5-4）。

镰仓五山和京都五山　　表3-5-4

镰仓五山	建长寺	圆觉寺	福寿寺	净智寺	净妙寺
京都五山	天龙寺	相国寺	建仁寺	东福寺	万寿寺

（来源：高介华《中国江南禅宗寺院建筑》）

在布局方面，日禅院竭力强调模仿江南宋风伽蓝格局不要走样。为追求伽蓝格局的精准仿照，日本高僧俊芿远渡而来，“亲临中华之寺模，兼寻西干之古风，建立精蓝之依规，钦仰三宝之如法[①]”。在大宋三年，俊芿对宋风禅寺规制耳濡目染，以至回国后所建的泉涌寺、建仁寺和东福寺在布局上与江南宋朝布局基本相同。正如宋元的江南禅院布局一样，日本禅院具备伽蓝格局的山门、佛殿、法堂、库院、僧堂五个要素，并且位置关系也大致相同。在此基础上，日本禅寺在山门左右增加了东司、宣明两要素，构成了伽蓝七堂制形式。例如，镰仓建长寺的基本格局与五山十刹图所示三大寺布局，有着本质性的统一，即中轴线上依次是“山门—佛殿—法堂—方丈”，佛殿前两侧库院与僧堂东西对峙。整个建长寺的格局，结构完整对称，纵横十字展开，深得宋式风范。

四、广东寺观园林与西南、闽南宫庙园林对比

西南地区与闽南地区是中国南方道教建筑较为聚集的两个点，其宫庙园林造园艺术风格在中国传统道教观庙园林中比较突出，极具代表性。一方面在于它们规模较大，形制依照皇宫而建，追求富丽堂皇。朱柱石雕，琉璃屋顶，甚至还有铸铜鎏金的神殿，例如武当山金顶、昆明太和宫金顶等，华丽程度丝毫不输于北方皇家园林。另一方面，它们有别于北方道观那般追求如佛寺的中轴之美，它们在建筑格局上，采用立体和自由的体块组合结构。青城山天师洞就是这种组合结构的体现，从它的外山门（五洞天）起，要经过若干起伏转折，才能到达内山门（古常道观）。此外，西南和闽南的观庙又多结合风景环境的景物构景，例如泉瀑溪流岩崖幽洞、奇峰异石、古木名树等，略施增饰形成人工的园林空间。可以说，西南和闽南的宫庙自成一派，具有浓郁的地方特色。下文通过几个实例分析，旨在找出其与广东寺观园林的异同点和内在原因。

昆明西山三清阁穿插于丛山之中，有如“庙在园中”（图3-5-6）其建筑群像天女散花一样，飘落在滇池崖畔的丛林之下，峭石之上。最高处建筑，离水面三百余米，恰似“仰笑宛离天五尺，凭临恰似水中央”。该宫庙采用了与平地庙宇截然不同的空间格局，各殿堂依山面水，各就其势，总的朝向汇聚于滇池的万顷碧波，具体修建，因应岩石的形状和大小而定。轴线不一、大小不同，背依峭壁，面向深池，或藏或露，各领风

① 出自《造泉涌寺观进疏》。

骚。登临纵目，俯瞰大千世界，在这里，冠冕园林的空间背依青山，面向阔湖、原野、城市，是“无极之外复无极”的茫茫天空宇宙。这空间预示着人对自然进取的有限和无限，而这一观念是两千多年前的庄周先生阐释的。

四川灌县的二王庙是“左回右转”于风景环境中的又一佳例（图3-5-7）。老君殿位于灌县二王庙后一陡峭突出的山嘴之上，尽管此地仅容立足，难以架屋，但却又处在庙宇的主轴线上，是建筑群体的制高点和景观序列的“尾声”，在构景上有很重要的作用。此殿采用凸出平面的高耸小殿适应地形，又让岩石插入其中，成为两层的祭坛，取得理想的立面和空间效果。而其余周围建筑，西侧送生堂、祖殿；北侧老君殿、魁星阁；东侧铁龙殿等，各随地势，左回右转，形成平面上的曲尺形布局，空间上的高低错落，层次井然，充分体现了西南宫庙因应复杂地形，而大胆采用自由立体的空间格局特点。而庙前是浩渺的江水、高悬的索桥，山水相依，庙宇处于风景画面的构图重心，俨然一座以山水为胜的风景名胜园林。

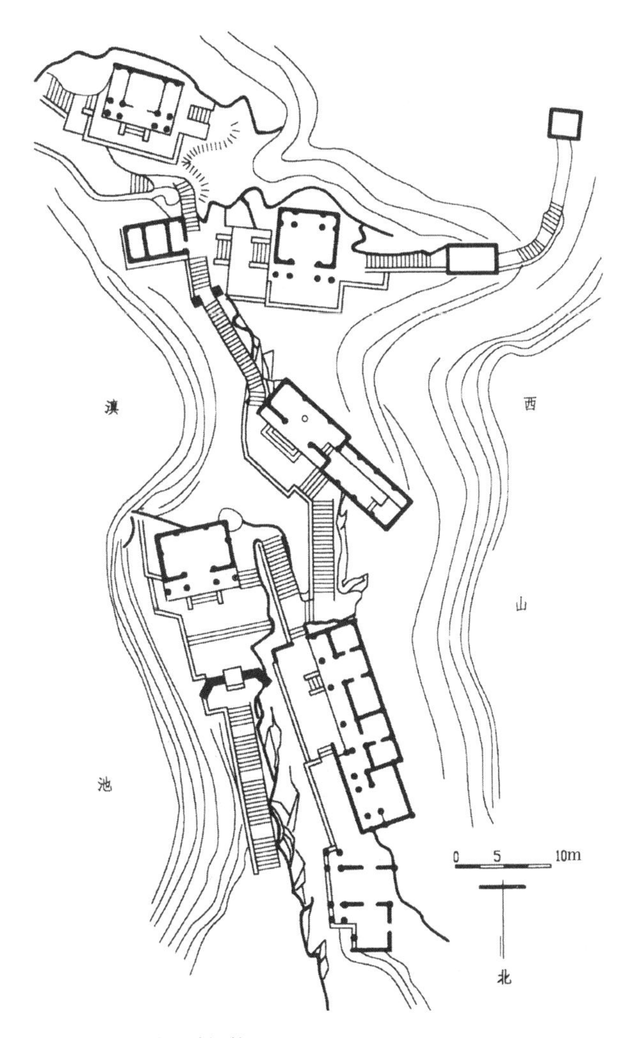

图3-5-6　昆明西山三清阁总平面图
（来源：引自高介华《中国古代苑园与文华》）

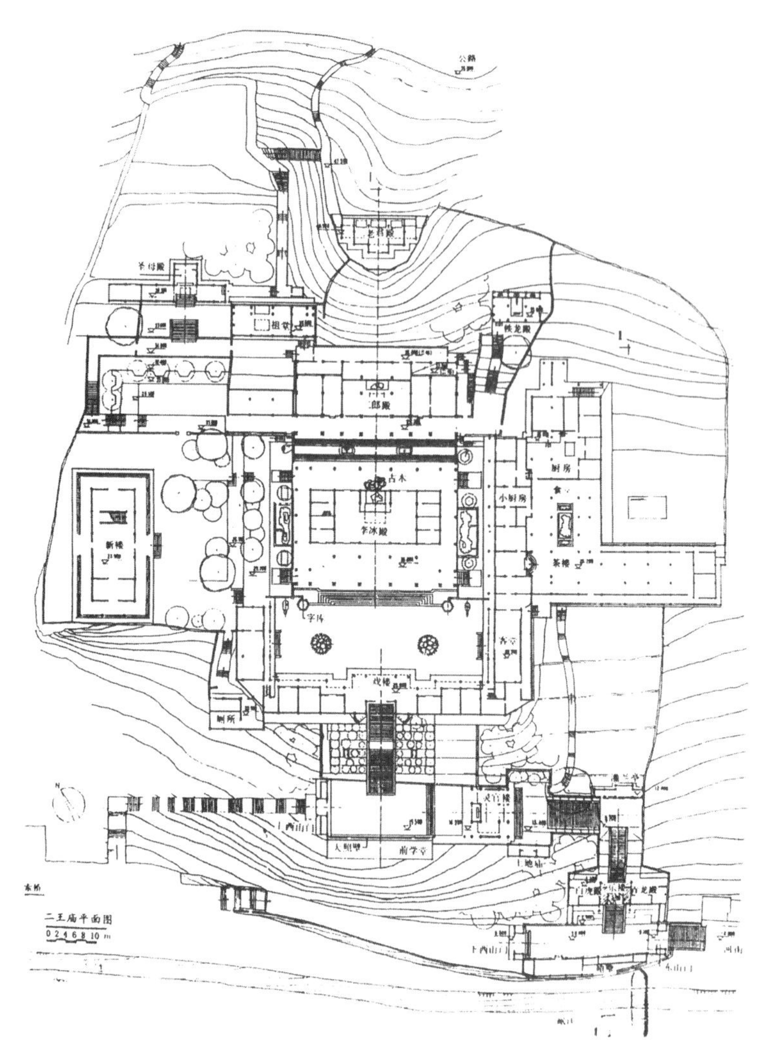

图3-5-7　四川灌县二王庙总平面图
（来源：引自冯钟平《中国园林建筑》）

福建泰宁甘露庵虽为佛庵，但是颇得西南宫庙园林格局之韵（图3-5-8）。它建在硫酸钙岩山脉之间，整个寺庙隐没于山洞之中。其建筑群借助山崖中部内凹的岩洞，搭接于半空之中，即便从蜃楼开始计算，离地也有30米以上，非常惊险，人们的视线由阁底的木柱引导向上，已完全处于仰视的状态。殿堂、库房等各个建筑单体依据岩石走势处在不同水平面上，之间通过廊桥连接，中部低矮，左右突出。甘露庵周围经过长期的自然侵蚀与风化而形成许多断崖和天然岩洞，利用如此环境构景，形成了一个山峰耸立，林茂谷深，山泉潺潺的、立体的、融于环境的寺观园林。

上述几例西南、闽南宫庙或寺庙实例，其园林化布局是我国传统观庙建筑园林化布局的一种典型，是因地制宜的范例。其文化根据是为“神”修建“神居”之地，再转化为人修炼养性之地，领略河山胜景之地，再后来则转化为人们赏心悦目的游览胜地，是社会与自然相联系的艺术空间领域。

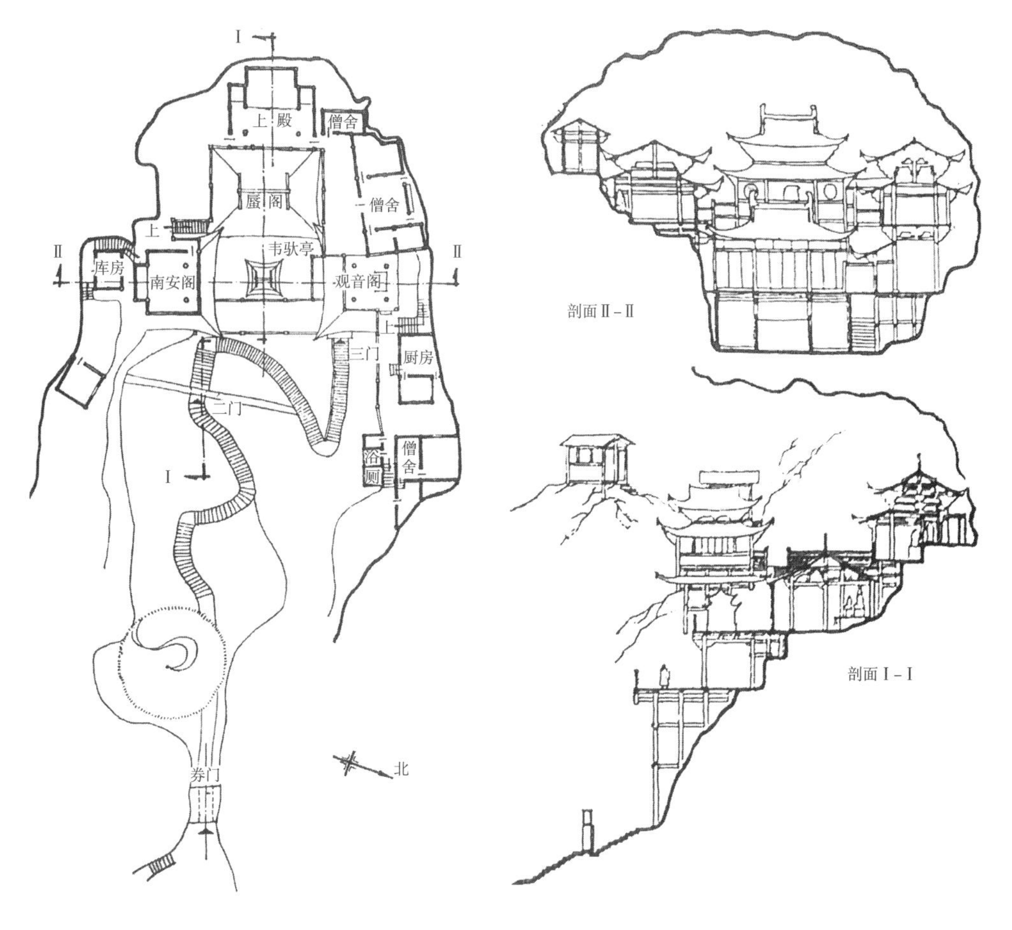

图3-5-8 福建泰宁甘露庵平面图、剖面图
（来源：引自冯钟平《中国园林建筑》）

五、四种寺观园林格局特点

综上所述，发现广东寺观园林、北方皇家寺庙园林、江南园林、西南及闽南宫庙园林、日本禅宗寺院园林，其基本格局都有佛寺“伽蓝七堂制”的缩影，即主要的楼阁呈中轴线状布置，规模大者呈三线并排状，库房、斋堂等生活设施多设置在轴线左右。并且在伽蓝格局上不断演变发展，或加大纵深，或横向分离出其他组团，或竖向立体化，逐步形成明显的地方特色。但是，四种寺观园林在格局上又相互影响，相互借鉴，其中最明显的几点，例如清朝皇家寺庙园林的园林建筑节点布置对江南山水禅宗寺院的模仿和浓缩化迁移，广东禅宗寺院对江南宋风禅寺格局的简化模仿，广东山林寺观和西南、闽南宫庙都善于采用立体、自由的空间组合结构等。广东寺观园林的造园特色，尤其是其空间格局，都能在上述园林中或多或少地找到一些影子，体现了广东寺观园林空间格局“介于其中”和“博纳折中”的鲜明特点。这与广东人开拓创新的价值取向、开放通融的社会心理、发散整合的思维方式和崇尚自然的审美理想是相符的。

总体上来说，北方皇家寺庙园林神佛观念强烈，规模庞大以显示贵族的权势和地位，平面格局十分规整，基本保留了完整的“伽蓝七堂制”格局，塔的地位依然显著，即便地位下降，仍多布置在中轴线之上，以自然山水作为依托，人工要素少，以远观园景为主；江南、日本禅宗园林基本以宋朝的伽蓝格局为蓝本，在此基础上将寺塔迁离寺院的中枢地带，从“以寺塔为中心”演变为“以佛殿为中心”再演变为“以佛殿+禅堂为中心”的格局，其规模多为中等或小型。景观设计方面自然和人工相结合，既有近景，又有远景，注重造园艺术，高雅飘逸、纤秀绮丽；西南、闽南的宫观营建思想源于中原地区，所以丛林格局构成同样追求中枢地带的轴线感和对称感，但是由于地形的复杂和险峻，纵深都不会很长，为适应地形，都采用多个不同水平面体块的自由组合，在园林艺术风格方面，有很浓厚的乡土气息，十分注重园林文化和意境的营造；广东寺观园林从整体上来说可谓介于上述三者其中，在格局上融汇了北方皇家园林、江南禅院和南方宫观的特点，形成“三宫”或“三宫两楼”的基本构成。同时，由于非常注重居住功能，寺观的造园风格颇为“世俗化”，环境处理方面人工痕迹很明显，多以近景、小景为主（表3-5-5）。

四类寺观园林比较分析　　表3-5-5

	广东寺观园林	北方皇家寺庙园林	江南与日本禅宗寺院园林	西南与闽南宫庙园林
指导思想	超然出尘、世俗烟火	神仙世界、信佛观念	归隐、逸世	归隐、与世无争
园林规模	小	大	中、小	中
主要功能性质	祭祀、居住、休闲、改善气候	朝政、居住、登高享乐	祭祀、礼学、居住、休闲、享乐	祭祀、修学、居住、休闲
园林特征	入世为主，物质享乐	权势、凌驾于世	出世与入世兼具，文化享乐	出世与入世兼具，文化享乐
明清时的最终基本格局	三宫、三宫两楼，殿堂带园林，有一定分割	伽蓝七堂制，中轴对称，宫殿、宅院区分明确	楼阁式格局、宋风伽蓝七堂制，中轴对称，宫殿、宅院区分明确	自由式，保留一定中轴对称，建筑组团之间组合有变化
设计原则	有限用地中扩大空间感，创造更多景色	用地广阔，大自然山水园林为主，结合一定人工构景	用地相对较大，大自然山水与人工园林相结合	用地相对较大，大自然山水与人工园林相结合
园林造景	以岭南山水自然景色为蓝本，创作组景、点景	以自然山水环境作背景，集仿各地名园胜迹于园中	仿天下山水自然景色	注重园林艺术的幽雅、文雅、以乡土风情景色为胜
观赏方式	静观、近景为主	动静结合、远景为主	动静结合、远近结合	静观、远近结合
艺术风格	清新活泼、雅俗共赏	庄严壮观、宏伟刚健	高雅飘逸、纤秀绮丽	空灵绝尘、文雅清旷
典型案例	广州三元宫、江门玉台寺	陕西法门寺、北海永安寺	宁波天童寺、日本镰仓建长寺	福建武夷山天游观、青城山天师洞

第四章

广东传统寺观园林的空间营造手法

广东古代的寺观在发展过程中，儒、道、释文化相容，与世俗大众结合，慢慢形成了自成体系的园林造园手法。在传统园林学研究中，园林造园的核心要素一般包括园林叠山、理水、建筑和植物四样。本书聚焦于寺观园林的环境利用和空间营造研究，下文将深度总结古代工匠如何巧妙运用上述四要素来进行空间营造。并归纳其对传统思想文化传承或现代园林设计方面的启示，以期为未来的研究提供借鉴作用。

第一节

“小寺征大观”的宏观环境处理

城市的私家园林，范围不大，空间容量小，建筑密集。要在有限的空间里，创造出“城市山林”的境界，往往采用小中见大的手法，造成空间的扩大感。山林中的寺观园林环境恰恰相反，其自然空间容量大，影响范围广，常波及寺外很远，甚至几座庙宇就占据整座名山。如此浩大的自然空间中，建筑密度甚微。要做到“千山抱一寺，一寺镇千山”，以比较少的建筑，控制比较大的景观场面。

《园冶·相地篇·江湖地》谈到江河岸边选址的原则：“略成小筑，足征大观”，这里的“小筑”是指一些规模较小的建筑或面积较小的园林，“大观”是指气势宏大的建筑群或者景观齐备的大型园林。其核心思想就是借助江湖视野开阔的地理优势，即便只是修筑几座亭廊台榭，也可以形成大观之境。

“寺观”之于“山川”，与“小筑”之于“大观”有着相似的内在对应关系。《园冶》的这段描述启发了我们，在寺观风景区的整体规划建设中，同样可以采用类似的经济而有效的选址手法，以少胜多，以有限人力，控制浩瀚的空间。

我国著名的寺庙风景区，例如峨眉、青城、普陀、九华等名山，都是以寺观园林结合风景名胜节点构成的立体的旅游系统。下文以惠州博罗县罗浮山为例，剖析其名山风景区的宏观环境处理手法。

一、分层布置，抢占名山风景关键点

根据《罗浮山风景名胜区总体规划修编（2004—2020）》的资料显示，罗浮山不同海拔高度的土壤和植被特征略有差异。海拔300米以下的低山丘陵为赤红壤、亚热带季雨林带；海拔300～600米的山地为山地红壤、常绿阔叶与针叶混交林，主要植物有壳斗科、樟科、山茶科、金缕梅科；海拔600～1000米的山地为山地黄壤、常绿阔叶次生林；海拔1100米以上山顶为灌丛草甸土、山顶矮林草甸，代表植物有五列木、杜鹃、吊钟花

等，1000米左右南坡山谷有油茶林分布。本书第三章提出了地貌环境特征对寺观园林构景的重要性，这里顺着这个思路，对罗浮山上冲寺观按照土壤和植被带进行水平分层，旨在找出其中的手法特征。通过进一步整理分析发现，山上寺观的选址布点都是经过精心考虑的，而且呈现出了分层特征，大体上可分为四个层级，具体如图4-1-1所示：

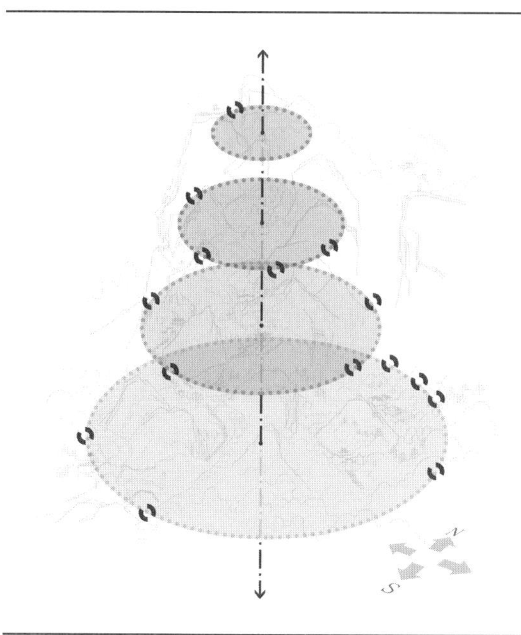

第一层次（海拔600~1200m）①
见日庵、拨云寺
第二层次（海拔300~600m）
太平寺、南楼寺、明月寺、大慈寺、佛迹寺
第三层次（海拔100~300m）
华首古寺、资福寺、黄龙观、白鹤观、孤青观、何仙观、延祥寺、宝积寺、法云寺
第四层次（海拔100m以下）
龙华寺、冲虚观、九天观、酥醪观、黄仙观、延祥寺、丛林观、延庆寺、龙华寺、香积寺、东林寺

图4-1-1　罗浮山寺观群立体分层景观控制示意

（一）第一层次（海拔600～1200m）——占据主峰制高点

山巅制高点地利之势，是视线吸引中心，而且具有全山最为广阔的水平和垂直景观视野，赏景范围广，可借的景多，故以小寺占据制高点，既获得突出的景观效果，成为风景区点睛之处，又可于此处极目四野，一览天下风光。

见日庵在罗浮山巅峰飞云顶之上，（唐）无名仙《题上界三峰》吟飞云顶：“千径岚光泾不开，洞中楼阁锁琼瑰。罗山万仞云中起，浮岛一峰天外来。五岳神仙多往复，九霄鸾鹤自徘徊。葛洪旧隐丹炉畔，掩映麻姑锦绣台。”一间小小的道庵，屹立在群山之首上。此处峰峦凸出，视野开阔，具有“高”“幻”“险”的构景特征，同时又山高风猛，草木不生，岩石坚硬峭壁险陡。道庵配合周围硬朗的地貌环境，构成优美的天际线，成为整个罗浮山风景区的构图重心，画龙点睛之处，颇有“小筑征大观”之感。每逢三更日出之时，“咿喔天鸟鸣，扶桑色昕昕。赤波千万里，涌出黄金轮②。”见日庵建在一千

① 本节文字中出现的罗浮山寺观海拔高度等数据，是作者结合自身测绘、古文献资料、Google等高线地图、《罗浮山风景名胜区总体规划（2011—2025）》《罗浮山风景名胜区总体规划修编（2004—2020）》等资料综合计算得出、部分数据有一定误差，仅供参考。

② 摘自（唐）刘禹锡《罗浮山夜半见日》。

两百多米的主峰上，虽然只是体量不大的茅草覆盖的陋屋，仅因为海拔的高挺，在此处目极千里，向西甚至可望西樵山和宛如玉带的珠江。

同样占据制高点的还有拨云寺，在飞云顶西北2.5公里处，是罗浮山地势最高之寺院。据《博罗县志》载："寺面东，背上界三峰[①]，左右层峦环卫，前有平冈如案，俗以形似，名五马归槽。"环绕诸峰似马，平整之台如槽。这里地势险要，有登高远眺之便。宋朝和清朝期所建的见日庵、子日亭等观日庵亭布置于寺庙周围最佳观景点，除了提供歇息处，借"下有千仞崖，上午五尺木"[②]之优势，可以从各个角度观赏雄山壮景，控制了拨云寺周边的景观和空间。方圆百里之内，目可及处，都可以看到拨云寺在山顶上的雄姿，建筑体量虽小，却辐射了如此远的距离，正是"以少胜多"的佳例，完美诠释了何为"一寺镇千山"。

（二）第二层次（海拔300～600m）——占据山脊走廊次高点

山脊走廊次高点，虽然险峻比不上峰峦，但海拔也相对较高。飞云顶为罗浮山"龙脉"顶部，而顺着"龙脉"而下的东侧山脊，脊两侧有丰富的景观资源，植被丰厚，山脊由西向东主要有分割"罗山"与"浮山"的湖[③]、源泉山、棋盘山、杜鹃坡、凤凰台、铁桥峰、分水坳、玉鹅峰、螺丝顶、百合破、玉女峰等山体或山坡关口，是一条视野开阔而且构景条件优越的"景观走廊"。山口与山口之间借景范围也很大，很容易与前后方的山道、对面或远处的山坡上形成对景，吸引香客游客。同时，东脊的九条分脊下方还形成了多处水源胜景，如飞龙泉、白水瀑布等。山峦和泉瀑配合，形成有远近、有动静、有大小、有疏密的丰富景观。

太平寺在西麓尖峰山上，以其周边凸起的峰峦背景著称，"尖峰"之名也是因山顶尖锐而起。寺院依山傍水，寺后苍松挺拔，延绵数里山径两侧；寺前一瀑飞泻，如万颗珍珠散落玉盘，为罗浮山又一"苍松飞涛"佳境。由于占据西山脊走廊的高度优势，寺院可以向外借景于上界三峰。三峰海拔次于飞云顶，达到1229米，两峰相距了约1.5公里，有铁桥峰相接，山峰轮廓如锥，十分迷人。屈大均称："飞云西有三峰，亦峭绝鼎峙，午夜可候日。每当雨雾，白云汹涌而出，大风荡漾，乍往乍回，若尚在大海之中，浮而未定。"唐代无名仙亦有题诗："罗山万仞云中起，浮岛一峰天外来。"可以想象太平寺向外观景时的巍峨景致。

（三）第三层次（海拔100～300m）——占据洞天水帘秀异点

"洞天"意念源自古代纬书的地理观，认为山中洞室可贯通，如人体的穴位，须贯

---

① 上界三峰，为罗浮山之巅，海拔1276米。
② 拨云寺处高风猛，树木矮小，多不超过五尺高。
③ （民国）《博罗县志》有曰："罗浮山顶有湖，环以嘉植。"

通才使人具生气，与魏晋道人修行、养生的经验相通。洞天在道教语还指山体包围的平地，像母体般与天地气脉交通，融仙山、洞穴、道治设置为整体的环境。“洞”景是数山围合的环境；景群是由若干相关景点构成，为历代道士，勤修留下的人文景观、历史文物和神话传说。洞天之中若如无为出路，仅有一天入道者，又称为“壶天”或“壶中”。南朝上清派代表，梁代的陶弘景所作《真诰》是现存最早记载三十六洞天的文献，该书把“洞天”分为“三十六”。东晋《道迹经》云：“五岳及名山皆有洞室。”罗浮山的朱明洞天则在十大洞天排行第七。

罗浮山海拔100~300米处是洞天、灵泉最为聚集的层次，东坡、南坡有黄龙洞、观源洞、白云洞、老人峰、滴水岩、八卦台、瑶石台等，西坡、北坡环境更幽森，蒲涧、神游涧等山溪穿插错落，幽岩灵石，一草一木，都颇有仙缘。罗浮山虽然佛道共存、但是这一个层次的庙宇以道观、道庵居多，林超慧博士通过研究发现：“罗浮山中18处洞天奇景，道教宫观及遗址大约占了11个，分别为朱明洞、黄龙洞、酥醪洞、水帘洞、观源洞、幽居洞、蓬莱洞、狮子洞、石洞、野人洞、蝴蝶洞等。‘洞天’是气水相连聚集的地方，与飞云顶上的天然湖泊，有着缓缓的连接”①。本书根据此观点，认为造成此层次道观数量比佛寺多的主要原因是佛门希望吸引香客、传播禅学，交通便利处，视野开阔处是相地补点首选；而道士则希望静心悟道，不希望被打扰，因此选址都较为隐蔽。洞天水帘秀异点，“洞天”“水帘”“瀑布”密布，提供了一个隐蔽神秘的大自然环境，水声隆隆，视野阻隔，大有“山重水复疑无路”之感，让人折返而回。因此，罗浮山上的众多道观、道庵抢占海拔一百多米至三百米这个古木幽森的地段，与道家丹客弃世修行、清贫寡欲、追求神仙境界的理想特征是相吻合的。（表4-1-1）

罗浮山主要道观、佛寺及其所在洞天水资源　　表4-1-1

寺观名	冲虚观	黄龙观、华首寺	白鹤观	何仙观	西华道院	九天观	茶山观	酥醪观	南楼寺
洞天	朱明洞	黄龙洞	朱明洞	云峰岩水帘洞	明福洞	明福洞	蓬莱洞	酥醪洞	朝元洞
瀑布	√	√√	√	√			√√√	√	
泉	√				√	√	√	√	
潭		√		√√			√√	√	√

注：几个√表示有几处瀑布。

从借景角度来讲，这一个层次既不缺乏峰峦、山脊或裸岩作为构图背景，又有丰富的水景资源，坡度相对较缓，地形变化也大，会给人清新奇异的强烈感受。只需要以一些小体量的建筑或构筑物占据秀异的节点，自然环境美在人工点缀的烘托之下，更使原本优美的景色更加醒目，增添异彩。

① 林超慧. 惠州道教建筑研究［D］. 广州：华南理工大学，2017.

黄龙观周围建了十座凉亭，如众星拱月般点缀着黄龙古观和黄龙洞天。观内有六亭，妙观亭在黄龙观门东侧，连接了黄龙观东侧长廊，是一座六角六柱双托凉亭。红柱黄瓦，飞檐拱日。一个“观”字，简练地点明了此亭之妙在于可远眺观外之景。苍松翠竹，阡陌纵横，炊烟袅袅，田涛碧绿。从观内的神仙洞府走出来，车水马龙的凡尘世俗，令人有心旷神怡之感。远观亭在黄龙观门西侧，与妙观亭东西对峙，其造型、功能、意境与前者如出一辙。见圣亭在黄龙观东侧绿林之中，为六角双托凉亭。飞檐斗栱，与重峦叠嶂融为一体，显得格外清秀。见圣亭上方50米处的慈恩亭，花岗岩石柱，琉璃绿瓦，肃穆端庄，处处流露出怀念先师哺乳之恩情。再往上30米处的先哲亭是一座双层六角凉亭，登上二层可以目穷千里，亭后层峦叠嶂，翠柏苍松，在白云朵朵、灵香缕缕映衬之下，给人一种自然山水美，俗世之忧喜、人情之冷暖、名利之得失、尘世之苦乐，全都抛到九霄云外。观外四亭观瀑亭、龙珠亭、筱驻亭、半山亭都建在黄龙瀑布周围，此地山石嶙峋、羊肠小道，石蹬级级，可近观黄龙瀑布自崖顶溪涧狂泻而下，直冲谷底，蔚为壮观。黄龙观外自然景色幽深高雅、清净秀异，除了黄龙观十亭之外，还有一处以构筑物点景的“道德门”。它位于秒莲池下端山谷，沿崎岖小径蜿蜒而下，黄龙瀑布汇合处溪流东边一牌楼式门楼，青砖砌墙，碧瓦为盖，石柱为门，两侧砖墙为屏。结合地貌点缀了自然环境，标志着寻幽访胜之旅的开始，“山环水绕神仙境，鹤舞龙腾道德门①”，是“以小证大”的佳例。

何仙观位于云峰岩前水帘洞之内，其周边水资源丰富。洞上方为大龙潭、小龙潭；为药槽、石臼；为大水帘、小水帘，皆一瀑布也。平时瀑声隆隆如雷声，下雨时更是如怒虹奔龙，让人以为这里是绝路，顿足返回。但事实上，山涧之下有一曲径，路越险，境越奇。如此仙境，吸引了历代文人墨客来此访胜寻幽。宋代有诗赞曰：“仙人开碧户，玉液泻潺淙。飞流散珠玑，洒落随天风……”②正因为此地层峦叠翠、瀑溅泉涌、鹤舞蝉鸣、曲径通幽，归隐之士、修道之人多在此筑庵而居。宋代道士邹师正在《罗浮指掌图记》中指出：“水帘洞山间水石最胜。”在如此清净之地建观立祠，侍奉仙人，确实是最适合不过了。

（四）第四层次（海拔100米以下）——占据山线平缓立基点

第四层次地貌特点非常鲜明，一是地势平缓、道路多且宽阔、空间比较平远、水平视野广阔，二是往往伴随有山溪的出入口，或者坐拥较大面积的湖、潭水面。如此地形，对作为上山形成起点的寺观而言，在构景方面有利有弊。利在于可以结合地形打造不同于山上寺观的山林景观，弊端体现在建筑只能散点分布于山麓低洼处，风景单调重复，寺与寺之间行程又太长，游人容易因景色单调贫乏而感到荒僻冷清，产生疲劳或厌

① 摘自黄龙观道德门门框石柱上门联。
② 摘自（宋）惠州知府郑康佐之诗。

恶感。因此在构景上充分利用地势较缓、视野开阔的优势，借助自然环境或一些景观构筑物占据交通要冲，即上山游线的立基点。仅仅占此一点，却能同时吸引几个方向的视线，成为几条上山路途中的对景，形成平稳的景观。例如，冲虚观是古时罗浮山东坡多条上山交通的交会起点处，在观前白莲湖筑会仙桥和湖心亭，成为通往蓬莱洞、泉源洞、东坡亭等多条上山路及其北方冲虚观的视线收束中心，同时控制了西南、西北、北三个方向优雅的风景。

二、点、线、面相结合的立体布局

（一）景胜处构筑景观节点

宗教名山环境之中，建筑和自然景观构成的风景点是控制山林空间的基本单元。风景点的控制有两方面，一是作为被观赏的景观，成为周围环境中游人视线的吸引中心；二是作为对周围风景的观赏点，让游人的视线“扫描”着环境。此两方面视线所控制的范围，即该点所控制的自然环境。

罗浮山丛林环境中的景观点，有大有小，大者以整个寺院作为节点，小者可以是一亭一台。这些景观节点采用散点布局，每一景观节点独占一方，在自然山林环境中成景、点景、填补空白，提供对景，成为寺观外围的风景单元，尽可能地扩大寺观的风景控制范围。例如，华首寺山下约500米处的“妙境仙都”牌楼，成为黄龙洞天区域众寺观的“前哨”。在此向山上眺望，华首寺、黄龙观二庙隐没于葱茏翠绿的山林之中，黄龙洞瀑布水声潺潺似在眼前却又无法一睹其庐山真容，华首寺佛塔高高耸立与华首台上，与此牌楼互成对景，拉大了寺院的控制范围。游人至此，更感觉寺观濒临。景观节点的控制，还有诸如前文提到的飞云顶见日庵、黄龙观十亭等都为佳例。

（二）四线并联，坐落名山优良风景面

线的控制是点的控制的延伸，园林环境的景观节点以道路串联，形成游览线。这条线所控制的道路周围环境空间，就是线的控制范围。寺观园林名山之中，常常要沿交通主干道散点布置风景建筑，构成一个个观赏点和休息点。它们组成有机连续的游览线。这些游览线不但控制了游览上山方向，还具有疏导人流量、组织交通等功能。此外，还能把孤立分散的景观镜头一脉相连，形成有起有伏、有主有从的山线风景序列。这种做法的高明之处在于以少量的建筑（小筑），形成寺院的外部扩展和延伸（大路），从而控制山林的自然环境空间。

结合罗浮山地形图并经过实地调研考证，笔者发现东南坡山势陡峭，峻碧奇石景观资源丰富，借景条件良好，同时洞天水源条件也比较良好；而西北坡山势较缓，景观特异点较少，但水瀑泉湖资源非常丰富。林超慧博士在其论文《惠州道教建筑研究》中根

据推算模拟出罗浮山全真道人徒步路径4个走向，共6条分线[①]。本书基于此研究成果，进一步归纳和分析，认为罗浮山具有景观点控制特性的上山游线主要有4条，其沿线的主要景观节点整理如表4-1-2所示：

罗浮山四条上山游线　　表4-1-2

上山线1（南往北）		上山线2（东南往西北）		上山线3（东往西）		上山线4（北往南）	
	花手寺（起）		白鹤观（起）		九天观（起）		酥醪观（起）
	黄龙观		灵妙洞		明福洞		酿泉
	隐翠岩		何仙观		朱明洞		七姐潭
	黄龙洞瀑布		冲虚观		冲虚观		白水门瀑布
	八卦洞		幽居谷		幽居谷		五马归槽
	蘑菇石		鹰嘴岩		鹰嘴岩		流云谷
	玉鹅峰		燕子岩		燕子岩		上界三峰
	分水坳		螺丝钉		百合坡		流水谷
	飞云顶（终）		玉鹅峰		凤凰台		飞云顶（终）
—	—		分水坳		棋盘石	—	—
—	—		聚霞峰		聚霞峰	—	—
—	—		飞云顶（终）		飞云顶（终）	—	—

① 林超慧．惠州道教建筑研究［D］．广州：华南理工大学，2017.

由图4-1-2发现，4条上山线中有3条分布于东南坡，分别以南麓花手寺、东麓的白鹤观和九天观为起点，沿东侧山脊走廊上至巅峰飞云顶。这3条上山线的共同特征是前半程以水源洞天灵泉景观为主，是为“藏”景、“近”景，后半程则以岩壁峻峦山谷景观为主，是为“露”景、“远”景；另外一条上山线以北坡酥醪观为起点，向南攀登至中央山岳之巅。该北线沿途有丰富的瀑布、溪涧和泉眼景观，是以“水”景、“声”景为胜的路线，但是路途较长，沿线园林小品少，是一条较为天然的上山线。不难发现，四条游线景观主体明确，布置巧妙合理，只以少量的建筑、较短的路程就把孤立分散在沿途的最优风景两点相连起来，形成有起有伏、有主有次的上山风景序列。另外需要说明的是，林超慧博士推断还有一条全真道人徒步路径为“茶山观下瀑—黄仙洞—茶山观—茶山观三瀑—茶山观二瀑—茶山观一瀑”，不难发现这是一条穿插于水帘瀑布之间的水路，但由于路程较短，遗迹较难考证，本书不作过多论述。

罗浮山东南坡如前文所述，水、洞穴等资源非常丰富，是寺观选址中所谓的“仙境”所在，另外由于坡度较大，视野相对西北坡较为开阔，也是全山构景条件最佳之地。而上述这三条“东南—西北”走向的景观线正好占据了这里，自然而然地形成一个优良的风景面。赵光辉在著作《中国寺庙的园林环境》中指出：“景观面的控制是由多个风景点、多条上山景观线组成的点面结合的景观控制。寺观名山中景观面的控制范围较集中，景观建筑相对密集，常常围绕着寺庙，形成山林中宗教活动和游乐食宿等多种

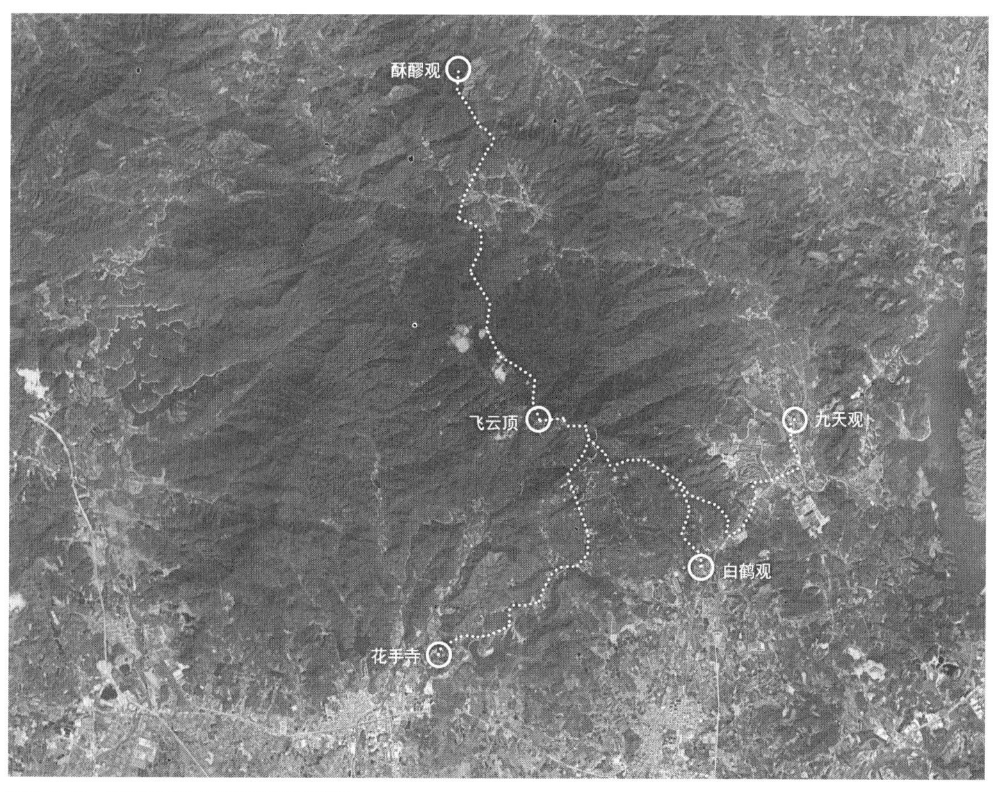

图4-1-2　罗浮山4条上山线走势示意图

旅游生活的中心。”研究发现赵先生的论点跟罗浮山景观面组成情况很吻合，三条景观线上各处园林建筑，分兵把守景胜节点要害处，结合东南坡地形，有分有合地布置景观建筑，形成一个大的风景控制面。

面的控制再往上是全局控制。罗浮山方圆2140平方公里，大小山峰432座，主峰高达1200米，飞瀑名泉多达980多处，洞天奇景18处，石室幽岩72个。山上9观、18寺、22庵与如此胜迹相比微不足道，简直小如尘沫。尽管如此，通过控制全山最优的东南向风景面，进而对北坡的整个罗浮山环境空间形成控制，充分体现了“以小证大”“以少胜多”等布局之妙。山外九天观、酥醪观、花手寺和白鹤观是进入宗教丛林的准备，4条上山游览线把不同标高上的主要道观、佛寺串联起来，地势较低的黄龙洞、明福洞风、朱明洞等洞天水帘与较高处的峰岩作为全山风景特异点，成为上山游线的高潮。游线末端主峰飞云顶，居高临下，可“看”与“被看”山内外风光，是整座山的收束和回澜，还有南楼寺、茶山观等藏于主山脉之下的寺观作为景观面的外延，各处作为点缀的园林小品更是不胜枚举。这些点、线、面，水平和竖向的组合，形成了立体的旅游景观系统。总之，罗浮山方圆数百平方公里，规模之大，让人敬畏，仅以9观、18寺、22庵以及一些山亭，以一敌百，充分发挥了小寺在浩瀚的自然山林空间中的作用，控制了整座名山的景观。

综上所述，以全局眼光看罗浮山的寺观布局，不难发现其中“小寺征大观”的宏观环境控制手法。在空间容量庞大的名山风景胜地之中，以多个寺庙或园林建筑小品作为景观节点，以行走游线串联节点成为景观线，再以多条景观线穿插组成以寺观为构景核心的风景面，风景面按自然山势高低起落，构成立体结构的风景游赏区，从而控制住整座名山的景观全局。这与我国其他宗教名山，例如四川峨眉山、山西五台山、安徽九华山、浙江普陀山等具有相似的立体结构，都是以寺观园林环境和自然风景点相辅相成的一个点、线、面结合的立体空间结构。

第二节

“人工和天韵合一”的建筑构图比例控制

寺观建筑受到哲理基础、宗法制度、儒道学说、玄学观念等因素影响，形成了不同于其他类型建筑的基本形制，再加上当地技术、材料、审美等制约而彰显出浓烈的地方特色。总体来说，广东寺观园林的建筑凸显得最明显的地域性特点是结合人工和天韵，控制建筑构图比例，让整个寺观园林的景观构成“和谐稳定”。研究它、借鉴它，将有助于我国社会主义的、具有民族特色的南方地区园林的创造。

一、稳定和谐的建筑单体构图

（一）建筑体量“化整为零”

计成《园冶·兴造论》中提到“园林巧于‘因’‘借’，精在‘体’‘宜’，愈非匠作可为，亦非主人所能自主者”，主要表达了一种要巧妙地因地制宜、借助可以利用的景色、要让院内建筑物的高低大小、形状式样都合适的造园指导思想。合宜的建筑体量，是园林造景中协调人工和自然的关键。除了满足建筑功能的要求外，还直接受自然景观地貌的影响。一般来说，地面宽阔，观赏视距远，环境空间容量大，建筑体量也可大；地势险峻狭窄，观赏视距近，环境空间容量小，建筑的体量也应该相应缩小，否则建筑与环境不协调，损害自然景色而韵味尽失。

广东寺观园林缩小建筑体量的方法是化整为零，即把大体块分切为数个小体块，从而削减过大的体量感（图4–2–1）。具体来说又可以分为两种处理方法：

一是将庞大的屋顶化整为零。例如鼎湖山庆云寺，其大雄宝殿、藏经阁、若干禅房和客堂等被整合为一个整体的大型建筑，若采用一个大屋顶，会导致体量过大、高度过高。因此，屋顶采用了前后叠层的勾连搭硬山顶，有效地减少了建筑高度，使大雄宝殿视距比达到1∶1，尺度与环境融洽，使人感到亲切近人。

二是将冗长的面阔化整为零。例如三元宫的三元宝殿面阔五开间18.4米，正脊高11.3米，在进深仅有15.8米的院落中显得格外笨重。然而，工匠巧妙地在前方架设外廊，钟鼓楼分立外廊两侧、大殿之前，起到遮挡和分割大殿面阔的作用，此举既丰富且突出了立面形象，又改善了大殿体量硕大笨重的形象，构成别致的景观。（图4–2–2）

再例如，罗浮山酥醪观大殿朝向内部天井一侧有一处令台伸出（图4–2–3），为道观训示徒众、打醮传经之处。花岗岩台座上建有一琉璃瓦覆顶的拜亭，高7.4米、长5.45米、宽4.75米。拜亭屋顶、立柱、栏杆和台基不大不小的体量起到了遮挡作用，在视觉

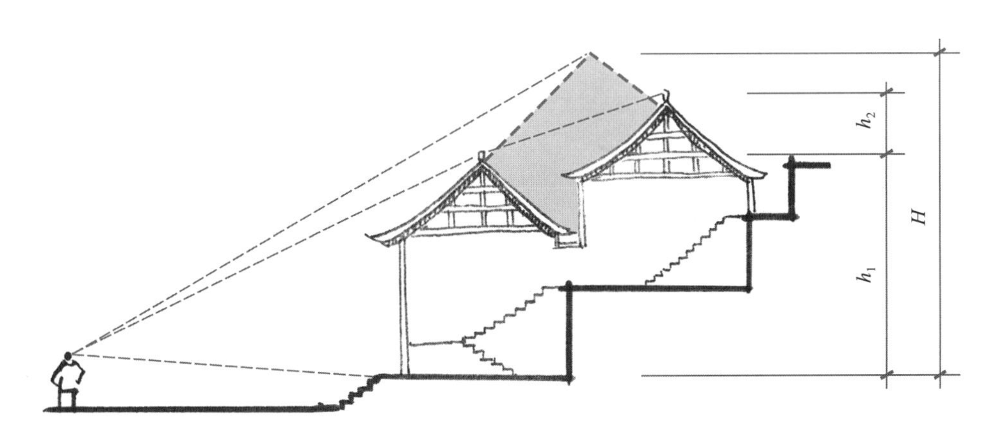

h_1=屋顶分块后的建筑高度；h_2=前、后屋高差（被遮挡）；H=采用大屋顶时的建筑高度

图4–2–1　国恩寺屋顶化整为零减小体量

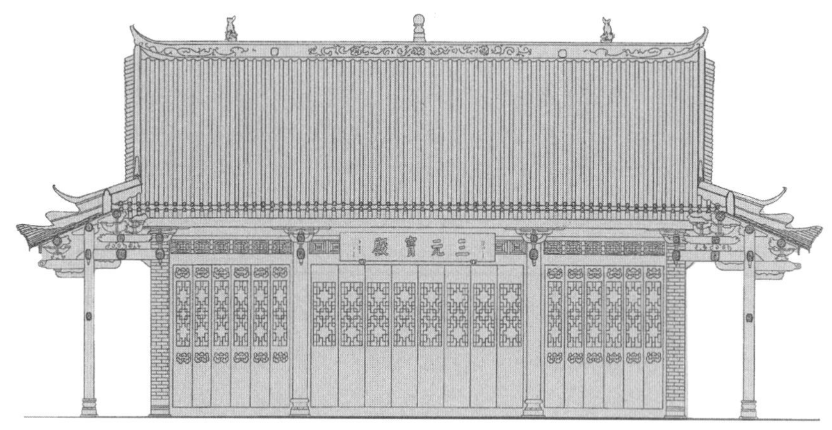

广州三元宫的大殿三元宝殿，未经轻量化处理前，体型显得硕大笨重

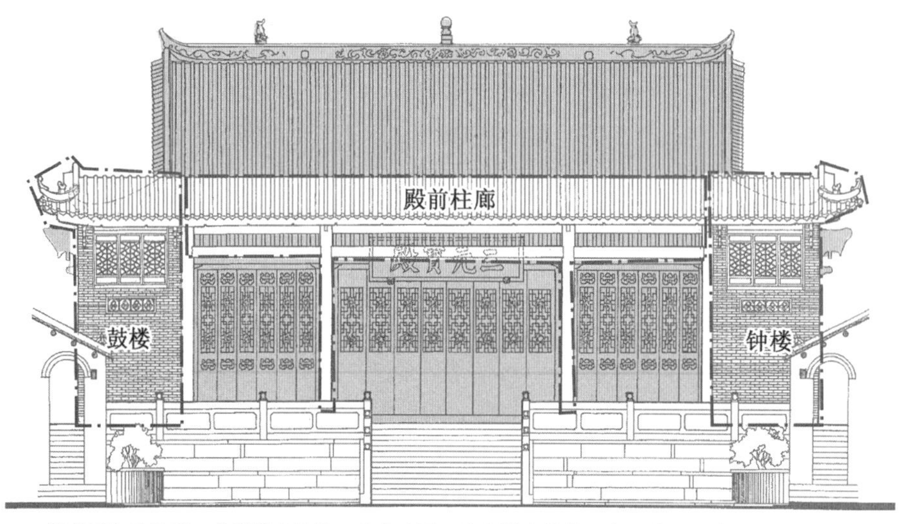

殿前添加钟鼓楼、外廊等小体块，化整为零，让大殿建筑体量产生缩小的感觉，立面丰富

图4-2-2　三元宫大殿以廊和钟鼓楼分割过大屋面和过长面阔，减小建筑体量感

（来源：作者自绘，底图引自汤国华《岭南历史建筑测绘图选集（一）》）

图4-2-3　酥醪观大殿前拜亭与元妙观拜亭

（来源：左：引自陆琦《广东古建筑》、右：作者拍摄）

观感上弱化了大殿过大的立面。其他类似的处理，还有惠州元妙观山门屋宇向内一侧的拜亭、乳源云门寺大殿前方的拜亭等。

（二）以“圆形体系”为主的建筑形体比例

《周髀算经》有记载：“周公曰，请问用矩之道，商高曰，平矩以准绳，但矩以望高，覆矩以测深，卧矩以知远，环矩以为圆，合矩以为方”“方属地，圆属天，天圆地方。方数为典，以方为圆”[①]。由此可知，古代中国数与形有着密切关系。后又有《淮南子》：“天困地方道在中央”“天道曰圆、地道曰方，方者主幽，圆者主明”[②]，把数、形、天地、阴、阳都联系了起来。有鉴于此，经过大量建筑学界专家学者的研究，普遍认为：古代建筑，尤其是宫殿、坛庙、佛寺道观等大型建筑都要模拟天上形象，其比例常用“天数”，城楼陵寝等用“地数”，即所谓的天圆地方。陆元鼎先生指出，古代建筑构图中亦可根据形状之方圆分为圆形和方形两大体系。

本书通过图解广东寺观园林建筑形象的方法，即用控制点、控制线的方法来找出其中蕴藏的比例关系。经过对比整理测绘资料发现，广东寺观园林的建筑构图大都采用圆形体系，例如广州海幢寺（图4-2-4）、光孝寺（图4-2-5）和潮州开元寺（图4-2-6）大雄宝殿，建筑外轮廓节点都在一个半圆之上，夹角30°、45°均为圆形体系的夹角[③]。圆形、半圆、扇形或等腰三角形体型完整、比例严谨，故具有良好的稳定状态。正如陆元鼎先生所指出：“30°、45°、60°等数值无论从力学与结构上，或视觉与美感上都是属于最佳状态。”寺塔建筑的构图则以平面半径为准，例如从六榕寺花塔的平面结构

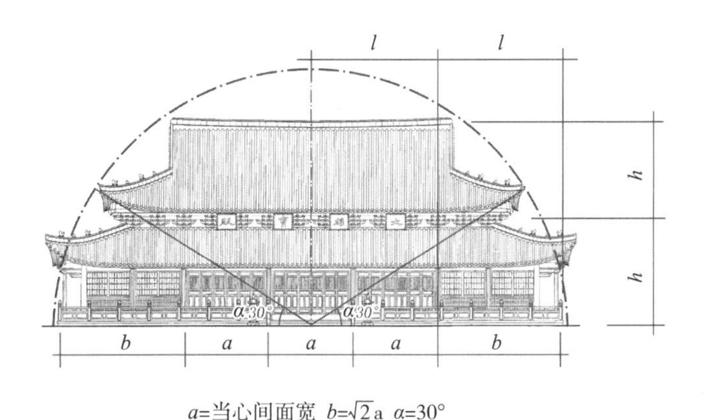

a=当心间面宽 $b=\sqrt{2}a$ $\alpha=30°$

图4-2-4 广州海幢寺大雄宝殿立面构图

（来源：作者自绘，底图引自汤国华《岭南历史建筑测绘图选集（一）》）

① 《周髀算经》是算经的十书之一。中国最古老的天文学和数学著作，约成书于公元前1世纪，主要阐明当时的盖天说和四分历法。

② 《淮南子》是西汉皇族淮南王刘安及其门客集体编写的一部哲学著作，属于杂家作品。在继承先秦道家思想的基础上，糅合了阴阳、墨、法和一部分儒家思想，但主要的宗旨属于道家。

③ 陆元鼎《中国传统建筑构图的特征、比例与稳定》中指出，30°，45°，60°为圆形体系的构图连线夹角，53.13°、43.6°为方形体系的构图连线夹。

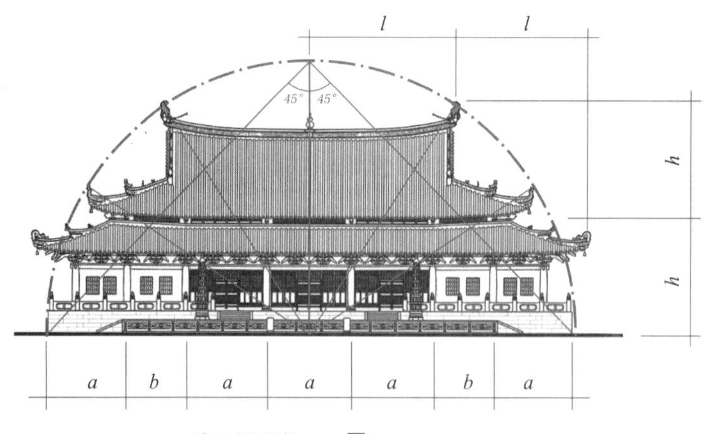

a=当心间面宽；$a=\sqrt{2}b$；α=45°

图4-2-5 广州光孝寺大雄宝殿立面构图
（来源：自绘，底图引自程建军《梓人绳墨》）

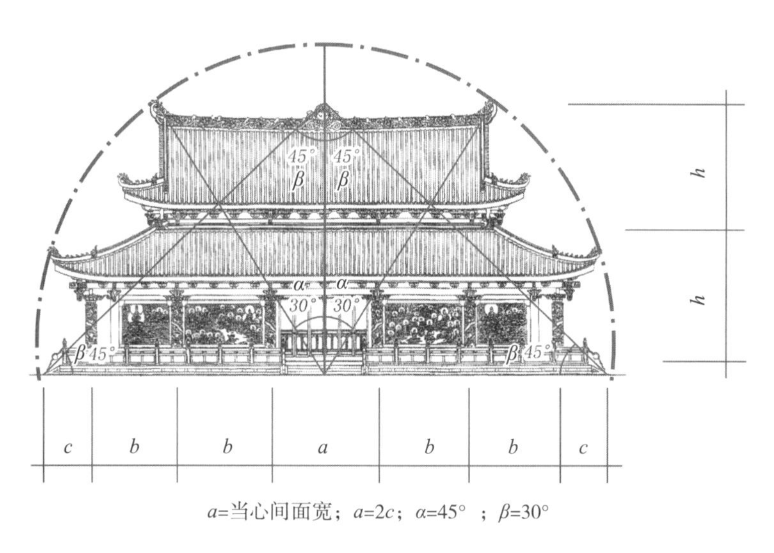

a=当心间面宽；$a=2c$；α=45°；β=30°

图4-2-6 潮州开元寺大雄宝殿立面构图
（来源：自绘，底图引自达亮《潮州开元寺》）

（图4–2–7）可以清楚地观察到。此外，大殿柱间距，柱高等关系上存在$\sqrt{2}$的倍数关系，它是短边长为1的等腰直角三角形的斜边长，也是符合圆形体系构图美感的。

除了主要殿堂、寺塔等传统宗教建筑外，一些园林建筑在造型构图上亦遵循着圆形体系，例如六榕寺的补榕亭（图4–2–8），立柱和琉璃瓦歇山顶高度同为h，屋顶横面三段同样有$\sqrt{2}$的倍数关系，屋檐角点和台基中点连线成45°，使补榕亭在视觉上非常和谐稳定。广东寺观园林中以圆形体系设计建筑造型的案例还有很多，限于篇幅，本书不再赘述。

（三）与环境相协调的材料、色彩及质感

宗教空间作为寺观园林的核心区域，宗教建筑的稳定性决定了寺观园林景观构图的稳定性。上文中建筑体量和造型体系只是从建筑单体出发构建自身的稳定性，但事实

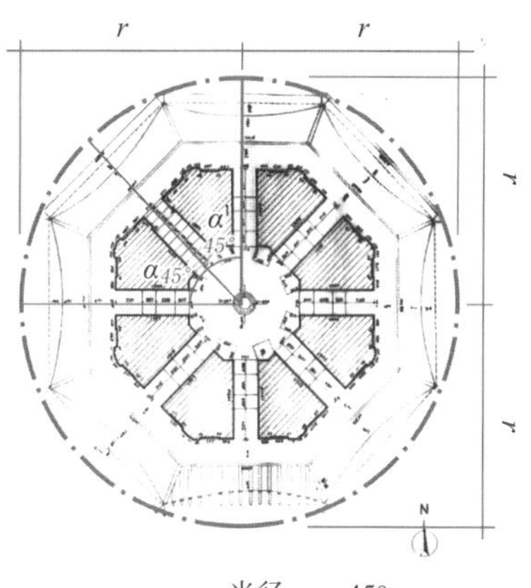

图4-2-7　广州六榕寺花塔第九层平面构图
（来源：自绘，底图引自程建军《梓人绳墨》）

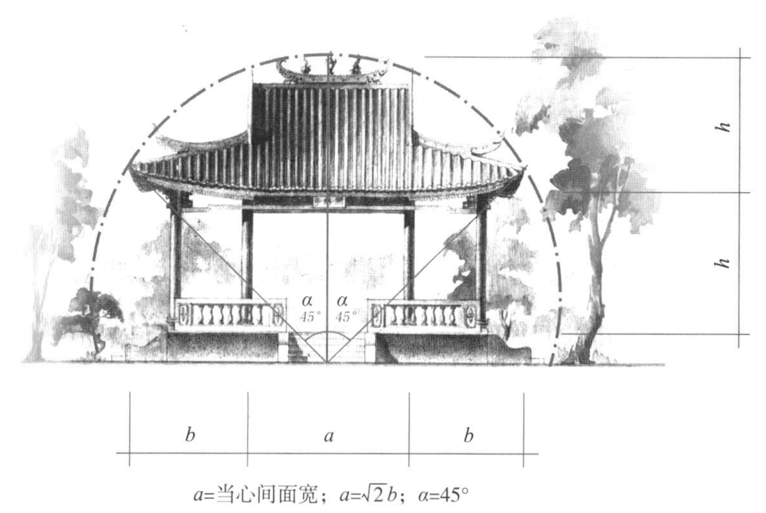

图4-2-8　广州六榕寺补榕亭立面构图
（来源：自绘，底图引自程建军《梓人绳墨》）

光孝寺大雄宝殿建筑材料、色彩及质感对比　　表4-2-1

部位	体型	材料	色彩	印象	线条	肌理
屋顶	重檐庑殿顶	琉璃瓦	黄	光亮	竖向	简单
柱	七开间柱廊	木	暗红	中间	竖向	简单
墙	密闭墙身	砖	白	中间	横竖结合	简单
台基	一层汉白玉须弥座	石	灰白	沉重	横向	复杂

上，材料、色彩、质感等要素与寺观环境的相协调都对建筑的稳定性起着至关重要的作用（表4-2-1）。

广东寺观园林中在色彩和材料上与环境适应的案例有很多，例如丹霞山上众岩壁洞窟寺观的门窗墙柱用暗红基调来配合周围红砂岩风化洞穴的环境质感，显得自然又亲切。还有一些山地寺观尽量避免采用宗教建筑惯用的宫殿式风格以及豪华昂贵的建筑材料，这是因为红黄高亮的颜色与山林青葱的颜色相冲突，格格不入。所以，除了粤北和粤东少数寺观受到地方建筑风格的影响之外，相当多的广东寺观园林都采取朴实、素雅的颜色和材料。例如，清远峡山的飞霞洞古道观散发着浓厚的岭南民居建筑特色，深褐瓦屋顶清水砖墙反光小，色彩青灰暗淡，在阳光照射下凸显出重量感。原本质朴典雅的宅居厅堂改建为供奉三仙的正殿，成为一栋别致的山居别墅，亭亭玉立在清净的山林之中。还有诸如潮州开元寺提取潮汕民居、梅州灵光寺提取客家民居要素，都说明了广东寺观园林的建筑风格，在一步步世俗化的过程中，越来越注重结合生活气息和环境特色。

还有需要注意的一点是殿堂建筑的台基，虽然在整个寺观园林中所处的地位并不显著，但是对于建筑体量的稳定有不可忽视的重要作用。

广东寺观园林中大殿的台基通常是灰白色，色彩重量感较轻，所以为了加强稳定感，除了用砖石等硬质材料之外，还会通过加宽、加大基座突出立柱的距离或者增加台基纹理的线条肌理来获取稳定感。上述例子均可以证明这个观点。

二、人工斧凿配合地形环境壮大重点建筑形象

《园冶·相地篇》提到："园地唯山林最胜"。从许多广东现存山林地寺观园林实例来看，多有凭借自然环境极为幽静的山林地貌，建筑群落沿着长轴线展开，逐步升高，并以本书第四章提到的游廊、墙垣、石蹬等为媒介，把各单体建筑连接成为建筑组群，形成一系列的空间院落，再加上葱茏的林木和水石衬托，园林气氛更为浓郁。如西樵山宝峰寺天王殿后，两侧爬山廊紧贴厢房分数段往上攀升，透过通廊向上望去，两边层层重叠飞舞的挑檐翼角，向上收敛的石级石栏，在半山殿宇的映衬下，构成雄伟的仰视景观。陆丰青云山定光寺是另一佳例，建筑随着地形的起伏变化沿着一条长轴线展开，自前至后逐层升高，建筑参差错落，围合形成的七个院落空间交替咬合，两侧以粉墙相连，中部有踏步和游廊相通，两侧种植花木，虽为寺院，但园林气氛极浓。

但是，单纯依赖地形高差布置建筑，整体构图受地貌约束，或会导致主从关系不明显，景观重点不突出等问题。应该在原有地貌上略施斧凿，人工配合天韵，突出重点建筑，强调中心院落空间，使宗教建筑群落构图更为完整和谐。

广东寺观园林在应对此问题时具体手法有三，一是利用石蹬、跨骑、多层等手段取得威严的入口形象；二是控制院落视距比，突出中心，取得构图均衡；三是配合环境天韵烘衬建筑硬朗形象。具体做法如下：

（一）利用石蹬、跨骑、多层等手段取得威严的入口形象

寺观的山门、天王殿往往是寺园的门面形象，为了营造威严庄重的气势，广东寺观园林常常会综合运用陡石蹬、跨骑、多层等手段使入口建筑获得更高耸挺拔的形象。

首先，南方寺观园林中的建筑高度不及北方般厚重雄伟，一味地加高建筑高度或宽度显然与南方园林建筑风格相悖。其次，广东寺观往往用地局促，入口处高差很大，如果挖填取平工程量太大，不符合“自然天成”的造园思想，干脆采用直上直下的石蹬，山门建筑向外推，跨骑在石蹬之上，达到高大的或多层的，且又威严的入口视觉效果，同时又获得了更多的寺内空间，省时省工，一石二鸟（图4-2-9）。

广州三元宫山门（图4-2-10、图4-2-11），骑建在陡坡上，把踏步纳入到山门之内，仅石级前后高差就有6.3米，超过了屋脊10.66米高的山门的一半以上，山门的气势得到了极大的加强。此外，长长的石阶笔直贯入山门之内，直通三清宝殿前庭院，得益

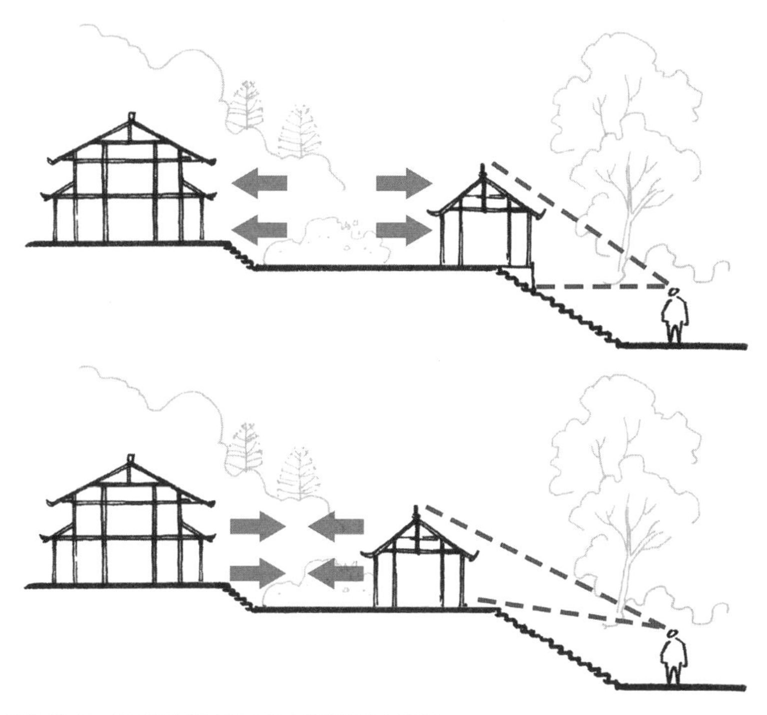

图4-2-9　入口跨骑在石阶上壮大建筑形象示意图

图4-2-10　三元宫入口形象
（来源：华南理工大学民居建筑研究所提供）

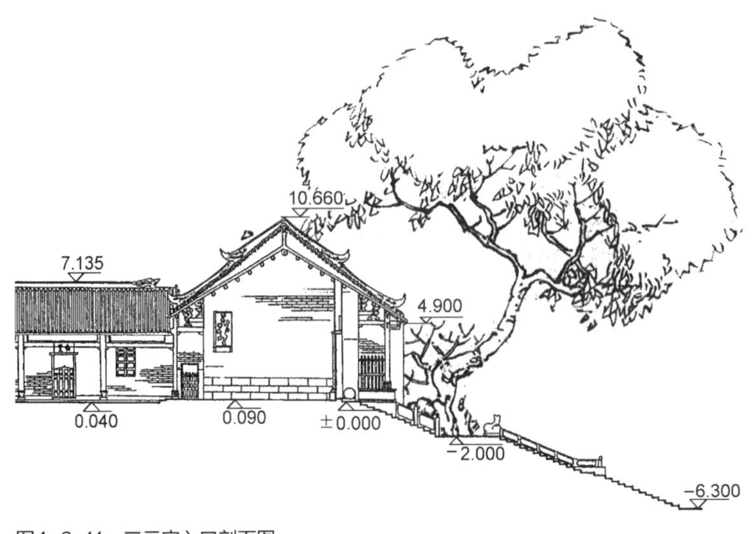

图4-2-11　三元宫入口剖面图
（来源：根据汤国华《岭南历史建筑测绘图选集》改绘）

于山门的外推，门后庭院进深多了约2.2米，空间显得更加清远。

国恩寺入口金刚殿也是跨骑在石阶上的处理，但是空间处理手法上更为丰富。山门比前方鱼池区域高出6.8米，与三元宫门前地形高差相差无几，但若与后者一样采用直上直下的磴道难免要占用更多的土地、压缩园林水面面积。实际上，国恩寺山门前空间设为三级台地庭院，门前设置回头线，石蹬在轴线右侧转折数次而上，一来丰富了场景层次，二来合理增大了前院坡度，有壮大建筑形象之意。国恩寺山门采用了重檐形式，比起通常单层屋檐的山门，从正面观之，可以在同样的楼高下取得多层建筑的立面效果，可谓匠心独运。另外，对于一般的寺院若不能处理好大殿建筑群的高度，或许会喧宾夺主，一定程度上削减山门的立面壮观效果。然而，国恩寺坐落在山冈西坡，山门后两进院落有意放缓坡度，使大雄宝殿和六祖殿空间的视距比小于金刚殿的视距比，由此让山门的形象更为突出（图4-2-12~图4-2-14）。

（二）控制院落视距比，突出中心，取得构图均衡

陆元鼎先生在《中国古代建筑构图引言》一文中指出："中国古代建筑应用了一般的构图法则，从比例来说，受封建礼制、玄学等哲学思想影响形成了自身某些特色，西方注重单体建筑尺度，中国古建筑则注重于群体尺度……塔、楼阁、城楼、钟鼓楼等体型巨大、结构复杂、形象丰富，往往居于建筑组群中的显著位置，成为建筑组群和环境的构图中心。"①

① 陆元鼎. 中国古建筑构图引言［J］. 美术史论，1985（1）：52-58.

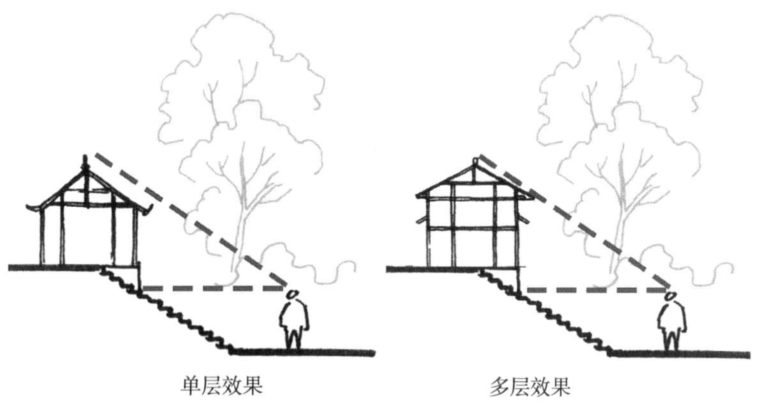

图4-2-12　山门多层处理手法示意图

图4-2-13　新兴国恩寺入口形象

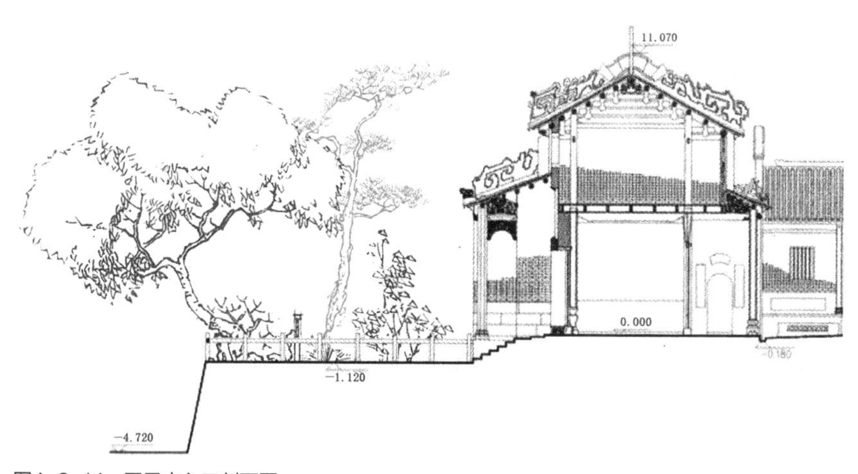

图4-2-14　国恩寺入口剖面图
（来源：根据程建军《梓人绳墨》改绘）

对于山林地的寺观园林而言，地形地貌是最大的构景优势，为群体组合的高低错落创造了有利的客观条件。其主要殿堂建筑群几乎都因山地制宜，重叠构筑，以此获取鳞次栉比、气势壮观的总体印象。建筑本身不但作为远眺的立脚点，而且是风景线的焦点中心。寺观园林建筑空间的基本单位是院落空间，院落大小、形状和高差对院内建筑的形象和构图有着至关重要的决定性作用，要想取得均衡的构图比例，最直接的方法就是通过人工改造院落控制视距比数值的大小。

关于古建筑在院落中视距比的问题，首先，在以往的研究中，发现古典建筑的视觉构图比例数字常采用整数比，如1：2、2：3、3：5等，相比较之下，西方则是常采用黄金比例，这在中国古代建筑中比较少见。例如，从北京太和殿广场中心到太和殿中心的视距刚好是太和殿高的三倍，而台阶到太和殿中心的视距刚好是太和殿高的两倍（图4-2-15）。这种比例关系绝不是偶然，而是有意为之，许多古建筑的测绘图都能够佐证。

关于寺观、宫殿类建筑群的视觉比例，陆元鼎先生曾撰文指出："以平面视角来说，如宽深各为1，其夹角$\alpha=53.13°$（$<54°$）。宽深为8：10时，也属整数，则其夹角$\alpha=43.6°$（$<45°$），这两者都属于最佳平视角。在立面视角中，当视距α_1等于建筑物高度h_1时，$\beta_1=45°$。当视距$\alpha_2=2h$时，$\beta_2=26.565°$（$<27°$）。当视距$\alpha_3=3h$时，$\beta_3=18.435°$（接近18°）。因此，当视距等于2h时，其夹角为最佳垂视视角。"（图4-2-16）

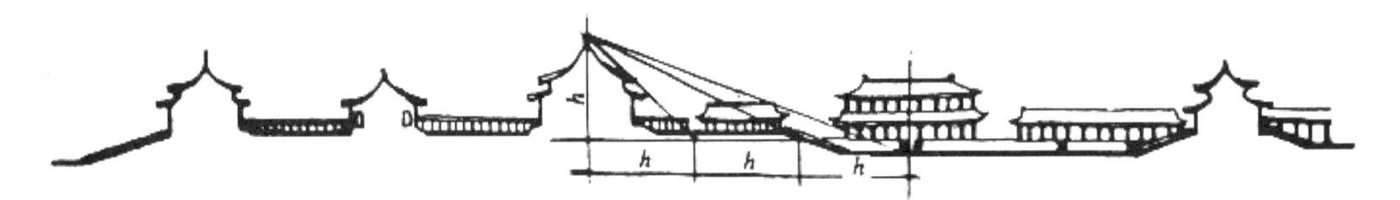

图4-2-15　北京故宫太和殿及广场的空间视角

（来源：引自陆元鼎《中国传统建筑构图的特征、比例与稳定》①）

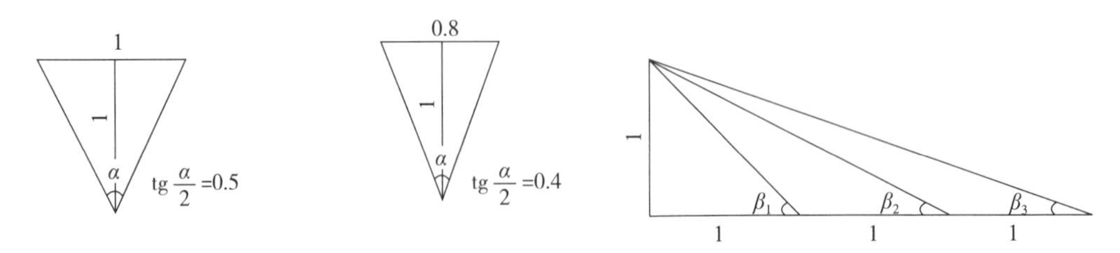

图4-2-16　古建筑平面和空间视角示意图

（来源：引自陆元鼎《中国传统建筑构图的特征、比例与稳定》）

① 陆元鼎. 中国传统建筑构图的特征、比例与稳定［J］. 建筑师，1990，39（6）：97-113.

上述观点在现今建筑学研究中得到了广泛认可，本书遵循陆元鼎先生的研究思路和方法，测绘和整理了部分广东寺观园林主轴线的剖面和视距比数据，如表4-2-2所示。观测发现广东寺观园林大多采用三宫之制，长剖面上可划分为三进院落空间，少部分轴线长，可达四进，道观空间相对自然，但亦讲究短轴线对称关系，多为两进的院落空间。轴线上的主要建筑，其形式不同，大小也不一样。殿堂的屋顶大多为硬山顶、歇山顶、重檐歇山顶、庑殿顶和重檐庑殿顶等几种类型，体量从前到后经历“小—大—小”的变化，形成曲折多变的天际轮廓线，正如乐章一般，有平叙，有段落，有转折，有高潮，节奏分明，一气呵成。

部分广东寺观园林轴线上主院落与主殿的视距关系对比　　表4-2-2

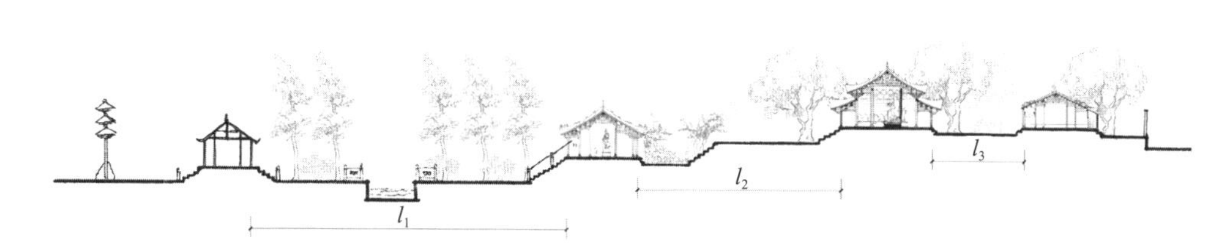

广州海幢寺

主院落进数	纵深/m	高差/m	院落坡度/°	院落主建筑名	殿高h/m	视距高远比
第一进	61	0.8	0.75	天王殿	9	1：6.2
第二进	44	1.3	1.7	大雄宝殿	13	1：3
第三进	20	0.8	2.3	海会塔殿	13.2	1：1.4

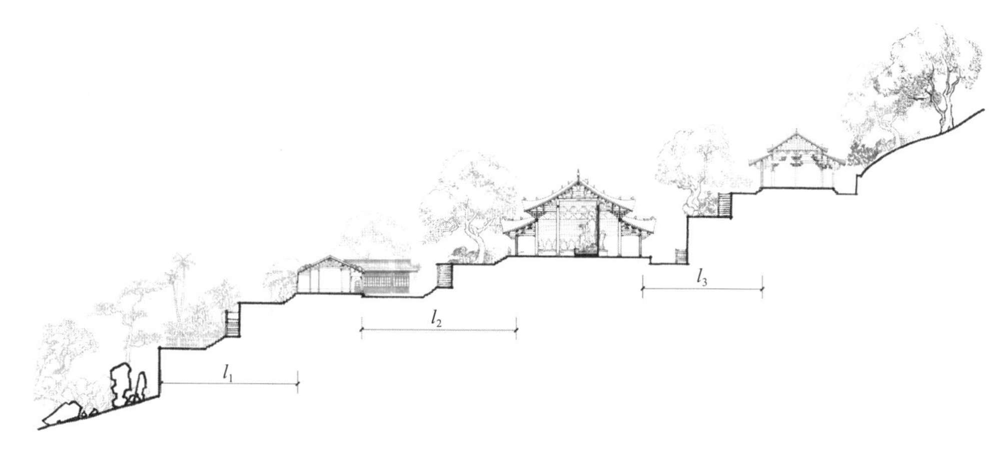

白云山能仁寺

主院落进数	纵深/m	高差/m	院落坡度/°	院落主建筑名	殿高h/m	视距高远比
第一进	16.6	4.2	14.2	天王殿	11	1：1.6
第二进	13.8	4.3	17.3	大雄宝殿	12.5	1：2.9
第三进	11.1	7.2	33	慈云殿	11.6	1：1

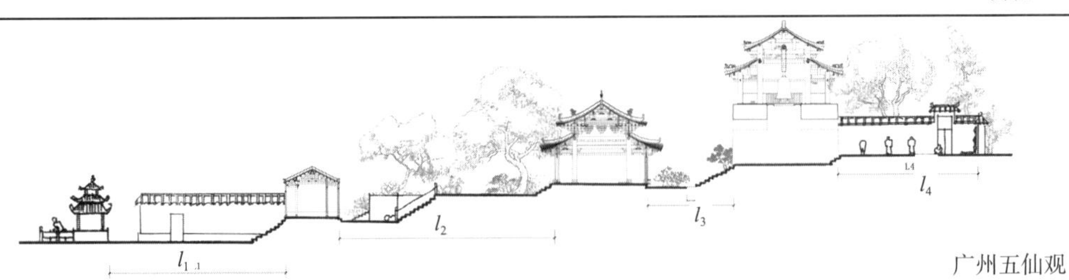

广州五仙观

主院落进数	纵深/m	高差/m	院落坡度/°	院落主建筑名	殿高*h*/m	视距高远比
第一进	18.7	1.4	4.2	前殿	4.9	1：3.1
第二进	23.5	1.3	3.2	大殿	8.5	1：2.9
第三进	10.2	1.3	7.2	钟楼	17.3	1：0.8
第四进	16	0.3	1	通明阁	约13	1：1.8

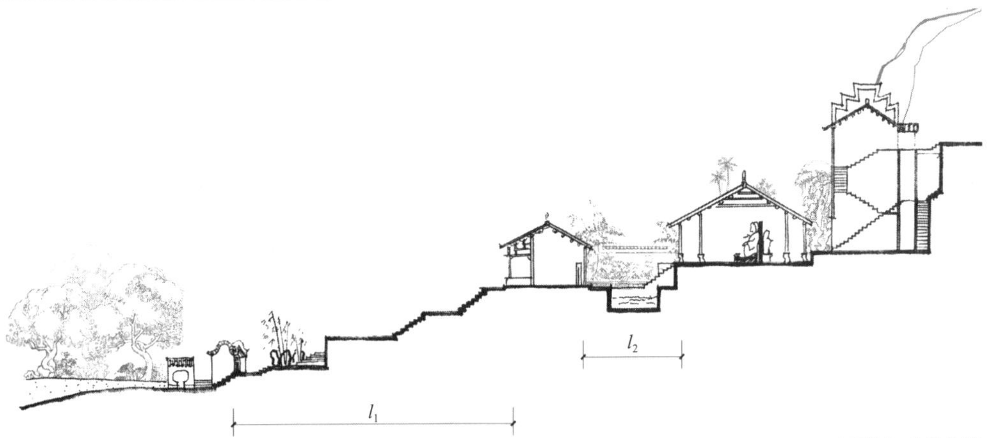

西樵山云泉仙馆

主院落进数	纵深/m	高差/m	院落坡度/°	院落主建筑名	殿高*h*/m	视距高远比
第一进	38.9	11.3	16.2	前殿	8.5	1：2.1
第二进	8	1.5	10.6	赞化宫	9	1：1.4

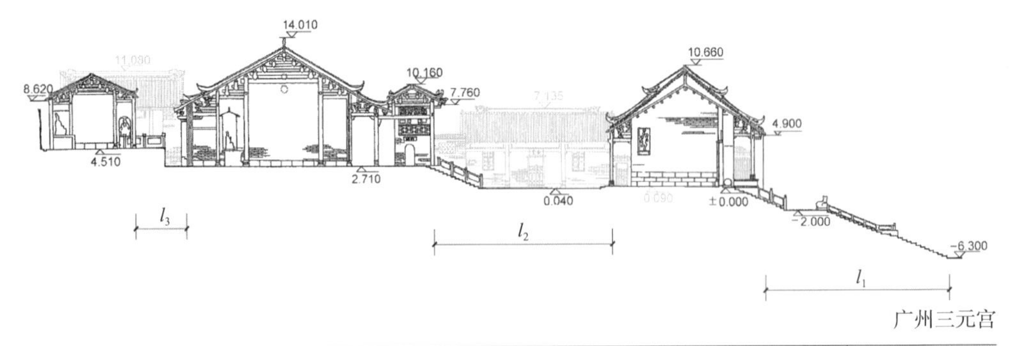

广州三元宫

主院落进数	纵深/m	高差/m	院落坡度/°	院落主建筑名	殿高*h*/m	视距高远比
第一进	16.6	6.3	20.8	灵官殿	10.6	1：1.3
第二进	15.8	2.7	9.7	三元宝殿	11.3	1：1.7
第三进	4.7	1.8	20.9	老君宝殿	6.5	1：1

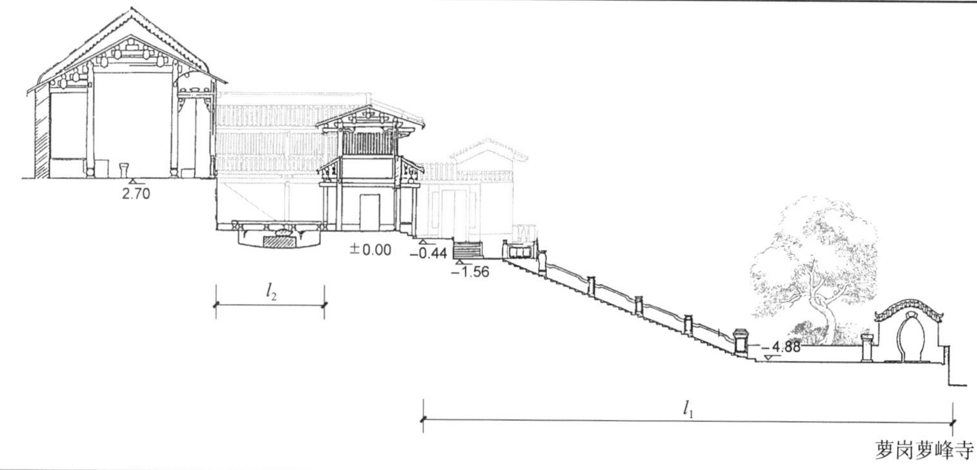

萝岗萝峰寺

主院落进数	纵深/m	高差/m	院落坡度/°	院落主建筑名	殿高h/m	视距高远比
第一进	29.5	4.9	9.4	余庆楼	6.8	1：2.8
第二进	6.1	2.7	23.8	玉岩堂	9	1：1

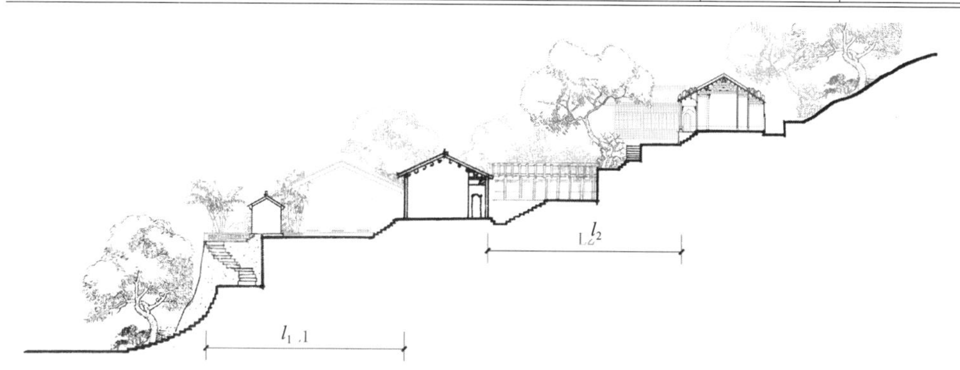

飞霞山藏霞洞古观

主院落进数	纵深/m	高差/m	院落坡度/°	院落主建筑名	殿高h/m	视距高远比
第一进	16	1	3.57	灵官殿	8.5	1：2.2
第二进	17.2	4.7	15.2	三仙殿	9.5	1：1.6

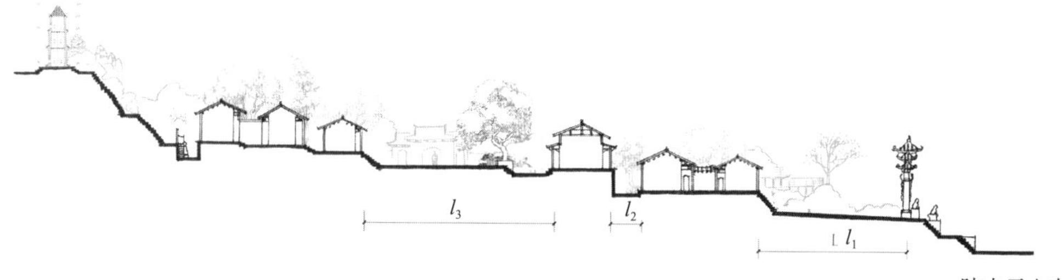

陆丰元山寺

主院落进数	纵深/m	高差/m	院落坡度/°	院落主建筑名	殿高h/m	视距高远比
第一进	40	1.9	2.7	玄武宝殿	9.2	1：4
第二进	6.4	2.1	18.1	古戏台	13.3	1：1
第三进	37	2.3	3.5	元山寺	7.2	1：4.2

续表

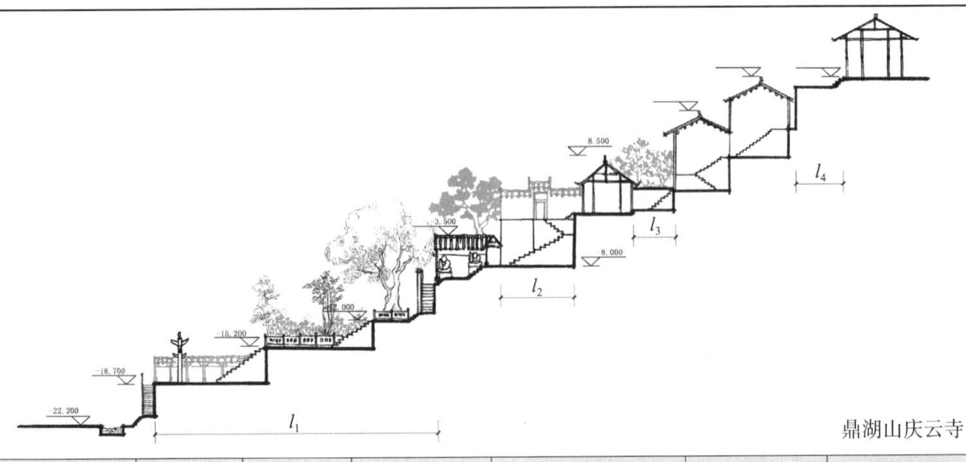

鼎湖山庆云寺

主院落进数	纵深/m	高差/m	院落坡度/°	院落主建筑名	殿高h/m	视距高远比
第一进	44	11.7	14.9	弥勒殿	3.4	1∶2.9
第二进	18.5	6	17.9	韦陀殿	11	1∶1.5
第三进	6	2	18.4	大雄宝殿/藏经阁	8.1	1∶1
第四进	14	1.3	5.3	观音殿	6.6	1∶2

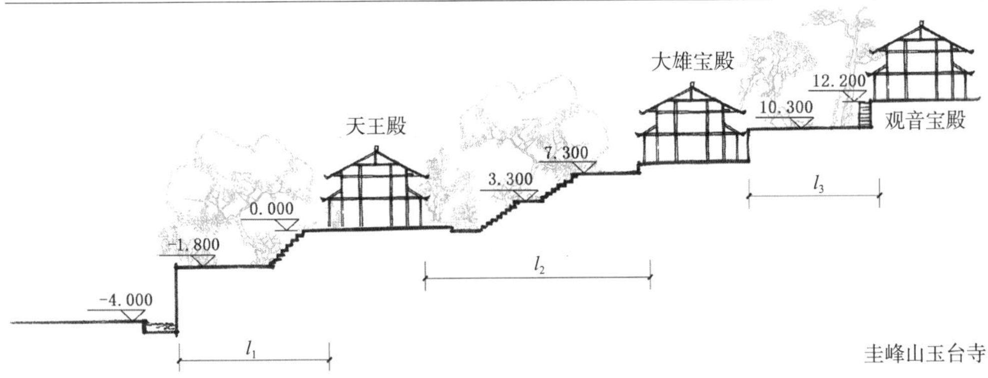

圭峰山玉台寺

主院落进数	纵深/m	高差/m	院落坡度/°	院落主建筑名	殿高h/m	视距高远比
第一进	12.5	1.8	8.1	天王殿	9.6	1∶1.6
第二进	31	7.3	13.2	大雄宝殿	12.6	1∶1.4
第三进	18.5	1.9	5.9	观音宝殿	15.3	1∶1.6

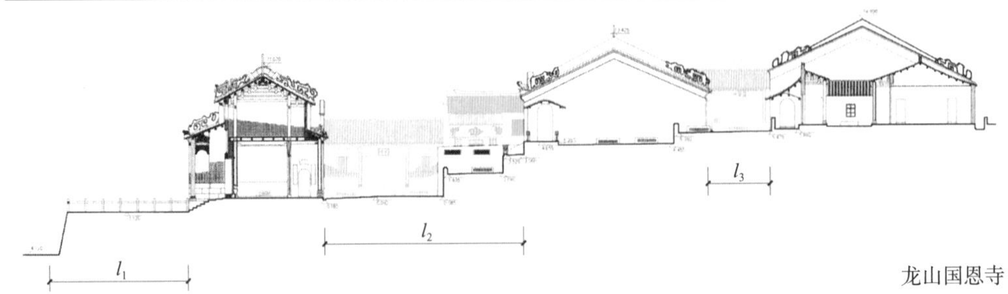

龙山国恩寺

主院落进数	纵深/m	高差/m	院落坡度/°	院落主建筑名	殿高h/m	视距高远比
第一进	11	1.1	7.2	金刚殿	11	1∶0.8
第二进	16.5	4.6	15.6	大雄宝殿	8.7	1∶1.6
第三进	4.5	0.5	6.3	六祖殿	9.1	1∶1.1

通过表4-2-2统计数据发现，广东寺观园林的主体建筑群中，殿堂建筑高度基本在9~13米范围，建筑加上台基的总高（h）和院落水平视觉距离（l）的比值$h:l$除了个别特例外，基本在1：1.5~1：3区间浮动。如前文所述，当比值为1：2时，即视距等于$2h$时，可取得最佳水平视角，比值大于1：2时，视距短，建筑高度被放大，给人压迫感。小于1：2时，空间宽敞，建筑显得疏远和矮小，但步行至$2h$处依然能获得最佳观感。因此，广东寺观园林中轴线上的主体建筑高度在普遍维持9~13米的适宜高度前提下，虽然不及北方建筑，但是通过加高台基、增大院落高差等手法来进一步壮大建筑形象，在相对局促的院落空间中有效凸显宗教建筑应有的庄严宏伟形象。另外，第二进院落的高远比数值往往相对较大（对于四进院落的寺观而言则是第三进数值最大），说明轴线中部院落空间的落差最大，形象最为突出和显著，成为整个寺观园林的构图重心。这也是一种稳定构图的处理手法，它解决了建筑物左右、前后之间部位布置关系，是主体建筑令整个园林构图取得稳定的重要且有效手段之一。例如玉台寺、庆云寺等都通过增加石蹬和台基高度增大院落高差获得较大视距高远比，突出寺观构图中心，取得平衡。

除上述案例外，对于有一些构图中心建筑并非大殿的寺观，也是采用同样的加大视距比的处理手法。例如，广州五仙观中的岭南第一楼（钟楼）造型优美、结构稳定，能作为全园的主景。钟楼本身高17.3米，体型比较突出，但匠人依然有意加大第三进院落的坡度（达到7.3°），从而更进一步强调其高大的形象。云泉仙馆倚虹楼是大殿赞化宫后的第二个节奏高潮，道院不设第三进院落，而是将前者几乎与大殿贴在一起，约15米的高度比9米高的大殿高出一大截，形成强烈对比，陡峭石台阶直插于门洞之内，没有停歇，使该楼显得格外高挺。倚虹楼兼具美学和交通功能，一方面将多跑楼梯藏纳于楼内，克服了正阳殿和后山之间11米高差的地形障碍；另一方面传统岭南硬山顶民宅的造型与其他殿堂建筑形成对比，但寡淡的颜色与青绿的山林相协调，并不会喧宾夺主破坏三座殿堂的构图核心形态。陆丰元山寺前三进院落坡度相仿较为平缓，核心建筑群高度控制在7.2米左右（对于一般寺观大殿高度而言较矮），轴线末端福星垒塔则是建在高出建筑群约7.6米的山冈之巅，在第三进院落可以清晰地看到塔的轮廓线，成为寺观乃至古城制高点的高峻建筑物，在视觉上十分显著突出。但就总的景色而言，它们又能和周边自然景物产生紧密联系，融入自然环境，以环境为底形成完整的构图，充分显示出建筑群体的伟大壮丽形象和建筑与周围环境的协调。

（三）配合环境天韵烘衬建筑硬朗形象

只靠人工塑造建筑形体或改造院落视距比还不够，还要加上环境天韵相配合来烘托建筑形象。同时，建筑又可以反衬托环境，起到点缀自然的作用，使自然环境上升为园林环境，营造更加有意趣的禅悟氛围，这是更进一步的园林设计层次。

例如，在陡峭险要的山林地筑寺，建筑难以舒展，一般较难取得宽阔的室内外空间。广东丹霞山上数处寺观却巧妙地让建筑钻入山崖凹陷处，向外留出一丝院落空间，在获得室内外使用空间的同时，又借地貌环境烘衬了建筑形象，取得别致的景观和空间效果。例如，锦石岩寺（图4-2-17）山门后两侧的联排屋舍，作为杂屋和厢房，一列镶嵌于巨岩底下，另一列险架于险坡之上。厢房末端通过一梯可下行至陡坡上一平地，现用作菜园。在狭窄的地形上寻得了新的用地，扩展了竖向园林景观，在空间和景观上都颇具特色。仙居岩道观的山门为三层重檐歇山顶建筑，裸立于长磴道之上、八卦顶岩石之下。岩石硬朗的质感和竖向的风化纹、轮廓线使古观的形体更为突出，建筑又丰富了岩洞空间，使自然环境意趣更为浓烈。险要的地形和门、殿建筑间的错落处理形成强烈的视角对比，让人生畏，再加之上方陡峭崖壁的压迫感，造型普通的山门顿然涌出巍峨壮观之势。

图4-2-17　仙居岩道观佛殿与山门风貌

第三节

“雅致精巧”的世俗化庭院空间理景

前文提到广东寺观园林在长期以来的发展中不断地向世俗化园林靠近，换句话说，就是除了满足朝拜、禅学的功能外，还兼具“家园”的功能。我国传统寺观园林常常以庭园为中心，用建筑包围庭园，从而形成一种以室外空间为中心的类“四合院”的组合形式。彭一刚先生之前按照规模把古典园林空间由小到大分为几类：庭、院、园、大园、园囿。各园林空间对比如表4-3-1所示：

几种古典园林空间对比　　表4-3-1

内容	庭	院	园	大园	园囿
定义	天井、建筑内院	有墙垣的合院	用墙垣围合的游玩区，内有花木、建筑、山石、水池	规模更大的单园或多个小园组合而成的复合园	养禽兽、种林木的区域
规模	极小	小	中	大	特大
特点	封闭、狭窄	稍微开敞	更为开敞、有大量人工造景、组景、与建筑相对独立	规模大、独立性强、空间丰富多变	规模大、占地广、地形复杂、风景优美
功能	通风、采光、点缀环境	美化环境、生活起居、室外活动	居住、观赏、游玩	休息、游玩、会客、修学、听戏、赏月、观鱼等	游憩、饲养禽兽、种植林木等

按照表4-3-1的评判标准，广东寺观的庭园空间严格来说应该属于庭或院，但是却具有园、大园的特点和功能。这种矛盾，究其原因是通过一些理景手法，达到以小见大的效果。空间设"景"，是由景物构成的。"景"对空间的重要性，犹如词汇之于文章那般，词汇丰富达意才能组成一篇好文章。例如，三国演义为什么能够感人至深，从写作技巧来说，主要因为作者运用丰富生动的词汇描写了人物的心理状态和战争的细节琐事，才令故事情节变得真实动人。空间理景也是同样的道理，"景"是自然界风景的再现，不单单是重复的模仿，而是经过艺术的加工，能够表达自然界风景某些特征的景物。

总的来说，广东寺观的园林景物充分抓住了自然界风景的特征，使人有"虽由人作，宛自天开"的感觉，其庭院空间的理景特点是雅致且精巧的，其中最显著的几个手法有以下几点：

一、以池水补景，扩大庭院空间感

北宋郭熙在《林泉高致·山水训》中写道："山以水为血脉，以草木为毛发，以烟云为神采，故山得水而活，得草木而华，得烟云而秀媚。水以山为面，以亭榭为眉目，以鱼钓为精神，故水得山而媚，得亭榭而明快，得鱼钓而旷落，此山水之布置也。"绘画如此，寺观园林景观营造亦如此。有山必有水，山水共同构景。水体是寺观中常见的构景要素，寺观园林空间气氛烘托往往离不开水。湖、潭、河、溪涧等本身就具有丰富多变的形态和特征，是山林型寺观宝贵的天然构景元素。充分利用这一类天然的地貌构景资源，得以营造丰富多彩、变化万千的寺观总体园林景观和环境氛围。但是自然环境资源终归可遇而不可求，当条件不允许时，利用人工斧凿产生的水体构景也是一种寺观园林造园体系。

补景是中国传统园林的组景手法之一，在平地或无山的地方造园所进行的人工叠山掇石、挖池引水等方法就是补景。它是从风水理论中的"补风水""培风脉"变化而来的。如山欠高以塔或亭增之，砂不秀育林美之，冈阜不圆正加土培之，水无聚疏导浚之，宅后植风水林，宅前凿泮池都属于补景一类。

放生池是寺观内主要的人工水体。放生池原本具有宗教功能需要，是体现佛学中“戒杀”观念、尊重生命的教义。《大智度论》有云：“诸余罪中，杀业最重，诸功德中，放生第一。”可见放生池原本用于放生善举，或满足寺观用水的需要。而随着广东寺观园林化的发展，开始大力重视放生池的园林观赏效果，越来越强调池水对园林空间的构景功能。

首先是水池在寺观中的位置。早期的寺观多把放生池置于建筑的中轴线之上，或在天王殿前，或在大雄宝殿之前，而随着造园不断的发展演变，放生池或会偏于寺园一隅，作补景之用，根据水池的围合情况和规模大小，可以分为水院和水庭两类。规模小，建筑围合紧密如“小天井”状的谓之水庭；而规模较大，四周没有被完全封闭起来的开敞空间，则形成水院。围合其次是形状问题。水池的形状多种多样，以矩形为主，少部分为不规则几何形，通常是根据寺观所处的地形而设，池中多见置石或龟、鱼、鹤石雕，池边则会栽植翠竹和灌木。现整理具有代表性的广东寺观水池构景，状况如表4-3-2所示：

广东代表性寺观水池构景对比　　表4-3-2

广州光孝寺	海幢寺	白云山能仁寺	萝峰寺
轴线一侧、方池、中央置石	轴线上、方池、配跨桥、石龟雕塑	轴线上、自然池、池中置石	轴线上、方池、畔池花木

五仙观	**纯阳观**	**云泉仙馆**	**曲江南华寺**
轴线一侧、自然池、配通廊	园林东南、硬质驳岸	主殿前、方池、配石板桥、翠竹	轴线上、椭圆池

冲墟观	**九天观**	**庆云寺**	**国恩寺**
轴线上、八角池、鱼龙石雕	轴线上、异性池、池中红叶榕	轴线一侧、不规则形池、配亭廊假山	轴线一侧、自然池、配亭廊

由表4–3–2可知，广东寺观园林的水池多采用规则的几何曲线形状，这是岭南造园自古以来就具备的特点，我们可以从考古发现的秦汉时期南越王宫署御花园和南汉药州遗址留下的水池和水渠形态中看出。究其原因，其一或许主要与岭南人的审美文化有关。陆琦教授在《岭南造园与审美》一书中以发掘出的新石器时代陶器纹理为线索，认为“几何形体的陶纹表现出了古代百越人对此类形状的审美能力和情有独钟。而几何形纹饰产生的渊源，学界普遍认为南方盛产竹、苇、藤、麻等植物，于是自古便生产和应用席子等草竹编织物于日常生活劳动之中”[①]。李泽厚在《美的历程》指出，这种本土器物源于生活，顺理成章地采用三角纹、水波纹、叶脉纹、圈点纹等与古粤图腾崇拜有关的图案。而且陶器上的几何纹样装饰也显示出强烈的审美动机和其他可能有的精神意识动机。因此，我们可以得出类似李公明先生所指的结论——远古粤人偏爱抽象的装饰图案，在其后漫长的艺术历程上，寺观园林理水艺术也深受这种偏爱的影响[②]。

其二与寺观园林的空间形态有关。广东寺观园林空间是以建筑为主的空间，由建筑围合而成的庭园或庭院的空间界面必然是以几何形状为主的。为了协调建筑界面与环境，采用几何形水池是最恰当的做法。例如，西樵山云泉仙馆和广州萝峰寺的主庭园，规模不大，空间狭小，用地紧张，而建筑的比重又相对较大，在有限空间中采用北方或江南园林那种模仿自然山水的自由型水面受限于现实条件，较难实施。因而，采用人工几何规则式小水池，配合一些池岸组景物以丰富寺观单调的空间，尺度根据具体地形控制大小，取得补景效果，对点缀庭院空间起到极好的效果。对于外向的院落空间，则多采用不规则形状的小池，例如仙居岩道观在悬岩之前，山门之后设一天然的不规则小池，并局部延伸到岩石之下，也颇富自然情趣。

综上所述，广东寺观的建筑群落基本上都维持了三宫之制，崇拜空间院落层层递进，平直排列于中轴线之上，同时建筑单体之间的间距也不大，这就造成了廊院空间或天井空间比较单调、景观变化匮乏的现象。但是通过各种小池有效扩大庭院空间感，从而把局部环境装点得更加妩媚。

以池水补景是最简单、直接的处理手法，略施斧凿便能够在短时间内丰富空间，省时省力。这种池，因为其小，故只能起到点缀作用，又因为其几种，往往能发挥画龙点睛的效果。一些寺观在庭内挖池，沿池布置亭台廊榭之类，组成近观小景，例如广州萝峰寺池塘位于中心，崇拜空间的建筑都围绕水局布置，以建筑作为组景的空间界限和风景线的轮廓，颇有“池馆”式庭园建筑的构景特点。

① 陆琦. 岭南造园与审美［M］. 北京：中国建筑工业出版社，2005.

② 李公明. 广东美术史［M］. 广州：广东人民出版社，1993.

二、以寺塔镇景，突出空间主从与重点

寺塔，作为一种随着佛教传入中国而引进来的建筑品种，与佛教一样在发展中逐渐中国化，成为在南粤大地的不少寺观之内触目可见拔地而起的寺塔。它们装点了山水美色，吸引了游客视线，是广东各地的标志性古建筑，也是寺观园林中常见的构景物。佛寺和道观都有造塔的记载，但是广东境内保存下来的道塔几近凤毛麟角，且明清之前的道塔已很难考究。总而言之，根据历史上的广东寺观古塔资料显示，相比其他类型的广东古建筑，寺塔具有年韵浓、分布广、技术精的特点。

禅宗寺院的兴起，为阐明其教派宗旨，不立佛殿与佛塔，塔在佛教中地位降低，但并未导致塔的消失。相反，在佛教寺院中，塔常常作为一个主景出现，与周围环境相融合，丰富了寺观园林的轮廓线。高耸的佛塔往往成为寺观艺术构图的中心，在原本优美的景区内，作为一个点缀品出现，使环境越加秀丽幽静，富含文化气息。

纵观广东寺观园林空间营造与塔的内在和外在关系，总结以下两点理景手法：

（一）点缀庭院、突显肃穆的园林气息

广东寺塔分布广、数量多，著名者如粤中广州光孝寺双铁塔、六榕寺花塔、龙兴使塔；粤北的仁化云龙寺塔、澌溪寺塔、华林寺塔、南华寺灵照塔、英德蓬莱寺塔；粤东潮阳灵山寺大颠祖师塔、潮州开元寺阿育王塔等，都是广东传统寺观文明和园林发展的见证。

1. 寺塔位置

首先是寺塔的位置，戴孝军在其博士学位论文《中国古塔及其审美文化特征》指出，寺塔与寺庙的位置关系有两种阶段，早期仿照印度佛寺的塔位于寺庙绝对圆心，其余建筑向外发散布置的宫塔式寺院，以及主要殿堂形成中轴线，而塔位于中轴线上的楼塔式寺院，后期塔的体量逐渐缩小，并逐步游离于寺院之外，成为景观塔或风水塔，主要起到壮景和固“地脉”的作用，在地位上演变为大殿和楼阁的从属[①]。例如，云门山大觉禅寺的舍利塔，已经远远地游离于寺院院墙之外南向300米处山头之上。该塔是整个丛林最高的建筑物，它直插云天，轮廓线十分突出，无论在圆的哪一部分看，都是云门山一处经常入画的胜景。塔的周围以曲池清水环绕，东南西北四条石板桥飞架其上，登临而上遂有凌虚清波之感，为原本硬朗雄健的高大佛塔增添了一丝动感和清凉之意。

通过研究广东寺观园林实例，从现存或可靠证的寺塔记载，发现其位置的转移过程与戴博士所提出的中国塔寺位置发展演变规律比较吻合。明清时期，广东寺塔的位置经过数次变迁，最终形成比较统一的模式：位于院墙之内，视觉比较突显的中部区域，能

① 戴孝军. 中国古塔及其审美文化特征［D］. 济南：山东大学，2014.

够使全院尽可能多的角落都能看到寺塔，但一般不在中轴线之上，周围殿堂、僧房、楼阁围合出塔院，能够满足忏悔、讲学、集会、礼拜仪式等用途。

塔在寺观中的位置变迁，究其原因，与岭南地区经久不衰的禅宗思想关系最大。六祖惠能的禅宗摒弃了原来印度佛教繁琐空泛的陈旧教义，主张修养心性，自身成佛，“我心即佛”“佛即我心”。这种新的思想主张破除了长久以来人们对无上佛祖的无知、生畏和崇拜的局面，彻底瓦解了佛教神秘性。因此，早期作为“佛祖”象征物的寺塔失去了原有的佛性魅力，被迫偏移出寺观的中心，屈居于殿堂之旁，甚至偏于寺院一隅。还有一些原来还保留着少许宗教象征的塔刹，也在寺观世俗化的大流中渐渐转变为纯装饰性的雕刻构筑物。

但是也有例外，例如南华寺灵照塔经历了数次修缮改建后，依然保持中轴线上藏经阁之后的位置不变。在南入口牌坊之外看南华寺及寺塔，白色的塔身在一片绿琉璃瓦中十分显眼，配合山林地形，使塔的地位更加显著、形象更加鲜明。这是因为和私家园林刻意追求小巧玲珑、朴素淡雅迥然不同，寺观园林规模相对较大，并不排斥在中心部位点。

2. 寺塔形态

通过观察发现，广东寺观园林中大大小小的寺塔千姿百态、卓然不凡，如图4-3-1所示：

图4-3-1　形态各异的广东楼阁式寺塔
（左到右依次为石觉寺千佛塔、六榕寺花塔、云门寺舍利塔、元山寺福星垒塔、英德蓬莱寺塔）

俗语说：“仙人好楼居”，在各种类型寺塔之中，高大的楼阁式舍利佛塔最能把“巍然高大”的审美特征发挥出来，引人注目（表4-3-3）。例如浛洸舍利塔，位于英德蓬莱寺旁，据记载塔设于唐咸通年间（公元860~874年），宋代重建。蓬莱寺塔六角五级，穿壁绕平座楼阁式，高21米。首层高4米，边长2米，每隔一面辟一个圭形门，其余三面外侧有壁龛供放佛像用。每层每面额枋正中和角柱上置砖砌一斗三升斗栱。由于首层设副阶，以上各层以棱角牙子砖和线砖相间叠涩出檐，塔身置假平座并向上逐层收分，可见其制结构颇具宋塔风格，结构严谨，造型美观。宋邹衍中有诗云：“半藏舍利半每苔，劫火曾经未化灰。芳草年年春自绿，六朝往事一寒堆。”可见舍利塔在宋代时的风采。

部分广东楼阁式寺塔对比 表4-3-3

	南华寺灵照塔	元山寺福星垒塔	六榕寺花塔	国恩寺报恩塔	华林寺塔	延祥寺三影塔	澌溪寺秀宝塔
类型	砖塔	石塔	砖木塔	砖塔	砖塔	砖塔	砖塔
高度	五层约30米	三层18.6米	九层57.6米	七层28.8米	七层21.7米	九层50.2米	七层23.1米
平面形状	正八边形	正八边形	正八边形	正八边形	正六边形	正六边形	正八边形
颜色	墙：白；门框、柱、枋：红	塔身：灰白色	顶：绿；墙：白；窗框、柱：暗红	顶：绿；墙体：朱红	顶：灰；墙：黄	顶：灰；墙：黄	墙：白；门框、柱、枋：黄

除了巍然高大的塔外，广东传统寺观园林各处还可见各种构筑塔，它们原本具有各种宗教文化或纪念功能，但后来也在寺观发展中发挥了妆点院落景色的功能。例如，广州光孝寺的瘗发塔是一座微型的楼阁式塔，高7.8米，八角7层，每层有八个佛龛。此塔位于大殿之后院落，原为纪念六祖削发处之物，现在更多了妆点院落景色的功能。

阿育王式塔十分常见。广州海幢寺藏经阁前有一座白石舍利塔，塔是阿育王式，材料选用了星岩白石，有诗形容其形态"白石齿齿……倒影射穿孤月轮"。类似的舍利石塔还有广州华林寺的白石塔，虽然同为康熙年间建造，但是并非雕琢成阿育王塔式，而是雕刻成一座六角七层仿楼阁式塔，高7米。

还有一些形态比较特异的塔，例如朝阳灵山寺大颠祖师塔为钟形实心石塔。由78块花岗岩石砌筑，高2.8米。塔基平面是八角形须弥座，束腰八面石板上相间镌刻着花卉和神兽图案。此塔与敦煌唐代壁画中的窣堵波塔式以及现今尚遗存的山西五台山佛光寺唐志远和尚塔非常相似，可见其形制颇有唐代塔之风，与唐塔一脉相承。

上述各寺，它们风格不统一，没有形成一个固定的模式，究其原因主要是由于寺塔是中国传统古建筑中最不受清规戒律所束缚的种类，因此不仅广东地区如此，即便放眼全国各地都是样式纷呈的状况。例如北京地区，楼阁式、密檐式、覆钵式、金刚宝座式、华塔式，一应俱全，但是我们不能武断地认为其风格混杂。而广东寺观园林的古寺塔，绝大多数属于楼阁式，依地域不同，可以见到其外观特点呈现了一定的规律。大致来讲，粤北、粤西及广州一带，多为砖塔，带腰檐、平座，比例匀称，塔身上下轮廓略呈抛物线，华丽精致，是标准的楼阁式塔。这种塔的形态较多地表现出其受到中原地区所影响。粤东一带，多为砖石塔或石塔，不带腰檐、仅有平座，各层外壁直立，简朴凝重，这种样式更大程度上受到福建地区的影响。珠江三角洲一带还有一些寺塔不带腰檐、平座或者只略具腰檐，塔身上下收分（由下向上收进）不大，这种样式更多地受到皖南地区的影响。广东各地寺塔受外省域影响而纷呈出不同样式，这正体现了广东寺观园林文化在形成发展的过程中吸收外来文化的兼容性。同时，与其他地区相比，广东寺塔从总体上说，有其内在的风格特点，在建筑用材、外表、装饰等方面都具有岭南的地方特色，如粤中多用青砖，粤东多用砖石，还有用三合土夯筑的。更重要的是，从气质分析，广东古寺塔较之北方的雄浑显得相对纤秀，较之江南的飘逸显得相对稳重，这就是广东古寺塔的统一风格，只要稍微留意就不难感受得到。

3. 塔院

在寺观园林之中，无论是体量庞大的楼阁式塔还是点景作用的小型塔刹，都追求园林与寺观建筑融为一体，成为寺院的一部分。前者可以统领园林空间，后者则主要起到点缀庭院景色之用。下文主要从大体量的楼阁式寺塔与园林空间的关系来论述广东传统寺观园林的塔院造景特点。

塔院是以楼阁式寺塔为核心，通过周边的各种厅堂、库房、园林建筑、围墙甚至成片的绿化植物作围合，从而形成一个可观可游的院落。广东传统寺观中的塔院在明清时期几乎成了寺观园林游赏的核心地带，其在空间结构和景物构成上与寺观中其他简单的殿前或殿后院落相比要复杂得多。塔院的存在，丰富了寺观园林的院落类型，进而增加庭园空间的“园林感”。

国恩寺轴线右侧以报恩塔为主景，四周以圆通宝殿、舍利宝殿、达摩殿、方丈室和僧房等建筑物，以及院墙和敞廊围合成为塔院（图4-3-2）。由于各建筑朝向不一，塔院的形状也呈不规则形，左右两部分有高差约0.45米。塔院左右各有一外廊，左廊为贴墙直柱廊，右廊为土坡上的曲廊，配合置石和植物成为院角组景。塔院几个入口的样式各不相同，通往北侧大雄宝殿处为一室内暗道，东侧去往舍利殿的是一圆形月牙门洞，而南部通往佛荔园的入口则是以传统样式门亭，亭与圆通宝殿前廊，土坡上外廊连成一体，颇有趣味。报恩寺塔院面积不大，却有层次丰富的景观，再辅以微高差的处理，让空间感与其他殿前院落形成鲜明对比，突出了庭院的“园林感”。

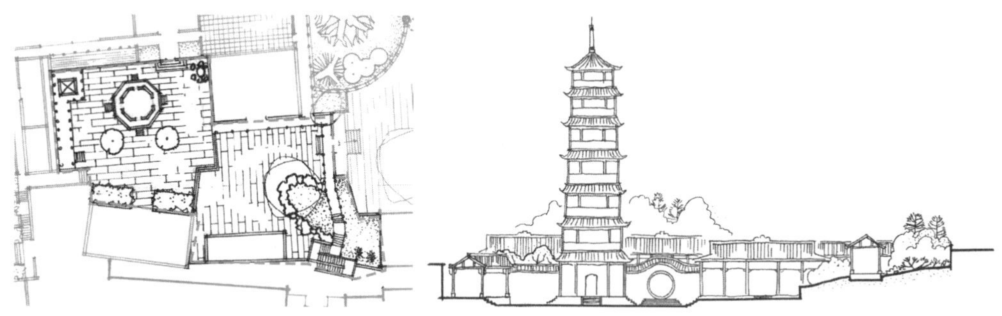

图4-3-2　国恩寺塔院平面图、剖面图

南华寺灵照塔是比较少有的依然分布在寺院中轴线上的佛塔（图4-3-3）。该塔塔院，地势狭窄，院落空间紧促，难以架屋或添置绿化植物丰富院落景观。但是此地却又位于寺庙主轴线后半地势高位上，是建筑群体的制高点和整体构景上的要害之处。这里因应地形，加大塔院台基高度，两侧厢房前的爬山敞廊沿等高线爬高，至塔院后方围墙处转折汇合，两条贴墙的外廊有意加高，形成微高差地形，向上攀升汇合的外廊和石级花台成为灵照塔的陪衬，构成仰视景观，省工省料又取得了理想的立面和空间效果。（图4-3-3）

图4-3-3　南华寺塔院平面图、剖面图

（二）楼阁式寺塔把控空间主从关系

中国山水画，无论是尺幅还是长卷，一般来讲都有主景和配景之分，只有这样才能使画面不失中心，所谓“主山最宜高耸，客山须是奔趋”，意思就是画面中要突出主体山峦的雄姿，其他配景山体必须弱化居次。另外，有许多山水画的论著都强调了主从关系的处理，例如《画山水决》谈道：“正面溪山林木，盘折委曲，铺设其景而来，不厌其详，所以足人目之近寻也；旁边平远，峤岭重叠，钩连缥缈而去，不厌其远，所以足人目之旷望也”，这些都深刻地说明画面构图必须有主有从，而不可一视同仁的平均对待。

彭一刚在《中国古典园林分析》中描写寺塔与园林构图主从关系时谈道：“一些大型皇家园囿或大型园林，为了避免松散、凌乱，最有效的方法就是在园内选择突兀的高低，建一高塔，让其外轮廓线突出，无论从园的哪一部分看，都能成为吸引人的视线的唯一的焦点”。这里彭先生指出了两个重点，一是制高点建高塔是凸显园林构图主从关系行之有效的办法，二是想要获得最佳的效果，塔的轮廓线需要分明突出和位置选取需要慎重考量。

寺观园林空间构图也是同样的道理，通过把一些重点建筑物布置在地位突出的点上，从而形成一个集中、紧凑的构图核心。其他空间院落都环绕着它的四周并紧紧地依附着它，起烘托陪衬作用。小体量的构筑塔对空间环境影响较弱，相比较之下，高大的楼阁式寺塔对寺观园林的整体构图有着举足轻重的作用，在高度上一般能建多高就建多高，其他单体建筑都不能高于寺塔，从而凸显其轮廓线。例如广州六榕寺，其花塔和佛寺内各主要建筑物高度如图4-3-4所示，花塔高度足足达到其余建筑物的数倍以上，在院内各处都能清晰看到它的立体轮廓线，通过它又可以俯瞰全园，只有这样，才能起到控制全园的作用。下文以一些具有代表性的大体量楼阁式寺塔为例，通过分析其在寺院内外不同距离下的观感和画面构图，来说明其中的空间主从关系把控问题。

六榕寺的整个园林景观是清幽典雅的。一是外形美观，其基础建筑设计到现在也令人叹服。二是以高大体量、巧夺天工的佛塔为佛寺的主体建筑，统领了整个佛寺的建筑

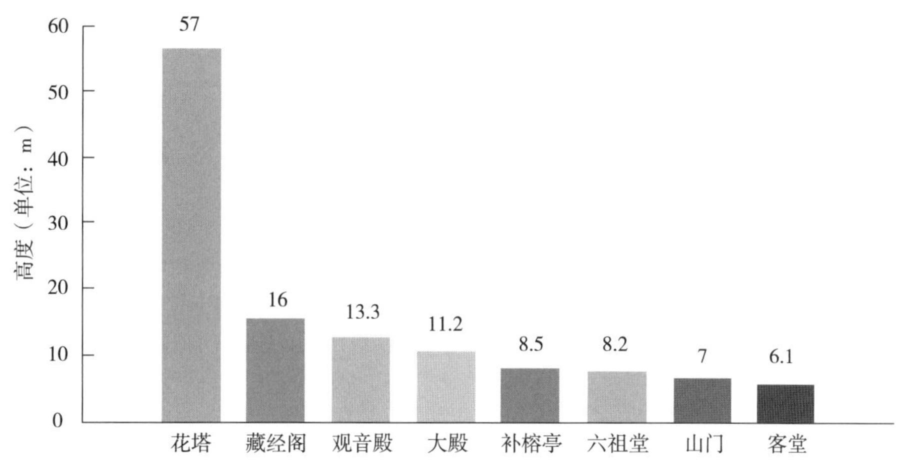

图4-3-4　六榕寺各主要建筑物高度对比

布局。塔顶耸立着高高的塔刹，塔刹绝顶宝珠离地面二百七十尺（57.6米），广州越秀山海拔也不过70米，可见此塔为古代岭南高层建筑之冠。建筑之难度，结构之巧妙，旱功之精巧，至今也无与能比者。此外，也延伸了平面铺排的六祖堂、客堂和补榕亭的天际线，变二维平面为三维立体。三是“宝铎摇青汉，金轮逼紫微。众香攒绣栱，九级敞琼扉。仙乐飘空下，天花杂雨飞。万形纷崒嵂，千仞转高巍。槛频霆相激，棂开月吐辉。侵云看树小，入海见山稀”，可见六榕寺的寺院建筑与花草树木浑然一体，达到了和谐与统一。四是清幽典雅环境的塑造吸引了众多的好佛喜学之人来此修道。

罗浮山华首古寺，从其整体布局来看，整个园林的四个景区是以高大的塔、殿、雕像来统领整个园林的视觉审美焦点，而且全园最突出的万佛塔、望海观音像等又高低错落，再加上雕梁画栋、精巧雅致的书写岭南佳话的装饰，非常富有视觉美感，在登临过程中颇有凌虚清波之感。同时，由于万佛塔筑在高台之上，本身高度又达到了50米以上，所以从园子的四面八方，甚至园外数百米处都能清晰地看到它的立体轮廓线，也只有这样，才能起到控制全园的作用。总之，华首古寺是一个以高大雄伟的佛塔为构景核心的融于自然的园林寺院。

阳江石觉寺的佛塔位于寺院的西南一角，虽然偏离主轴线，却在空间上统领着全局。立于塔上，十里风光，尽收眼底。塔前大路两侧列植高挺的松树，形成松道，松树如山峦尖峰般的造型和佛塔相呼应，营造了寺院庄严的气氛。寺院内各建筑物高度都比较矮，更显佛塔的高度。园池区域是石觉寺观景最佳点，亭、桥、水堂，甚至植物的布点均经过匠心之选，在池岸的大部分区域，园林景物大都对峙于池水两侧，形成“凹”字形天际线，而佛塔突出于凹陷处，直顶青天，如诗如画，正所谓“千年古刹踞江边，石觉禅林留美言。晨钟暮鼓勤劝世，普度众生耕福田。江水奔流急向前，恰如世事屡变迁。古城沧桑佛见证，荣衰有缘莫关天”。

三、以绿化点景，达“亦寺亦园”效果

俗语说：“一花一世界，一叶一菩提”。草木绿植虽是殿堂外部之物，但也是佛理世界的延续，饱含禅机，“以小见大”。无论是城市型寺观还是山林型寺观，都十分注重庭院的绿化设计。尤其对于山林型寺观而言，其植物配置有着天然的地理优势和构景优势，让寺院建筑群落隐忍在外围天然植物群落之下，形成一个静谧幽深的空间是其常用手法。寺观中的花草树木不仅能净化空气，创造远离凡尘的人间禅境，又给僧侣道徒提供了禅悟的托付物。青青翠竹，尽是法身；郁郁黄花，无非般若。引导众生在寺院中受到心灵的洗涤，以证悟本性，获得精神的点化。“寺因木而古，木因寺而神”，寺观与植物的关系，既是美学的，又是宗教的。

“禅林”既是丛林，更是禅机。佛学中认为一切事物皆有佛性，包括有情物和无情物，佛教自古以来就与植物有着深厚的渊源。释迦牟尼在尼连禅河西岸一株毕钵罗树下得道成佛的故事让修道者形成“枝叶繁茂的树下，宁静安定，是最佳的修行地”的观念。因此，在寺观建设中，僧侣工匠们常会运用植物作为媒介，来营造寺观的宗教色彩和建筑氛围。

通过整理广东传统寺观园林的造园手法，发现工匠们特别善于利用周边山坡上的郁郁草木，或者殿堂庭院中挺立的名木古树，又或者各处花卉、盆栽，都是构景要素，适当配合些许园林小筑，共同烘托出宗教建筑肃穆、幽玄的氛围，为僧人、道士创造良好的环境。具体的设景手法如下：

（一）改造“空白”地段，成为园林“外延”空间

自然山林环境下筑寺立观，尽管结合地形，精心进行建筑布局，但是难免还会有一些无景可借的边角地段，成为景观“空白”处，有如棋局对弈，一步“庸子”足以影响胜负。又或者一些院墙之外的地区，明明有优良的构景条件，却被匠人疏忽。因此，重视边角地段的经营，即便景观条件差，但只要以园林小品或构筑物点缀一下，稍加改造，就能变“空白”地段为园林空间的“外延”，同样彰显了计成在《园冶》中提到的“小筑征大观”的精妙之处。

国恩寺建筑群北侧是一边角地段（图4-3-5），此处坡度缓，视野开阔，可俯瞰东侧整个龙湖和龙山群翠，构景条件十分优秀，但是此地却又游离于崇拜空间之外，若不加以改造，必被遗忘。匠人在此地见缝插针，点缀卓锡亭，亭后连接一观景外廊，再置一些散石和灌木于亭旁，成为一组亮眼的廊亭组景，借取背后龙湖美景，把禅堂、六祖殿、录经堂、功德堂组成的横排房屋群后的风景盘活，成为国恩寺园林的“外延”佳地。同时，游人在此，心旷神怡。

萝峰寺殿前石蹬之下是一长段杂草丛生、纯自然环境的山腰地（图4-3-6）。在此处依地形以石垒成一不规则形的小平台，以不过腰的矮墙围合，大有“虽隔不隔”“似

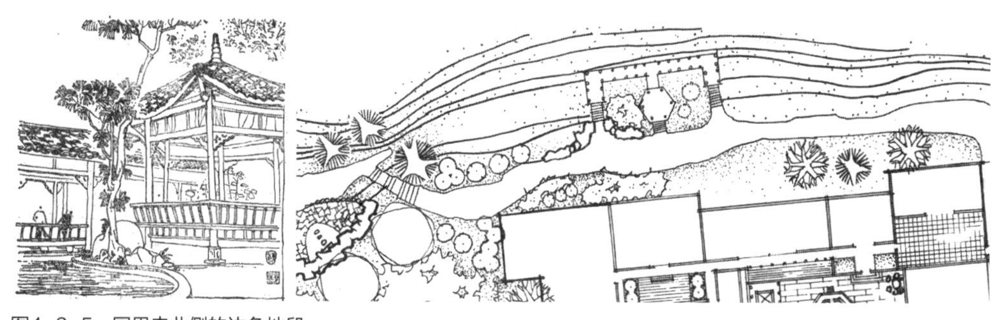

图4-3-5　国恩寺北侧的边角地段

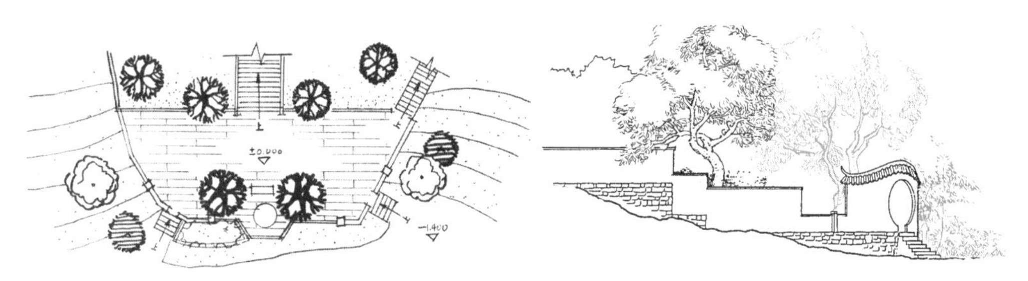

图4-3-6　萝峰寺门前的边角地段

连不连”的空间感。平台左右伸出两侧1.4米高台级，石蹬处立两面圆洞花墙稍作阻隔和装点，平台四周环种数株松柏以蔽烈日。小小院落，向外借景于漫山梅花苍松，每年冬至时分，梅花盛开，雪白芬芳，清香怡人，与四周青山相衬，谓为“香波雪海”。总而言之，萝峰寺通过把山门前本来游离于寺院之外的无用之地激活，变成了赏心悦目的景观，称得上是变“空白”地段为寺外园林佳地的又一案例。（图4-3-6）

（二）着墨房前屋后池边之地，构成近观景或徘徊景

1. 屋前近观景

广东传统寺观园林，尤其是一些规模较小的道院，其建筑单体之间紧凑，没有多余的用地来大规模造园，因此更要求工匠们精打细算，巧妙利用房前屋后、墙内殿外的每一寸土地，才能造出视觉上不显狭小的园子。正如《园冶·相地·傍宅地》中所讲的“宅傍与后有隙地可葺园，不第便于乐闲，斯谓护宅之佳境也”。在寺院厅堂前后或侧面的空闲之地着墨，略微添加一些简单的绿化景物，既丰富了寺院的优雅环境，又让寺观主人或游人方便领略山水林木之美，并且可以和正殿隔开，不妨碍崇拜活动的进行，一举两得。

屋前屋后点缀近观景是广东传统寺观园林的造园手法之一，以眼前景物组织而成，即使有时借用远景，亦只是作为框景处理，空间结构比较简单，景物构成也不多，往往寥寥几笔，如元人画意，意趣天然，供作对景的观赏。以近观小景著称的案例数不胜数，例如肇庆梅庵，大殿前空地结构简单，一目了然，紧贴屋宇青砖墙面分植一排毛竹和一排腊梅，软化界面，使院落空间更有层次，景观更丰富。建筑群东侧有梅园，与宗

教空间分离，其中植树置石，搭配亭廊和花墙分隔空间，独立成为景区。寺院虽坐落在繁华闹市之中，却宛然一座掩映于丛林翠竹中的“城市山林”。

2. 池边徘徊景

一些规模稍大的场所，例如挖有水池的庭院或者更甚者拥有环回的自然水岸，会结合竹木结构来形成徘徊景。徘徊景是中国造园的传统手法之一，是介于近观景和远眺景之间的一种借景手法。夏昌世、莫伯治合著的《中国古代造园与组景》一文中提到：“徘徊景相比起上述近观小景，场面更大一些，内容上更丰富一些，空间结构复杂一些，具有一定的层次和深度，可供人们徘徊观赏。”

比较简单一些的空间构景，具有一定空间界限范围，可能是整个池岸的一部分或风景线的一部分。例如新兴国恩寺，环绕园池曲岸的植物搭配很丰富，首先沿岸配植的垂柳和楹树等树木，枝桠向下，柔条低垂，迎风飘拂，临水纷披，大有逸致；其次部分岸线被贴岸的翠竹遮掩起来，隐隐现现，分组分丛散落栽植的毛竹使岸线达到“芳草池塘”的隐约效果；还有靠近山门处的几株榕树和木棉，前者枝丫雄浑，状若龙蛇，横空怒出，后者孤干苍劲，横斜出水，神态甚佳。以乔木点明国恩寺入口之主景，配以灌丛绕池插竹，另外通过有意识地组织蹬道、石梯、亭廊穿洞，供人上下徘徊，颇有奇趣。如此水局植物布置手法，让整个池岸连成一组完整的风景线，可让游人徘徊欣赏。（图4–3–7）

还有一些是以一个庭园作为一组完整的景来处理。西樵山云泉仙馆的内院“水天井”是徘徊景的佳例，山门与大殿前院面积虽然只有20平方米，但是环绕水池岸边墙角散列一些石景，方池两旁贴墙栽竹，并以大水缸种水莲置于方池中央。竹、石、池、桥，这些近观小景共同构成清空平远的内庭空间，又不失大殿雄伟庄严的气氛。总体来看，云泉仙馆的水庭院徘徊景的设置，局面虽小，但寄意深远，格调清新雅致，传达了务实的岭南造园思想。

总之，无论是厅堂前后的绿化小景，还是规模稍大的徘徊景，他们的空间结构和景物构成都比较简单，多放在对景的位置。其中最核心的思想是要求着墨不多，而能充分利用好屋前屋后之地造景，引导人们对景生情。寄想于物外，是近观景或徘徊景的关键。

图4–3–7 （左）梅庵堂前绿植 （右）国恩寺沿岸绿植

（三）寺院内外设置组景体系

还有一种方式是在园内园外设置多组“景”（广东寺观园林一般采用八景），各有侧重，各有主题，并且共同为一个完整的构景体系，它们互相穿插，互相联系，让寺观达到“亦寺亦园”的效果。

海幢寺就是一则“亦寺亦园”的佳例，在清代曾作为广州最大的园林化寺院，又被选为官家对外接待的地点。在兴建殿堂、楼阁时，还十分注重林木种植，营造园林，并逐步形成花田春晓、古寺参云、珠江破月、飞泉卓锡、海日吹霞、江城夜雨、石蹬丛兰、竹韵幽钟等八大景观。海幢寺八景中除了“珠江破月”和“海日吹霞”两景是关于寺外景观之外，其余六景或通过楼阁建筑，或通过构筑小品，或通过乔木组群，或通过灌木盆栽等巧妙搭配，成为大大小小的园中“景”，为严肃的庭院环境添砖加瓦，打破了四平八稳的院落空间的单调感，变景色沉闷处为景观“活眼”。巧妙的组景处理，有趣丰富的空间组合和变化，让海幢寺不仅是弘法修禅的场所，也成为名人雅士修身养性的地方，更是文人骚客经常雅集修禊之地。（表4-3-4）

清朝海幢寺八景对比　　表4-3-4

海幢寺八景	组景方位	组景内容及其效果	清《海幢八景》摘录
花田春晓	寺院内东侧园林	寺院东部的大片花田园林，搭配两个水塘、茅屋、园亭数个，成为一个田园风味浓郁的独立附园	“小圃烟初泛，蒸霞半绿搴。晴光惟浅浅，幽韵自田田。撷雨香低岸，淘云月满天。钟声原有约，冷寺抱花眠。”
古寺参云	寺内第一进院落	山门后方数株榕树和红棉夹道而植，平时浓荫如盖，花开时节“望如赤城之霞[1]”	“为访云门寺，幽栖未易寻。扪甃连海气，抢月入峰心。僧老烟中鹤，泉飞石上琴。禅房空影落，天半听潮音。”
珠江破月	寺院北门外	北门外珠江驳岸之景，古时广州河南横水渡码头古榕葱茏，寺门庄严秀丽，透过门顶略窥寺内殿宇雄伟峻拔，境界凝重弘远	“寺烟山城暮，花低覆海门。星辰撩野动，云液入波翻。一水潆珠影，千江炼玉痕。风幢探碧落，夜气若为扪。”
飞泉卓锡	寺内大殿后院	大殿后院卓锡泉一景，规模虽小，却点缀院落景观，丰富了庭院景色	“脉伏江云遏，探流泻玉凫。迸来山雨暗，卓去海风呼。石咽烟处冷，泉憨月半癯。寻源如未得，一滴又何须。”
海日吹霞	寺外东北处	主要指寺院外部山川之景，北边的珠江滨岸浪涛、在雨季下烟霞朦胧，江鼍摇绮，显露出虚无缥缈的佛国仙境	“幢形扶桑外，精芒射碧波。钟声摇梵绮，海气撒江鼍。挟浪淘晴雨，乘潮渡远莎。惊甃吹不定，冉冉竟如酡。”
江城夜雨	寺内中心院落	以藏经阁为核心的主景，筑土成台，比大殿还要高三分之一，与对岸城北镇海楼遥远对峙，显赫一时[2]	“夜气生风雨，珠江锁泬寥。寺埋云影暗，花压露痕凋。佛火藏高阁，渔灯没远艄。一声清磐落，秋水涨河桥。”

① 见《广州游览小志》。

② 王令《鼎建碑记》对当时的海幢寺藏经阁写道：“碧瓦朱甍，侵霄烁汉，丛林创建之盛，至是盖无以加矣”。

续表

海幢寺八景	组景方位	组景内容及其效果	清《海幢八景》摘录
石蹬丛兰	寺内南部院落	南门不远处鹰爪兰为主、搭配石蹬和深井的组景，鹰爪兰枝叶曲如钩，六瓣两台，是奇葩的异种。其姿态犹如从井里腾空而出，化作蛟龙飞去，颇为奇异	“一径通幽梵，晴烟破晓初。虬云分异种，风雨带新锄。倚石香生砌，当轩绿照书。拈来清净意，慧业只如如。”
竹韵幽钟	寺内各处	苍松、翠柏、毛竹组成的园景，构成一个个花园，遍布各个院落，达到“亦寺亦园”“林屋穿插”的效果	“重阴深翳处，清响发幽遐。度水寻残月，沿溪吠落花。空参仍有碍，静理自无遮。撞破烟初晓，寒林日已赊。”

综上所述，“既在世俗之中，也在世俗之外”，这正是广东寺观园林环境与众不同之处，除了拥有寺、殿、堂、塔、访等固有的宗教标志性建筑外，还设有庭、台、楼、阁、轩等大众休憩庭园。在庭院空间处理上，尤其以用池水补景、用寺塔镇景、用组景点景三种手法最为突出。在很多寺院之中，可见佛境与俗世交融，落霞与佛光普照，僧人、道人和游客朝夕相处的场景屡见不鲜。那片土地上曾有过少年们的喧闹、有过长者们的舒适悠闲，在寺观发展变迁中慢慢变成寺院浓密的香火，这一切显示出广东寺观园林“亦寺亦园”的理景风格和“兼容大度”“祥和安谧”的整体氛围。

第四节

“辞中寄情，象外生景”的空间文化性提升

在广东这片土地上出现过的著名传统园林，都难逃被岁月研磨，被化为灰尘飘荡在历史长河中的命运。我们再也无法亲身领略建园之初的美丽了，只能借助那些零星的文字记载了解它们大致的情形。然而，它们真正的面容始终模糊不清。正如周维权所说的，我们现在参观的园林都是后时期的，也就是趋于形式化和世俗化的园林，自然也就不怪了。尽管现代的学者花费了很多精力来介绍、描述、还原它们，但现代游园的感受肯定有别于古时①。

尽管如此，我们还是要感谢文人墨客们，感谢他们记录下的那些文字。没有他们的文字，我们可能就不会知道广东历史上那些经典的园林寺观了，它们甚至有可能永远消失在文明的视野中。毫无疑问，文字的力量是强大的，它比石头更经得起时间的消磨。杜牧的《阿房宫赋》、白居易的《庐山草堂记》，还有王维的《辋川别业》均可称得上千古佳文，这几个园子在他们的诗词中得以永生。园林是文化的物质表现，物质终究会

① 谢伟. 川园子：品读成都园林［M］. 成都：成都时代出版社，2007.

变化或毁灭，但文字记载却可以长久流传。古语“园之存，赖文以传”就是这个意思。

一、用诗境说禅境

古语云“园之存，赖文以传”，即古人喜用诗文记录游园之所感所想，在寺观园林中尤为体现。李白的《峨眉山月歌》、王安石的《和平甫舟中望九华山二首》均可称得上描写寺庙园林盛景的千古绝句。王译在著作《中国古代苑园与文化》中谈道：“诗境是诗歌的境界、意境。禅境是寺观园林空间境界和景象意境，或曰园林的文化品格。”

诗境是诗词歌赋所咏的生活愿景和表现的思想感情融合而成的诗歌艺术境界。王国维说过：“境非独谓景物也。喜怒哀乐，亦人心中之一境界。故能写真景物，真感情者，谓之有境界，否则谓之无境界①。”

禅境是寺观园林中山水、花木和建筑等景物的形态、色彩、比例、质地及其空间艺术组合方式所表现的园林艺术情调、文化品格，它反映出崇拜、爱抚和神权下的平等境界。名山下的佛寺，青峰上的道观，古代寺观园林的“意境”，其最高追求是远离人间凡俗世界的神的“境界”，禅境的最高境界也就是“仙境”。罗浮山上黄龙观，背依松海，紧贴黄龙瀑布，烟波浩渺，远山隐约，其意也在于追求“仙境”。

王国维提出文艺创作中有“写境”“造境”之说：“有造境，有写境，此理想与写实两派之所由分。然二者破难分别。因大诗人所造之境，必合于自然，所写之境，亦必邻于理想故也②。”此说法既符合诗歌的创作，也符合园林空间的设计。作诗要合于理想，更要忠于自然。诗文咏吟内容要合于自然，必然要取材于生活点滴；若要合于理想，则需要摒弃现实中不理想的东西而创造出理想的生活。园林构景是一种合于理想“园境”的自然典型。计成《园冶·兴造论》中谈到借景时指出“俗则摒之，佳则收之”，就是一种营造想象中的园境的思想。这实际上与诗作中“写境”“造境”有异曲同工之妙。

寺观园林设计中，建筑群体，基于人的尺度和崇拜、生活功能要求，具体而筑，类似于“写境”，摹写真实的生活建筑，殿堂宅舍，近乎常俗；而凿池种树，空间序列组织等，则是“造境”，造理想园林的“禅境”，是艺术的合成，是“得象忘言”的形象思维的创作，是对自然典型的提炼、概括、写意，艺术的再创造。

广东古诗文向来以高度凝练的语言状描空间，又以传神的文字跨越空间，从流传至今的一些参禅修道之人所辞的诗文辞赋，我们可以看出历代广东寺观名园曾有的禅境（表4–4–1）：

①《人间词话》五十六。

②《人间词话》十。

部分广东禅诗以园景说禅境手法对比简表　　表4-4-1

题名	写作手法	景物意象	诗境	禅境
《玉台寺》	外环境描写	夜月	虚静、寒凉	无明、直通须弥
《曹溪谒六祖大师二首》	古今园景对比	溪水	悲凉、衰败	智慧无量
《半云亭》	外环境描写	微雨、经筵、夜月	自然、虚静	无言说
《云顶上脊》	具象物描写	大殿中梁、溪流、水声	壮丽	龙象奔腾
《入关漫作》	外环境描写	苍天、林木、竹、花	壮丽、清幽	无念
《出家》	外环境描写	江水、冷雨、钟声、松	壮丽、宏伟	孤寂、虚无
《卓锡泉》	具象物描写	灵泉、皓月	灵异	空、色、无
《飞来寺石林莽中寻达磨石小憩戏作一转语》	外环境描写	山石、薝卜花、鸟	壮阔、慑人	超然、凡尘、无言
《梅庵》	远近景对比	江声、白日、梅、竹	宁静	超尘出世
《步月过天宁寺时僧有扫室》	内环境描写	榕、殿角、熏香	幽静、清凉	玄妙、出尘
《新州国恩寺六祖故居》	具象物、内环境描写、古今对比	菩提、獦獠、溪声、钟声	颓败	永生
《光孝寺》《菩提树》	内环境描写	莲池、菩提	清幽、芳馨、含蓄	灵妙、异香弥漫
《风幡堂》《达摩井》	具象物描写	建筑、莲、榆、樘、鸟、井	幽静、活泼	安然融洽
《海珠寺晚眺》	外环境描写	江、月、楼、浪	烟火繁盛	世俗
《雷峰寺》	远近景对比、具象物描写	木棉、金瓯、玉带、窗	气势蓬勃	超尘出世
《宿白云寺两首》	外环境描写、远近景对比	磴道、山林、白云、野鸟、诵经声	寒凉、清幽	空阔无边
《宿景泰寺》	具象物描写、古今园景对比	萤火虫、提灯、针叶	幽静	孤寂、虚无
《海幢寺》	内环境描写	榕、鸟、院墙	静谧、活泼	空阔无边

唐代释元《玉台寺》以月亮来作比喻诉说佛教禅宗的感悟："好个玉台天上月，夜深圆待老僧看。分明照出须弥路，可惜人间烟树寒。"佛教钟情月亮的传说由来已久，大概是因为月亮能够在黑夜中为人照明，有似佛法可以令人摆脱暗昧而趋向光明，即从所谓"无明"的痴愚状态中超拔出来。总之，月亮在佛教中占有一席特殊地位。据文献载，释元和尚当年行至圭峰玉台寺，在一个月圆之夜，坐禅之际，观月光似一条直达佛境的大道，便借月来抒发感想。此诗一方面道出了释元和尚夜深对月，股寒冷落，和圭峰山腰处玉台寺高旷清明的妙境；另一方面又以世人自度度人的悯世胸怀，对于使人的痴愚不误，发出深沉叹惋。

明代憨山大师在《曹溪谒六祖大师二首》："曹溪滴水自灵源，流入沧溟浪拍天。多少鱼龙从变化，源头一脉尚泠然。"以对曹溪水景的描写赞美了南华寺优美的禅境，但是又对祖庭的衰败深致感慨。唐末五代之乱后，佛教各大教派都已衰微，唯有南禅一枝独秀，诗中说曹溪每一滴水都是智慧之源，“流入沧溟浪拍天”便生动形容了诗人翻山越岭来到曹溪圣地，被六组禅院之境所慑的景象。

明代慧显有曾诗《半云亭》：“寂寞山中久悟禅，无声花雨湿经筵。忽闻松鹤云间唳，天满蟾光午夜圆。”半云亭是清远峡山飞来寺旧筑，诗人当时在此地静坐参禅，适逢微雨霏霏，细细的雨滴连同落花悄无声息地飘洒，把经筵沾湿。当他睁开双眼时，细雨已停，只见一轮满月，光华四射，照彻了午夜的天空。从这首诗中，我们感受到了大自然的自在无为和心灵的虚静无念，那种“忽然敛手无言说”的境界。禅境如诗境，那种美，值得我们慢慢咀味。

明代道丘是鼎湖山的开山之祖，有诗描写鼎湖山庆云寺上梁直插云顶的壮丽意境，《云顶上脊》：“脊梁竖起庆云中，龙象同登最上峰。才插一茎周凡刹，溪声山色几重重。”首句说庆云寺的中梁在鼎湖山云顶上竖立起来，犹如整座鼎湖山的脊梁，高耸云天。次句这条中梁预示了一座庄严雄伟的佛寺，从此登上了鼎湖山的最高峰，并将大弘佛法。“龙象”一词，出自佛经，是佛门中最有力气的圣兽。很难想象在高山密林的云顶上修筑寺庙要费何等运力！后面两句展现了一幅诗人联想的景象，鼎湖山的溪流水声和山光月色把他重重包围住，让我们窥见了这位创寺者的气魄和胸襟。道丘另有一首诗作《入关漫作》：“苍苍云木万山秋，一入禅关念总休。已信此身俱是幻，宁知何物更堪求。凤鸣谷响心原寂，竹翠花黄境自幽。不二门开谁荐得，净名争肯按牛头。”此诗通过描述庆云寺外鼎湖山的景色来强调自己割舍一切、闭关修行的决心。当时一如秋天，树林显露出苍老的颜色，苍翠的竹林，浅黄的菊花，展现出一片清幽的景色，但是正如作者的心境一样，无拘无束，自然天成。凤凰鸣叫，山谷响动，诗人却不为所动。

明代今帾在清顺治六年（1649年）随天然和尚出家到达广州雷锋海云寺时作下《出家》二首，从中我们可以窥见当时某些士人的心里、岭南的世相和海云寺意境：“乾坤龙战几雕伤，三十为儒鬓已霜。落叶易归根底冷，好花难问眼前香。故投方丈求真性，羞把文章媚后行。此别万峰人世断，家书休寄白云乡。”“百里江门雨雪封，逡巡十日见雷锋。孤舟未到桥边寺，隔浦先闻岭上钟。童子迎风开晚径，阇黎支杖出深松。相看话我来何暮，坏色条衣代早缝。”这首诗作于明末清初，世居关外的清朝挥军大举入侵，明朝皇室余政奋起抗清，士人大批退隐林下的大背景之下。第一首诗主要概括了社会动乱之像，道出了诗人境遇和担忧。第二首诗则以写景展露出诗人被番禺海云寺所征服的愉快心情。首两句描绘了新会往返番禺旅途上珠江沿江冷雨如雪的冬景。次两句生动描绘了船近海云寺时的情景，寺院的钟声透过云雾震耳欲聋，寺庙建筑和庙前桥屹立在雷峰顶上震慑四方。两首诗，第一首叙情为主，写景不多，第二首则以写景为主，以景物传情，如此安排，一虚一实，一淡远一浓挚，融合成一个有机的审美意境。

以“卓锡泉”命名的泉水分布于全国各地，在广东也有多处，例如新兴国恩寺、韶关南华寺、广州光孝寺中都有，传说都因六祖而得名。吟咏寺中景物，卓锡泉自然不可或缺，例如古诠《卓锡泉》借咏罗浮山华首寺泉水来颂扬佛法："灵泉临皓月，空水共圆明。一掬能探砥，千瓢任取盈。饮思仁智力，沁得梦魂清。挹取军持下，能令烦热轻。"前两句描绘了明朗月光下澄清的泉水，仿佛天空和水里各有一个月亮。通过描写水中倒影，渲染出卓锡泉不可言喻的灵异之感，同时又暗里引入佛教有关月的妙喻，启示"色不异空，空不异色。色即是空，空即是色"的佛理。

清代人黄佐在五百多年前游览北江边上飞来寺时写下《飞来寺右林莽中寻达摩石小憩戏作一转语[1]》一诗："凌空飞锡结嶙峋，薝卜香中草自春。鸟度云移今此世，鸿冥天阔我何人。羲娥断送千年梦，龙象终成一聚尘。便合拈花发微笑，沧波无语月华新。"此诗中我们可以感受到诗人的感悟：前两句感叹佛寺坐落在一片嶙峋的山峡之间，疑为天上飞来，年复一年地散布着薝卜花的香气。中间四句描写鸟过云移、苍天阔达、日月升落轮回的景象，仿佛佛祖称赞的龙象春梦，最终必定化为一撮尘土。最后两句描写了诗人坐在飞来寺右侧石径不远处达摩石上，从树木间望见北江，丰沛的江水从山峡间滔滔汩汩一泻而下，那种宁静清幽的场景使其得到禅悟。诗中寄托的禅机乃是受到飞来寺"劈空飞来"胜景的启发，在时空的无穷和人生的短暂两者之巨大差距的警示之下，激起了跳出三界之外，超迈时空的刹那间觉悟。这其实也是六祖慧能早已说过的境界：我心即佛。

明代进士区大伦在肇庆居住时有一首咏梅庵的仿唐风诗作《梅庵》专写他对梅庵[2]的感受："江声带兰若，静者自相寻。白日寒山道，清风祗树林。竹梅开径浅，钟磬落云深。何必随空去，方知尘外心。"首句中"兰若"是佛寺的别称，意思就是梅庵近在西江一旁，西江江声包围了梅庵，吸引了无数淡泊清丽的人到庵里闲坐。作者轻轻一笔就把读者带入梅庵水声隆隆的园景中。中间四句描写了梅庵周遭的风景，梅树和竹子被风吹过，发出喧响，平添了几分幽趣。寺院的钟蓦地敲响，钟声在空中飘逸而去，落入白云深处。这几句对风景的描写，最大的一个聚焦点就是"静"。诗人数度强调梅庵的冷清、宁静，与其他香火鼎盛的名刹大庙迥然不同。既体现出梅庵别具一格的特点，也是诗人喜爱它的原因。钟情于"静"的诗人置身于这样静谧优雅的环境中，与大自然仿佛已经融为一体的梅庵的天地里，用最后两句表达了对梅庵超尘出世的禅境的顶礼赞叹。

明朝举人李之世游历海康天宁寺时有诗《步月过天宁寺时僧有扫室》："榕阴下夕霁，殿角引微凉。片月流空梵，飘风洒异香。僧悬半夜榻，净扫一间房。我亦原无系，江干信短航。"前两句写诗人抵达寺院的情景，黄昏傍晚刚下过雨，榕树舒展开浓浓树荫，佛寺殿角的烦热在雨水洗涤过后透出微微凉意。次两句描写了寺院中僧人梵唱游

① 诗人在这里将一首诗戏称为"一转语"，"一转语"是一个佛家语，指一种机巧的应对，可以是几个字、一句话，也可以是一首偈。诗人欲在诗中传承禅机，因此这样表述。

② 梅庵是肇庆一处六祖胜迹。传说当年六祖回家乡新兴，途径某地山冈歇息，并差梅一枝为记。宋朝时，有一位智远僧人来此修建寺庵，为了纪念六祖，便取名梅庵。

荡、晚风把树木清香和礼佛熏香搅和在一起的奇妙意境。诗人从视觉、触觉、听觉、嗅觉多个方面描写，引导我们和他一起步入天宁寺夏夜，那个幽静玄妙的氛围之中。这是一种自然与人文的契合，令人摆脱尘世的纷扰，体会到无忧无虑的乐趣。诗的结尾一句是辞别，天宁寺靠在江边，诗人乘船而来，终又乘船离开，“无系”表面上表达了自己所乘之船摆渡无束，同时又暗喻自己所持之佛理“无挂碍”，让读者不禁赞叹天宁寺“无迹可求”的禅境。

明代陈子升诗作《新州国恩寺是六祖故居》记叙了明末清初国恩寺的情景：“无生向师学，师是此中生。树觉菩提长，山经獦獠[1]行。归鸦临寺黑，激水叩钟清。我自虞园[2]至，维桑[3]空复情。”前四句借“菩提树”“獦獠”等具体事物来表达诗人对佛法的解悟。五、六两句转写寺院环境，天色渐渐昏黑，乌鸦回巢歇息，寺前溪声和院内晚钟声在空中交缠激荡。最末两句写出了自己深切的怀念之情，千余年来，国恩寺历遭劫难，六祖塔已灰飞烟灭，但六祖手植的荔枝树至今仍然枝叶婆娑，生机盎然。

明代汪广洋在广州光孝寺中留宿，被夜色的优美所触动，作下《光孝寺》以表追怀先贤的思古幽情：“花覆禅房记漏[4]迟，妙香浮动碧莲池。月明风细菩提落，想是南能出定时。”首两句描写了僧房掩映于花树底下，碧莲池清香随风吹入床榻间的寺院环境。诗人由花香引出一笔，带读者走出卧房到外面莲花池畔，去欣赏那一片幽静芳馨。第三句仍写室外光景，但重点捕捉光孝寺的菩提树，诗人用静夜中树籽落地的微响，轻轻提点，既空灵又含蓄。全诗寥寥二十八个字，写了寺院的环境，写了代表性的菩提树和六祖，并且以夜宿的情景一气笼罩之，还原了“南能”六祖当日驻锡寺中坐禅的清幽灵妙、异香流动的佛境，能够既不流于空泛，又不过于蹈实，手段之高，可谓举重若轻。后来清朝人梁佩兰亦有《菩提树》一诗专门咏光孝寺内的菩提树之禅境：“嘉树传西域，胡僧手自栽。虞园曾一见，端水至今来。叶响通僧梵，枝高拂镜台。几时明月下，清影共徘徊。”有异曲同工共之妙。

清代杭世骏有《风幡堂》一诗描绘光孝寺已毁建筑风幡堂：“妙义析风幡，域外见宏想。前楹覆莲池，后阁架榆樘。夕鸟下斋廊，迢迢送清响。”诗的后四句是对建筑具体景致的描写，说堂前池塘莲花茂盛，堂后的楼阁栽种了一圈枝叶交加的榆树、樘树，黄昏时刻，风幡堂和斋堂间的连廊常见鸟雀飞来觅食，并发出叽叽喳喳的响亮鸣叫，绘声绘影。光孝古寺虽是名刹，亦有如此安然融洽、灵动活泼的意境，令人赞叹。此外，诗人另有一诗《达摩井》：“香厨不逢僧，日落俯鉴井。苔瓷含古春，铜瓶[5]乏修绠。莫

① 獦獠，即未开化的岭南野蛮人。
② 虞园，即广州光孝寺，这里代指广州。
③ 维桑，指故乡。出于《诗经》：“维桑与梓，必恭敬止。”
④ 漏，一种古代计时器，也称铜壶滴漏。天将晓时，壶中水枯竭，故滴漏声也迟缓下来。
⑤ 铜瓶，古代一种汲水吊桶，杜甫曾有《铜瓶诗》写唐代宫中用铜瓶汲井水之习。

轻尺水波，曾照渡江影。”此诗着重描写了光孝寺胜迹之一的达摩井[1]，前四句描绘了寺院恰逢“过午不食”的情景，诗人低头探向井底，只见井壁长满青苔，浮荡着古老的春天气息。后两句说水虽浅，但常常映照出达摩祖师的伟岸身影，更可由此联想到当时祖师传佛受戒的情境。这两句赞美和前四句营造的幽静园景相呼应，使人撼动心魄，激起一种崇高的美感。

清朝诗人叶延枢的《海珠寺晚眺》真实生动地描述了清朝时期海珠寺的景色：“一寺浮珠海，登临爱晚晴。水平三浪石[2]，烟暗五羊城。楼下江如洗，天边月始明。四围渔火乱，人语杂歌声。”诗的前四句描绘了傍晚时分海珠寺楼阁四周放眼望去只见上涨的潮水，江中三浪石在波浪中若隐若现，暮烟笼罩下的五羊城一片昏暗。后四句着重声景描写，江水拍案的喧哗，渔艇上人们的说笑声，还有歌姬唱曲发出的喃喃细语，汇聚一堂，充分体现了海珠寺的世俗烟火气息。

（清）吕坚通过一首七言律诗《雷峰寺》，将海云寺坐落的雷峰山周边景色写得拗峭奇崛，令笔下的海云寺平添魅力，引人入胜：“山凹木末海云寺，木棉插天云欲红。我来花事尽三月，僧立板桥怀好风。翻缺金瓯供佛子，漫留玉带诧村翁。绮窗斜对碧流水，船到山门山色空。”诗的前两句生动描写了寺中那可高十余丈的木棉树气象万千的形象，惹人遐想。三月暮春，刚好是红棉花开的时节，木棉繁盛，自然成为海云寺自然景观的焦点。最后四句对“金瓯[3]”“玉带[4]”景物的描写，采用典故的方式正面白描，“绮窗”暗示诗人已经身在寺院中，他远眺珠江渡船过江驳岸的情景，又回头观望近处雷锋山山色，顿感佛家所说的“色空”，表达了对海云寺超尘出世的意境引导的感叹。

清代末年佛教渐衰，许多士人对此颇有感怀，以诗赋咏叹寺院炎凉世态下的逐渐衰败的佛境。例如进士黄玉衡有诗两首《宿白云寺两首》吟诵广州白云山摩星岭上的白云寺：“古刹隐苍苍，盘空磴道长，昙响静云意，山碧混天光。瘦影一僧立，轻阴双鸟翔。虚堂无个事，饭罢短琴张。”“瞑坐仰青汉，松脂吹古香。萧然松际月，先我下回廊。露重钟声湿，风疏鹤梦凉。卧云吟亦冷，不独渍衣裳。”第一首诗主要写了入山至寺门一段路的苍翠山景，白云、野鸟、诵经之声等景物的描写呈现出一片山中静谧、清幽的乐趣。第二首诗主要写白云寺夜景，古老的松脂，树影在映衬下无精打采的形态，钟声缓慢透露出的疲态，还有能风中依稀听见的巢在松顶的蟋蟀声，透露出无边的寒意。南海人招健升《宿景泰寺》也通过描述白云山北坡景泰寺以感怀寺院变迁：“山光夜气白，籁寂松风馨。幽馨数声警，尘心终夕醒。灯花含宿雨，萤火乱飞星。触我无

---

① 达摩井，在广州光孝寺中，又名洗钵泉。

② 三浪石，珠江中的小岛，就在海珠石附近，清咸丰年间曾被用作灯塔导航基础，现已不存。

③ 金瓯，当年苏东坡给海云寺前古道所起的名字。

④ 玉带，传说苏东坡与好朋友佛印打赌，输掉了玉带，玉带便成为苏东坡和寺院的不解之缘，这里代指海云寺中别致的石桥，令人惊艳。

聊意，披衣坐草亭。”此诗更注重于对萤火虫、提灯、夜露、针叶等细小景物的刻画描写，以小见大，对比广州城中的琼楼玉宇、照夜的霓虹和百万家灯火来感叹时代的变迁，突出景泰寺禅境之“静”和“美”。上述二人，诗人作诗一方面想抒发对世人安于清末太平安乐，不知国难将至的担忧；另一方面也借此叹息佛门逐渐颓败、佛境衰落的窘况。

清朝工诗画名人陈乔森在诗作《海幢寺》：“梵宇旷无边，四堵榕阴悄。群僧昼掩扉，重檐坠争鸟。”其中首句形容寺院之空阔无边，又含有对佛境的称美，所谓“佛法无边”。第二句描述寺中广植的榕树如四面绿墙把外间尘俗喧嚣隔开，保持了寺院的悠闲清净。后面两句先写寺院空间的广阔，此写榕荫的一片寂静，最后写两只如顽童般的小鸟，把读者引入了海幢寺虚无缥缈、宁静悠闲又生机活泼的境界。

二、额联刻石弘教题景

匾额集中国古老文化中的诗文辞赋、书法篆刻、建筑艺术于一体，其写景状物，言表抒情，寓意深邃，具有极大的文学艺术感染力。匾额一般为横式字排，悬挂于建筑物的门头或厅堂、庭院等处。寺观殿堂中的匾额题名，除了上述功能外，还具有弘扬教义、审美点景的作用。

楹联由诗词演化而来。寺观殿堂的楹联大多出自名家之手，文以载道，风雅比兴，对偶工整，使观者遐思联翩，证悟人生，楹联称为寺观殿堂文化的一大特点。由于寺观兴衰损毁，殿堂楹联大多于重建时布置，但我们依然可以从楹联中所表达的内涵来感悟寺观的思想文化。

摩崖石刻艺术不仅给寺观园林环境增添了一道亮丽的风景线，渲染了寺观的宗教气氛，同时它还能给人们以艺术美的享受，让人回顾历史。这些石刻不仅在我国古代的造像艺术上占据重要地位，也给寺观园林增添了浓烈的宗教艺术内涵。寺观环境各处的岩石、洞壑、山溪、造像相互交织，给寺院渲染了虚幻的神域色彩，使博大精深的中国寺观园林文化得以彰显和传承。据《广东通志·金石略》记载，广东多处寺观遗址聚集处都留有大量摩崖石刻，它们记载了广东寺观造园的兴衰发展，具有重要的历史文化价值和艺术价值，其中尤以肇庆星湖、英德南山、碧落洞的刻文为最。

园内牌匾、楼阁、石柱、石刻、经幢上的诗文和楹联记录了每处景致的佛学情怀和园林艺术特征。匾额、楹联、石刻虽然载体不同，但根据其所载的语义内容来看，大致可以分为三类：记载寺观古今历史、描述寺观景物意象、阐述学理表达禅境。下面据古籍和摩崖石刻留下的题景诗文，提炼出数则广东寺院园林盛景的人文景致意象，详见表4-4-2：

部分石刻楹联内容对比　　表4-4-2

载体	语义	主要内容	景物意象	楹联或石刻摘录
石刻	记载历史	六榕寺花塔历史	—	"南海郡、广东一都会也……用示方来云尔" ①
石刻	记载历史	苏东坡游踪历史	—	"鹤去云来归未夕，坡亭有分再重来。" ②
楹联	记载历史	云泉仙馆会仙历史	—	"何年三岛移来玉洞珠岩天遣峰峦符福地，此日群仙高会龙翔凤富人从云气望蓬莱。" ③
楹联	记载历史	王勃、苏轼游六榕寺之历史	—	"一塔有碑留博士，六榕无树记东坡。" ④
石刻	描绘园景	海幢寺花木	鹰爪、马缨、石、松	"兰开鹰爪绿，丹结马缨红。怪石松根护，方塘蜃气通。" ⑤
石刻	描绘园景	开元寺梵唱	晨昏、颂音	"道以时鸣，警于朝夕。清净音闻，如夔拊石。觉彼参玄，尽来知识。镇重禅林，有典有则。" ⑥
石刻	描绘园景	九天观千年古木水萝松	海风、皎月，水萝松	"海月宵偏近，杲风晚更和。世人不到处，独醒对烟萝。" ⑦
石刻	描绘园景	金山古寺山景	山、亭、云、高台	"灵峰山上宝陀院，白发东坡又到来。前世得云今我是，依稀犹记妙高台。" ⑧
石刻	描绘园景	延祥寺山泉	山、林、泉水	"宝寺何人旧布金，绕檐只树已成林。千峰回合供禅悟，一水潺湲答梵音。" ⑨
石刻	描绘园景、阐述学理	蒲涧寺山泉	山、古木、泉	"千章古木临无地，百尺飞涛泻漏天。昔日菖蒲方士宅，后来薝蔔祖师禅。而今只有花含笑，笑道秦王欲学仙。" ⑩
石刻	描绘园景	黄龙洞天	古洞、藤、峰峦	"蓬莱古洞每探奇，陡蹬扳藤不待时。四百峰头容领略，一肩云压半瓢诗。" ⑪
楹联	描绘园景	冲虚观三清宝殿	殿、法界、仙宫	"宝殿巍峨，睹金相庄严，已接三清法界。天香漂渺，对玉容整肃，如游九府神宫。" ⑫
楹联	描绘园景	萝峰寺园景	墙壁、池、溪	"满壁石栏浮瑞霭，一池溪水漾澄鲜。" ⑬
亭联	描绘园景	云门寺桂花潭	潭、云、桂花、蟾	"潭影云间山鸟烟，桂枝风结玉蟾香" ⑭
楹联	阐述学理	潇洒、活泼、大度	—	"大肚能容，容天下难容之事。开口便笑，笑世间可笑之人。" ⑮
楹联	阐述学理	救苦救难、普度众生	—	"世外人法无定法，然后知非法法也。天下事了犹未了，何妨以不了了之。" ⑯
楹楼	阐述学理	弃世修行、远离凡尘	—	"小楼容我静，大地任人忙。" ⑰
楹联	阐述学理	生生不息、诚心	—	"观湞水奔流不息润育万物而无功，度众生知途迷返诚心待世求有过。" ⑱

续表

载体	语义	主要内容	景物意象	楹联或石刻摘录
楹联	阐述学理	积福、大千世界	—	“百万人家福地，三千世界丛林。”⑲
楹联	阐述学理	功德、善	—	“当知是处恭敬供养，不可以百千万劫说其功德。若复有人受持读诵，已非于三四五佛种诸善根。”⑳

注：①摘自六榕寺碑记，（宋）赵叔盎题。
②摘自冲虚观洗药池石壁石刻，（清）周樽元题。
③摘自云泉仙馆门廊柱联，隶书，作者不详。
④摘自六榕寺山门楹联，作者不详，“博士”指“初唐四杰”之首王勃，“东坡”指苏东坡。
⑤摘自《海幢寺呈阿字首座》，作者不详。
⑥摘自开元寺铜云钣铭文，题于元朝，作者不详。
⑦摘自（明）罗洪先题九天观摩崖石刻《逃暗记》。
⑧摘自妙高台亭壁上石刻诗文，（宋）苏轼所题。
⑨摘自延祥寺题壁之诗，（明）陈邦彦所题。
⑩摘自（宋）苏轼题于白云山蒲涧寺岩壁上之诗《广州蒲涧寺》。
⑪摘自罗浮山黄龙洞石壁灵岩，（明）湛若水题。
⑫摘自罗浮山冲虚观三清宝殿门柱上第一联，作者不详，“九府”，九天之府，泛指天上神仙居住之所。
⑬摘自萝峰寺玉岩殿石柱上隶书联，作者不详。
⑭摘自乳源云门寺桂花亭柱上楹联，作者不详。
⑮摘自罗浮山华首寺天王殿门联，作者不详。
⑯摘自罗浮山冲虚观三清宝殿门柱上第三联，作者不详。
⑰摘自罗浮山酥醪观“浮山第一楼”门联，（清）大司马杨应琚题。
⑱摘自韶关太傅庙山门上楹联，作者不详。
⑲摘自潮州开元寺天王殿门联，题于唐，作者不详。
⑳摘自潮州开元寺藏经阁门联，（唐）赵朴初。

综上所述，匾额、楹联、石刻是寺观文化的精华，它们是以书法镌刻形式出现的寺观园林景观人文艺术的具体表现，反映了造园历史和造园设景的文学渊源，具有很高的审美价值。寺观园林中的匾额、楹联和石刻是创作意境的重要手法，在风景园林的自然美、形式美中注入更多的历史文化因素，借助于自然山水，利用建筑、植物、小品巧妙地点化出景中之情、境中之意，丰富景观，达到情景交融的境界。

广东寺观园林的造园理景，既注重山水池石的实体景观营筑，也追求意境的精神营构，这与广东传统诗文咏吟艺术密不可分。作为一种文化信息载体，园林不仅仅是物质感官层次的休憩娱乐场所，也包含了精神上、心灵上深层次的文化审美信息。人们的生活方式、观念情趣等，无不随着时代的变革、社会经济的发展而不断更新变化。对于今天的园林创作而言，既然人的活动本身是构成景观的一个重要内容，就应该考虑现代人的生活方式、审美观念及趣味，创作出意境丰富的、更适符于当代人们赏乐需求的园林佳景。

第五章

广东传统园林保护、传承与创新

第一节

对传统园林遗产的保护

随着社会的进步，世界对文物遗产的保护意识在不断加强。20世纪30年代以来，相关部门先后颁布了多条遗产保护的相关法律法规。1930年《古物保存法》和1931年《古物保存法实施细则》首次建立了历史文物保护的框架，1982年《中华人民共和国文物保护法》确定了文物的三级保护模式。在此之后，还先后颁布了多条与园林、建筑相关的保护法规，例如《纪念建筑、古建筑、石窟寺等修缮工程管理办法》（文化部，1986）；《城市规划法》（全国人大常委会，1989）；《中国文物古迹保护准则》（国际古迹遗址理事会，2000）；《关于加强我国世界文化遗产保护管理工作的意见》（国务院，2004）和《风景名胜区条例》（国务院，2006）。可见，对文物古迹保护的日益重视是文明社会的大趋势，而且，对文物遗产的保护是有规可循、有法可依的。

一、传统园林保护的意义

如前文所述，广东传统园林是中国古典园林中非常重要的组成部分，也是华夏文明的瑰宝，作为一种地域性的文物遗产，它具有丰富且不可替代的价值。

（一）历史价值

广东传统园林承载了历史发展不同时期的技术水平和建筑特色，反映了古代广东经济情况、政治环境、人民的生活习俗、宗教信仰和文化艺术的时代特征和地域特色，也是南方人对中国儒、道、释哲学观的发展推动和补充作出贡献的历史见证。以寺观园林为例，许多历史事件及人物与广东宗教园林联系密切，例如六祖慧能大师与光孝寺、南华寺、国恩寺的数次易名和修建扩建之间的佳话，葛洪在罗浮山采药炼丹的事迹以及山上道观建筑群的布局缘由，还有其他有关西方教派的诸如伊斯兰教与怀圣寺、利玛窦与仙花寺等。可见，广东传统园林是古代城市发展过程中的重要遗存，其中所蕴含的历史人物、故事与所保存的文物是史学研究的重要物证，具有十分重要的历史价值。

（二）艺术价值

广东传统造园艺术，是岭南文化长期积累的结晶。它以构思巧妙、清新旷达、朴素生动为特点，将人工美与自然美有机地相结合，源于自然，高于自然，而且讲究工艺精湛，装饰精美。因此，广东传统园林形成了人工天趣和自然山水相结合的独特风格，堪称世界上最精美的人居环境之一。广东传统园林的造园艺术还吸引和感染了外国人，对国外园林艺术的演化产生了持久的影响，例如韩国京畿道水原市的粤华园就是按照明清期间岭南庭园样式而建造的园林，让游客在散步的同时即可观赏到中国广东地区的自然美景和岭南地区的园林特征。此外，由国际展览局和中国政府协作承办的“99昆明世界园艺博览会”让全世界人民领略了中国园林艺术的博大精深，其中广东地区代表作品“粤晖园”赢得了室外造园综合竞赛冠军，荣获“最佳展出奖”。

（三）生态价值

园林是人类和自然进行物质与情感交流的特定场所，其本质的存在意义是协调人与自然的关系，修复人与自然日益分离的生态关系。以寺观园林为例，寺观的园林化所产生的游憩空间，补偿了宗教崇拜和修学生活中自然因素缺失的一些不足，在参佛修仙活动之余满足僧侣健康生活的心理和生理需要。同时，在景观营造方面，特别讲究尊重自然、亲近自然，着重运用乡土植物和动物的色、光、声、形、味属性造景，体现了传统园林的生态多样性和生态适应性，因而具有持久的景观魅力。

综上所述，广东传统园林具有如此丰富的历史、艺术和生态价值，为了使这一华夏文明瑰宝能得以保存和弘扬，故对传统园林的保护意义更加重大且刻不容缓。

二、喜忧参半的广东传统园林保护现状

广东现有的97处国家级保护单位中（数据截至前七批保护名单），与园林息息相关的就有22处（表5-1-1），其中光孝寺、南华寺和南海神庙等为寺庙园林，可园、余荫山房和清晖园等为私家园林，陈家祠为书院园林。除此以外，其他省级和市级保护单位中，园林遗产的数量更多。由此说明，广东传统园林的保护工作早已受到国家和地方政府的重视并且已经展开、落实。

广东省国家级文物保护单位（前七批）中的园林遗产统计　　表5-1-1

序号	名称	园林类型	始建朝代	所在市	文物批次
1	光孝寺	寺庙园林	五代	广州	第一批
2	农民运动讲习所（番禺学宫）	学宫园林	明	广州	第一批
3	陈家祠（陈氏书院）	书院园林	清	广州	第三批
4	怀圣寺光塔	宗教园林	唐	广州	第四批
5	祖庙	寺庙园林	明	佛山	第四批
6	梅庵	寺庙园林	北宋	肇庆	第四批
7	沙面建筑群	租界园林	清	广州	第四批
8	南华寺	寺庙园林	明	韶关	第五批

序号	名称	园林类型	始建朝代	所在市	文物批次
9	可园	私家园林	清	东莞	第五批
10	开元寺	寺庙园林	唐	潮州	第五批
11	元山寺	寺庙园林	明	汕尾	第五批
12	余荫山房	私家园林	清	广州	第五批
13	韩文公祠	寺庙园林	明	潮州	第六批
14	六榕寺花塔	寺庙园林	宋	广州	第六批
15	清真先贤古墓	宗教园林	唐	广州	第七批
16	五仙观	寺庙园林	明	广州	第七批
17	人境庐和荣禄第	私家园林	清	梅州	第七批
18	南海神庙	寺庙园林	清	广州	第七批
19	清晖园	私家园林	清	佛山	第七批
20	古榕武庙	寺庙园林	清	揭阳	第七批

然而，在受到重视的同时，广东传统园林的保护现状也存在一定问题，主要有以下三点：

（一）现代功能和元素过多

为了适应现代社会，传统园林不可避免地加入了现代功能和设施，例如纪念品贩售、博物展览设施、停车设施等。一些优秀的园林景区能很好地利用废弃或无用的功能空间以安排这些设施，但是更多古典园林保护工程却无法协调好园林格局和现代功能之间的关系，导致古与今、中与外、美观与实用、经济与生态、保护与开发、感性与理性的摩擦和碰撞。如何正确处理好传统园林保护和旅游发展中传统要素和现代要素的和谐关系，是一个值得深入研究和探讨的问题。

（二）尺度、色彩的严重失衡

当下，很多传统园林作为旅游景区，其改造和修复过程中，往往为了博取眼球而盲目采用所谓雄伟壮观的景观来吸引游客。园内景物例如建筑、广场、台阶、廊道甚至植物组群等的尺度过大、色彩过于浓烈，传统园林的广东特色荡然无存，这种问题在寺观园林中尤为明显。例如江门的茶庵寺，在古寺院的东北山上新建了佛教建筑组群，破坏了茶庵寺原有的自然写意的小尺度布局，使其丧失了传统寺庙空间布局的广东特点，极为不协调，而且新建部分建筑屋顶和外墙涂刷了鲜艳的红色、黄色，与周边自然园林环境产生了强烈的矛盾（表5-1-2）。

茶庵寺古今区域景观对比　表5-1-2

	原有景观	新建建筑
景观对比	小巧简朴、色彩淡雅，融入自然	过于恢宏、尺度过大、色彩过艳
节点一	 疏影桥	 大雄宝殿
节点二	 望月台	 殿前广场、平台

（三）保护工作不到位

广东传统园林遗产的保护工作存在不平衡的问题。位于经济发达市县或者较为著名的园林单位由于得到较多重视，保护和修复工作实施情况良好。然而，事实上还有相当一部分传统园林处在偏远地区，它们或因为史料研究尚浅而未被发现或深入挖掘，或由于缺少财政支持而导致没落和损毁，或因为交通难以达至而逐渐被忽视甚至遗忘。例如，建于唐朝的香山古香林寺曾惨遭损毁，20世纪80年代中山市政府本着保护环境的理念恢复了山寺景貌，但保护工作未能持续，如今只剩断壁残垣，令人哀叹。

另外，传统园林中有许许多多的古树名木，例如海幢寺的鹰爪兰、庆云寺的古白茶等，不仅具有很高的观赏价值和深刻的文化含义，而且见证了园林的兴衰发展。以寺观园林为例，本书在调查中发现，个别古树名木已经开始趋于衰老、死亡，有的正饱受病虫害的折磨，失去这些古树名木是对广东寺观园林的巨大损失，有关部门应当采取措施加强对这些古树的保护。

三、保护策略思考

基于我国古典园林的特点，借鉴国内外的相关经验，总结园林遗产保护与更新的相关原则，并针对传统园林保护工作中面临的问题和难点，提出以下保护策略：

（一）新旧协调，古今和谐

吴良镛先生在1999年起草的《北京宪章》中指出："应当尊重每一座城市所特有的文化……然而当前技术和生产方式的全球化带来了人与传统地域空间的分离，地域文化的多样性和特色逐渐衰微、消失……建筑文化和城市文化出现趋同现象和特色危机"。受此启发，笔者认为，园林保护应当尊重每一座市、县、区的当地特色，力求园林与历史环境和自然环境融合协调。例如惠州西湖畔的准提寺，始建于明代，1999年于原址复建，寺院的建筑组成具有"不同时期、不同风格、不同材质、不同地域"几大特点。建筑形式集歇山顶大殿建筑、岭南传统民居及现代建筑于一身，材料有大木、青砖、钢筋混凝土、水磨石等多种类型。尽管如此，准提寺每个不同的元素都呈现朴素淡雅的特质，在细部处理的精细程度上能够互相融合和协调，成为一个有机统一的整体（图5-1-1）。总的来看，准提寺这座佛寺园林，虽然各种不同风格的建筑导致了一定差异性，但是各要素之间、寺院与环境之间的关系却又能保持和谐，体现了其尊重历史环境保护的整体性思路。

图5-1-1　惠州西湖准提寺风貌

（二）修旧如旧，新旧区分

古园林修建实施必须保证文物的完整性、原真性。"修旧如旧"指的是对园林遗产原有的场景、风貌、格局、建（构）筑物、工艺技术等方面，在充分考证的基础上保持其原有的历史风貌。对于一些被破坏或摧毁的园林古迹，若修复资料不完整，无法准确还原其历史面貌时，应该对其进行重建。《威尼斯宪章》中有关文物修复的第九条明确指出："修复工作必须尊重原始材料和确凿的文献作为依据，一旦出现揣测，必须立即予以停止……"现行国家文物法也规定，一般情况下不允许复原已毁坏的历史建筑："不可移动文物已经全部毁坏的，应当实施遗址保护，不得在原址重建……"。例如广州道教园林五仙观，历史上牌楼、东西厢房、仪门、大殿、岭南第一楼、通明阁组成了完整的中轴线。通明阁后来被毁，关于其是否应该复原学者们观点不一，最终多数专家认为应当尊重现状，复原传统建筑物是建造假古董，通明阁的重建因此作罢，只保留原来的遗址。

《威尼斯宪章》也强调："一切的修复工作必须先对古迹进行深入的研究，新添加的部分必须与古迹有所区别，要清晰地识别出是当代的东西"。可见，该宪章对古迹遗址的原真性提出了非常严格的要求，反对用当代的手法重塑历史的原貌，强调新旧间必须要有明显的区分。因此，传统园林修复或新建的部分，既要与遗址本身相协调，但是又要与历史原物有所区别，使人能从园林实例本身读得其中蕴含的历史。

（三）格局完整，外部增量

园林空间格局是园林体现其地域特色的主体部分，其整体风格特征的表现，需要园林内部各种景观元素来映衬和配合。因此，传统园林的保护需要不断更新，这是时代发展的要求，没有任何理由阻止传统园林的更新。但是，这必须在园林空间格局以保证完整性的前提下进行，即"格局完整，外部增量"的原则。具体来说就是园林主体部分保持其原有的建（构）筑量、建（构）筑物高度、绿化栽植模式等不变，只对建筑物的破损进行修复和植物换种维护等工作。新引入的设施和功能都在原址范围向外扩展设置，甚至远离原有园区以最大限度减少新旧部分间的干扰。例如江门雪峰寺的保护重建项目（图5-1-2），主体部分保留了"天王殿—钟鼓楼—大雄宝殿—法堂"之广东寺观园林特有的"三宫两楼"格局，并于左右两侧向外新增了史料上没有的禅堂、西归堂、僧寮、斋堂、居士寮、念佛堂等新建筑，可以看出新增的部分均是因应僧人新的使用需求而增加的寺院生活设施和服务设施。既较好地重现了古寺的昔日风貌，又能适用现代社会的使用需求。

（a）原有格局

（b）新增部分

图5-1-2　江门雪峰寺原有与新增部分对比

第二节

对传统园林文化的传承

一、多元开放文化特征的传承

多元性及开放性在广东园林上体现得淋漓尽致，它对别类园林文化的兼容并蓄程度之高，实属少见。广东位于东南亚大陆边缘，南海之滨，得天独厚的地理环境所形成的广东园林文化，必然与国内外各地文化发生碰撞、交流，从而吸收融化，逐渐形成与内陆园林不同的园林风格。广东园林文化内涵中多元化的开放兼容性传承至今，尤其近几十年来，广东作为改革开放的前沿阵地，文化的开放性就更为显著。开放的文化，因处于不同文化互相交流和沟通的常态，故具有较强的兼容性。广东园林文化不仅可以和各类异质文化和平共处，从它们中间吸取养分，而且直接为我所用。

不可否认，兼收并蓄也难免吸收到一些糟粕，产生牵强附会之嫌，甚至让园林出现不伦不类、胡乱堆砌之作。但是这类大煞风景的败笔之作终将随着园林设计和审美水平的提高而被淘汰，能够长久保存下去的园林实例都是具有相当文化价值的。

无论是宗教思想文化、本地百越文化，还是多民系文化，都展现出开阔的胸襟，博大的气魄，使多种性质、多种类型、多种层次的文化兼容并蓄，多元并存而能够雅俗共赏。正是这种多元开放的文化特征，使广东园林能够吸收中原文化、引进西洋文化，接受现代科学技术而活力多彩，这无疑是今后广东园林艺术创作中应予以继承并发扬的。

二、世俗性文化特征的传承

广东文化是一种注重直观的、感性自然的原生态型文化，即所谓“不刻意追求，顺其自然”。广东人如此的审美意识、价值观念会自然而然地融入众多领域包括园林文化，从而使其文化充满世俗享乐的人性和情调。相比于北方皇家园林及江南园林，广东园林更为贴近市民生活，市井气息更厚重。

作为一种务实的文化，广东园林文化的世俗性不仅表现在对舒适、快乐、美好和幸福等美的生活追求，更重要的表现是通过劳动获取成功，实现人生价值，从广东园林比内陆园林更能创造实用性价值（如较多的生活功能）这一现实状况得以佐证。广东人实用主义和经验论的倾向，虽然使园林形式变得多元化，但是从另一方面看，也激发了园林文化的生命活力，使广东园林作品能够推陈出新，不断满足人们日益增长的文化需要。

因此，作为一种传承，广东园林文化的世俗性使之能扎根于生活、更接近地气。尽管人们对其仍存有“重物质、轻精神”的不同见解，但其核心主导方向仍然是积极向上的，它催人务实进取、开拓、创新，并根据时代的变化来校正广东园林的发展动向，使广东园林的创作实践能够从形式、内容、风格、文化、功能得到全面的发展和升华。

第三节

对园林景观设计的创新

21世纪是生态文明时代，国外在若干年前便已经提出“绿色城市”“生态城市”“山水城市”“智慧城市”的建设理念并已经付诸实践，广东园林建设为了适应这个时代趋势，应该瞄准高起点，争取新跨越，更充分发挥其地域特征与时代特色。具体来说，未来广东园林设计应该朝着高品位、多功能、生态性这三个方向继续发展完善。

一、高品位的园林艺术风格

多元化的文化特性决定了广东园林在造园艺术上的不拘一格，兼容并蓄，古今中外无所不容。当下发达的互联网带来了社会交流和信息传递的快捷化和全球化，让广东人能在第一时间接收到消息、也更加容易接受新鲜事物。在保持园林形式丰富多彩的同时，广东园林还必须不断提高其艺术表现力和更新技术手段，广泛吸收各方先进造园技艺，创造高品位、高格调的广东新园林。

二、多功能的园林发展方向

一方面，城市公共绿地、综合性公园、城市地寺观园林、皇家宫苑或名宅私园景点等是一个城市生态、环境、社会生活等公益事业的重要组成部分，其效益已被纳入整个城市的社会、环境、经济、文化效益之中，并且作用与日俱增；另一方面，园林作为一种特殊形式的“生产资料”，已进入市场经营机制，形成了“生产力”，尤其是各种旅游园林，在旅游业的经营运作中，与旅游经营对象组成“劳动资料”，共同创造着“无烟工业”的经济财富。随着越来越多高科技新技术运用到园林设计和修建工作中，以及风土人情的转移，使得在园林中的活动已不仅仅局限于游憩，而是在游赏过程中，能够领略到更多的知识享受。因此，未来的广东园林必将会朝着具备越来越多功能的方向发展。

三、强化城市园林生态建设

山林地园林作用大自然环境，其生态性自不用说。而对于城市地园林来说，也必须以生态园林作为发展的基调。工业文明和大众消费带来的生态破坏、环境污染，致使人类生存环境变得日益恶化，也给现代工业文明社会带来极大的困扰。今后广东园林的发展将首先考虑城市生态要求，以生态园林为其发展基调，使城市园林成为未来城市生态的一种调节器。在具体的园林设计实施中，应该降低建筑密度，提高绿化率，多增加植物造景，更注重发挥植物的生态效益。

参考文献

古籍

［1］（清）李光廷，史澄，等．光绪广州府志［M］．上海：上海书店出版社，2003.

［2］利璋．民国花县志［M］．上海：上海书店出版社，2003.

［3］（清）陈辉璧，蔡淑．民国增城县志［M］．上海：上海书店出版社，2003.

［4］（清）何若瑶．同治番禺县志［M］．上海：上海书店出版社，2003.

［5］（清）吴道镕，丁仁长，梁鼎芬，等．宣统番禺县续志［M］．上海：上海书店出版社，2003.

［6］（清）单兴诗，额哲克，等．同治韶州府志［M］．南京：江苏古籍出版社，2003.

［7］（清）冯翼之，欧樾华，张希京．光绪曲江县志［M］．南京：江苏古籍出版社，2003.

［8］（清）黄其勤，余保纯，等．道光直隶南雄州志［M］．上海：上海书店出版社，2003.

［9］陈及时，等．民国始兴县志［M］．上海：上海书店出版社，2003.

［10］（清）龚耿光．道光佛冈县直隶军民厅志［M］．上海：上海书店出版社，2003.

［11］吴凤声，余启谋．民国清远县志［M］．上海：上海书店出版社，2003.

［12］（清）熊兆师．顺治阳山县志［M］．上海：上海书店出版社，2003.

［13］（清）张联桂，陈新铨，等．光绪惠州府志［M］．上海：上海书店出版社，2003.

［14］（清）叶适，孙能宽，等．雍正归善县志［M］．上海：上海书店出版社，2003.

［15］（清）王驹．康熙河源县志［M］．上海：上海书店出版社，2003.

［16］曾枢，凌开蔚．民国和平县志［M］．上海：上海书店出版社，2003.

［17］陈伯陶．民国东莞县志［M］．上海：上海书店出版社，2003.

［18］（清）温仲和，李庆荣，等．光绪嘉应州志［M］．上海：上海书店出版社，2003.

［19］（清）卢兆鳌．嘉庆平远县志［M］．台北：成文出版社，1968.

［20］温廷敬，刘织超．民国新修大埔县志［M］．上海：上海书店出版社，2003.

［21］（清）李逢祥，等．康熙长乐县志［M］．上海：上海书店出版社，2003.

［22］（清）周硕勋．乾隆潮州府志［M］．南京：江苏古籍出版社，2003.

［23］（清）李书吉．嘉庆澄海县志［M］．南京：江苏古籍出版社，2003.

［24］（清）翁荃，等．光绪饶平县志［M］．南京：江苏古籍出版社，2003.

［25］（清）周恒重，张其羽，等．光绪潮阳县志［M］．南京：江苏古籍出版社，2003.

［26］（清）沈展才，王之正，等．乾隆陆丰县志［M］．南京：江苏古籍出版社，2003.

[27]（清）张凤喈，等. 宣统南海县志［M］. 南京：江苏古籍出版社，2003.
[28]（清）张其策. 康熙顺德县志［M］. 上海：上海书店出版社，2003.
[29]（清）田明耀. 光绪香山县志［M］. 上海：上海书店出版社，2003.
[30]（清）印光任，张汝霖. 乾隆澳门记略［M］. 上海：上海书店出版社，2003.
[31]（清）梁廷栋，区为樑，等. 光绪高明县志［M］. 上海：上海书店出版社，2003.
[32] 王大鲁，等. 民国赤溪县志［M］. 上海：上海书店出版社，2003.
[33]（清）杨齐，陈兰彬，等. 光绪高州府志［M］. 上海：上海书店出版社，2003.
[34]（清）郑业崇. 光绪茂名县志［M］. 南京：江苏古籍出版社，2003.
[35]（清）彭步瀛，等. 光绪化州志 光绪信宜县志［M］. 南京：江苏古籍出版社，2003.
[36]（清）康善述. 康熙阳春县志［M］. 南京：江苏古籍出版社，2003.
[37]（清）范士瑾. 康熙阳江县志［M］. 南京：江苏古籍出版社，2003.
[38]（清）章鸿. 重修电白县志［M］. 南京：江苏古籍出版社，2003.
[39]（清）王辅之，等. 宣统徐闻县志［M］. 南京：江苏古籍出版社，2003.
[40] 陈兰彬. 光绪吴川县志［M］. 毛昌善，修. 上海：上海书店出版社，成都：巴蜀书社，南京：江苏古籍出版社，2003.
[41]（清）雷学海，陈昌齐，等. 嘉庆雷州府志［M］. 南京：江苏古籍出版社，2003.
[42] 刘邦柄. 嘉庆海康县志［M］. 南京：江苏古籍出版社，2003.
[43] 梁成久. 民国海康县续志［M］. 南京：江苏古籍出版社，2003.
[44] 怀集县地方志编纂委员会. 怀集县志［M］. 广州：广东人民出版社，1992.
[45]（清）韩际飞. 宣统高要县志［M］. 上海：上海书店出版社，2003.
[46] 张文治. 道光广宁县志［M］. 上海：上海书店出版社，2003.
[47] 新兴县地方志编纂委员会. 新兴县志［M］. 广州：广东人民出版社，1993.
[48] 四会县地方志编纂委员会. 四会县志［M］. 广州：广东人民出版社，1996.
[49]（清）刘元禄. 罗定直隶州志［M］. 上海：上海书店出版社，2003.
[50]（明）陈舜臣. 嘉靖德庆州志［M］. 上海：上海书店出版社，2003.
[51]（清）关涵，等. 岭南随笔［M］. 黄国声，点校. 广州：广东人民出版社，2015.
[52]（清）阮元. 广东通志·金石略［M］. 梁中民，点校. 广州：广东人民出版社，2013.
[53]（清）屈大均. 广东新语［M］. 北京：中华书局，1985.
[54]（清）仇巨川. 羊城古钞［M］. 陈宪猷，校注. 广州：广东人民出版社，1995.
[55]（清）沈复. 浮生六记［M］. 欧阳居士，译. 北京：中国画报出版社，2010.

专著

[1]（明）计成. 园冶［M］. 刘艳春，编著. 南京：江苏凤凰文艺出版社，2015.
[2]（英）特纳（Turner，T.）. 园林史：公元前2000—公元2000年的哲学与设计［M］. 李旻，译. 北京：电子工业出版社，2016.
[3]（英）特纳（Turner，T.）. 世界园林史［M］. 林箐，译. 北京：中国林业出版社，2011.
[4] 张健. 中外造园史（第二版）［M］. 武汉：华中科技大学出版社，2013.
[5] 张家骥. 中国造园论［M］. 太原：山西人民出版社，2003.

[6] 张家骥. 中国造园艺术史 [M]. 太原：山西人民出版社，2004.
[7] 刘海燕. 中外造园艺术 [M]. 北京：中国建筑工业出版社，2009.
[8] 彭一刚. 中国古典园林分析 [M]. 北京：中国建筑工业出版社，1986.
[9] 赵光辉. 中国寺庙的园林环境 [M]. 北京：北京旅游出版社，1987.
[10] 周维权. 中国古典园林史 [M]. 北京：清华大学出版社，1990.
[11] 蓝先琳. 中国古典园林 [M]. 南京：江苏凤凰科学技术出版社，2014.
[12] 任常泰，孟亚男. 中国园林史 [M]. 北京：北京燕山出版社，1993.
[13] 鲍沁星. 南宋园林史 [M]. 上海：上海古籍出版社，2016.
[14] 张薇，郑志东，郑翔南. 明代宫廷园林史 [M]. 北京：故宫出版社，2015.
[15] 陈正勇，杨眉，朱晨. 中国建筑园林艺术对西方的影响 [M]. 北京：人民出版社，2012.
[16] 赵纪军. 中国现代园林历史与理论研究 [M]. 南京：东南大学出版社，2014.
[17] 贾珺. 中国皇家园林 [M]. 北京：清华大学出版社，2013.
[18] 贾珺. 北方私家园林 [M]. 北京：清华大学出版社，2013.
[19] 陈从周. 说园 [M]. 上海，同济大学出版社，2002.
[20] 陈从周. 园林谈丛 [M]. 上海：上海人民出版社，2016.
[21] 陈从周. 品园 [M]. 南京：江苏凤凰文艺出版社，2016.
[22] 顾凯. 江南私家园林 [M]. 北京：清华大学出版社，2013.
[23] 曹林娣. 江南园林史论 [M]. 上海：上海古籍出版社，2015.
[24] 曹林娣. 中日古典园林文化比较 [M]. 北京：中国建筑工业出版社，2004.
[25] 曹春平. 闽台私家园林 [M]. 北京：清华大学出版社，2013.
[26] 倪琪. 园林文化 [M]. 北京：中国经济出版社，2013.
[27] 王仲奋. 中国名寺志典 [M]. 北京：中国旅游出版社，1991.
[28] 陈可畏. 寺观史话 [M]. 北京：社会科学文献出版社，2012.
[29] 中华人民共和国住房和城乡建设部. 中国传统建筑解析与传承 广东卷 [M]. 北京：中国建筑工业出版社，2015.
[30] 王译. 中国古代苑园与文化 [M]. 武汉：湖北教育出版社，2002.
[31] 吴言生. 禅宗思想渊源 [M]. 北京：中华书局，2001.
[32] 洪修平，吴水和. 玄学与禅学 [M]. 杭州：浙江人民出版社，1992.
[33] 俞孔坚. 理想景观探源：风水的文化意义 [M]. 北京：商务印书馆，1998.
[34] 张驭寰. 图解中国著名佛教寺院 [M]. 北京：当代中国出版社，2012.
[35] 中国建筑工业出版社. 佛教建筑：佛陀香火塔寺窟 [M]. 北京：中国建筑工业出版社，2009.
[36] 中国建筑工业出版社. 道教建筑：神仙道观 [M]. 北京：中国建筑工业出版社，2009.
[37] 萧默. 建筑的意境 [M]. 北京：中华书局，2014.
[38] 李箐，等. 广东海南古建筑地图 [M]. 北京：清华大学出版社，2015.
[39] 司徒尚纪. 广东文化地理 [M]. 广州：广东人民出版社，1993.
[40] 夏昌世，莫伯治. 岭南庭园 [M]. 北京：中国建筑工业出版社，2008.

[41] 曾昭奋. 莫伯治文集 [M]. 广州：广东人民出版社，2003.
[42] 李龙先. 刘敦桢集 [M]. 北京：光明日报出版社，2016.
[43] 陆元鼎. 岭南人文 · 性格 · 建筑 [M]. 北京：中国建筑工业出版社，2005.
[44] 刘管平. 岭南园林 [M]. 广州：华南理工大学出版社，2013.
[45] 陆琦. 岭南造园与审美 [M]. 北京：中国建筑工业出版社，2005.
[46] 陆琦. 岭南私家园林 [M]. 北京：清华大学出版社，2013.
[47] 陆琦. 广东古建筑 [M]. 北京：中国建筑工业出版社，2015.
[48] 唐孝祥. 近代岭南建筑美学研究 [M]. 北京：中国建筑工业出版社，2003.
[49] 程建军. 梓人绳墨 · 岭南历史建筑测绘图选集 [M]. 广州：华南理工大学出版社，2013.
[50] 王河. 岭南建筑学派 [M]. 北京：中国城市出版社，2012.
[51] 程建军. 广州光孝寺 [M]. 北京：中国建筑工业出版社，2014.
[52] 汤国华. 岭南历史建筑测绘图选集（一）[M]. 广州：华南理工大学出版社，2001.
[53] 汤国华. 岭南湿热气候与传统建筑 [M]. 北京：中国建筑工业出版社，2005.
[54] 李敏. 华夏园林意匠 [M]. 北京：中国建筑工业出版社，2008.
[55] 周琳洁. 广东近代园林史 [M]. 北京：中国建筑工业出版社，2010.
[56] 芦海滨. 岭南前事 [M] 广州：广东人民出版社，2016.
[57] 田若虹. 岭南文化论粹 [M] 北京：光明日报出版社，2013.
[58] 王丽英. 道教南传与岭南文化 [M]. 武汉：华中师范大学出版社，2006.
[59] 刘斯翰. 诗海禅心：岭南禅诗小札 [M]. 广州：羊城晚报出版社，2012.
[60] 冯沛祖. 广州古园林志 [M]. 北京：中央编译出版社，2017.
[61] 刘庭风. 广州园林 [M]. 上海：同济大学出版社，2003.
[62] 刘庭风. 广东园林 [M]. 上海：同济大学出版社，2003.
[63] 黄爱东西. 老广州：屐声帆影 [M]. 南京：江苏美术出版社，1999.
[64] 叶曙明. 广州往事 [M]. 广州：花城出版社，2010.
[65] 王发志，阎煜. 岭南书院 [M]. 广州：华南理工大学出版社，2011.
[66] 王发志. 岭南学宫 [M]. 广州：华南理工大学出版社，2011.
[67] 邬榕添. 罗浮山九观十八寺二十二庵 [M]. 香港：天马图书有限公司，2002.
[68] 常明居士. 话说六祖 [M]. 香港：香港出版社，2004.
[69] 常明居士. 龙山禅缘 [M]. 香港：香港出版社，2004.
[70] 黄达辉. 新兴风物 [M]. 北京：中华书局，2010.
[71] 叶小华. 梅州风物揽胜 [M]. 梅州：学习月刊编辑部，2004.
[72] 林剑纶. 海幢寺 [M]. 广州：广东人民出版社，2007.
[73] 陈泽泓. 广东塔话 [M]. 广州：广东人民出版社，2004.
[74] 李仲伟，林剑纶. 六榕寺 [M]. 广州：广东人民出版社，2008.
[75] 达亮. 潮州开元寺 [M]. 广州：岭南美术出版社，2013.
[76] 钟东，等. 葛洪 [M]. 广州：广东人民出版社，2009.
[77] 陈荆鸿. 岭南名刹祠宇 [M]. 广州：广东人民出版社，2009.
[78] 周开保. 桂林古建筑研究 [M]. 桂林：广西师范大学出版社，2015.

[79] 周彝馨，吕唐军. 佛山传统建筑 [M]. 广州：广东人民出版社，2016.
[80] 柳肃. 礼制与建筑 [M]. 北京：中国建筑工业出版社，2013.
[81] 李浩. 唐代三大地域文学士族研究 [M]. 北京：中华书局，2002.
[82] 陈耀东. 中国藏族建筑 [M]. 北京：中国建筑工业出版社，2007.
[83] 任晓红，喻天舒. 禅与园林艺术 [M]. 北京：中国言实出版社，2006.
[84] 周武忠. 心境的栖园——中国园林文化 [M]. 济南：济南出版社，2004.
[85] 王欣，金秋野. 乌有园·第一辑·绘画与园林 [M]. 上海：同济大学出版社，2014.
[86] 王欣，金秋野. 乌有园·第二辑·幻梦与真实 [M]. 上海：同济大学出版社，2017.
[87] 金秋野. 异物感 [M]. 上海：同济大学出版社，2017.
[88] 邱枫. 宋式华范：宁波保国寺与浙东地域建筑 [M]. 杭州：浙江大学出版社，2017.
[89] 赵兴华. 北京园林史话 [M]. 北京：中国林业出版社，1999.
[90] 李临淮. 北京古典园林史 [M]. 北京：中国林业出版社，2015.
[91] 王海霞. 浙江禅宗寺院环境研究 [M]. 杭州：浙江工商大学出版社，2017.
[92] 陈从周. 扬州园林 [M]. 上海：同济大学出版社，2007.
[93] 曹林娣. 苏州园林匾额楹联鉴赏 [M]. 北京：华夏出版社，1991.
[94] 谢伟. 川园子：品读成都园林 [M]. 成都：成都时代出版社，2007.
[95]（德）恩斯特·柏石曼. 普陀山建筑艺术与宗教文化 [M]. 史良，张希晅，译. 北京：商务印书馆，2016.
[96] 王永先. 朔州古刹崇福寺 [M]. 北京：中国建筑工业出版社，2014.
[97] 王宝库. 五台山显通寺 [M]. 北京：中国建筑工业出版社，2014.
[98] 丁承朴. 普陀山佛寺 [M]. 北京：中国建筑工业出版社，2013.
[99] 陈杰. 西方建筑小史 [M]. 北京：清华大学出版社，2015.
[100]（日）伊东忠太. 日本建筑小史 [M]. 杨田，译. 北京：清华大学出版社，2017.

学位论文

[1] 刘管平，孟丹. 岭南园林与岭南文化 [D]. 广州：华南理工大学，1994.
[2] 潘伟. 道观园林道教特色评价和营造研究 [D]. 泰安：山东农业大学，2011.
[3] 方明. 湖湘寺观园林文学研究 [D]. 长沙：中南林业科技大学，2006.
[4] 魏雷. 幽深清远的诗意空间 [D]. 武汉：华中农业大学，2007.
[5] 潘怿晗. 皇家园林文化空间与文化遗产保护 [D]. 北京：中央民族大学，2010.
[6] 丁兆光. 传统风水思想对中国佛寺园林的影响 [D]. 上海：上海交通大学，2007.
[7] 李玲. 中国汉传佛教山地寺庙的环境研究 [D] 北京：北京林业大学，2012.
[8] 王丹丹. 北京公共园林的发展与演变研究历程研究 [D]. 北京：北京林业大学，2012.
[9] 何信慧. 江南佛寺园林研究 [D]. 重庆：西南大学，2010.
[10] 邵燕. 镇江市寺庙园林植物景观研究 [D]. 南京：南京林业大学，2007.
[11] 杨钊. 北京地区寺庙园林植物景观研究 [D]. 哈尔滨：东北林业大学，2011.
[12] 魏彩霞. 杭州市寺观园林研究 [D]. 杭州：浙江农林大学，2012.
[13] 马云霞. 云南寺观园林环境特征及其保护与发展 [D]. 昆明：昆明理工大学，2004.

[14] 李云巧. 丽江市寺庙园林植物景观研究 [D]. 雅安：四川农业大学，2009.

[15] 邓传力. 藏式传统园林（林卡）浅析 [D]. 成都：西南交通大学，2005.

[16] 贾玲利. 四川园林发展研究 [D]. 成都：西南交通大学，2009.

[17] 贺赞. 南岳衡山佛教寺庙园林植物景观研究 [D]. 长沙：中南林业科技大学，2008.

[18] 王琳琳. 泰山寺观风水环境研究 [D]. 泰安：山东农业大学，2011.

[19] 廖颖. "5·12" 四川地震极重灾区古典园林损毁现状调查及恢复重建初探 [D]. 雅安：四川农业大学，2009.

[20] 王小玲. 中国宗教园林植物景观营造初探 [D]. 北京：北京林业大学，2010.

[21] 王增云. 福州寺庙园林建筑与植物造景研究 [D]. 福州：福建农林大学，2010.

[22] 娄飞. 河南山林式佛教寺庙园林研究 [D]. 武汉：华中农业大学，2010.

[23] 张丽丽. 城市寺观园林植物造景研究 [D]. 保定：河北农业大学，2010.

[24] 李青艳. 佛寺园林中牡丹文化及应用的初步研究 [D]. 北京：北京林业大学，2010.

[25] 李彦军.《洛阳伽蓝记》的园林研究 [D]. 天津：天津大学，2012.

[26] 赵晓峰. 禅与清代皇家园林——兼论中国古典园林艺术的禅学渊源 [D]. 天津：天津大学，2003.

学术论文

[1] 陆元鼎. 中国古建筑构图引言 [J]. 美术史论，1985（1）：52-58.

[2] 陆元鼎. 中国传统建筑构图的特征、比例与稳定 [J]. 建筑师，1990，39（6）：97-113.

[3] 陆元鼎. 粤中四庭园 [C] //中国园林史科技成果论文集，1983（1）：101-115.

[4] 陆元鼎. 粤东庭园 [J]. 圆明园，1985（3）：165-178.

[5] 张献梅. 宗教思想对中国古典园林的影响 [J]. 湖北职业技术学院学报，2006，9（4）：50-52.

[6] 章晓航. 中国寺庙园林建筑的文化内涵 [J]. 上海城市管理，2010（1）：81-83.

[7] 贺艳军. 论老子天道观思想对中国古典园林审美文化的影响 [J]. 太原大学学报，2010，11（1）：38-41.

[8] 吴庆洲，吴锦江. 佛教文化与中国名胜园林景观 [J]. 中国园林，2007（10）：73-77.

[9] 向培伦. 重庆温泉寺及其寺庙园林史略 [J]. 重庆建筑，2003（5）：16-18.

[10] 周宁. 宗教建筑与山地园林的紧密结合——四川广元皇泽寺设计分析 [J]. 现代城市研究，2000（6）：53-54.

[11] 王芳，吉鑫淼，李卫忠，等. 风水文化在寺观园林景观规划中的应用研究——以吉县锦屏山公园佛阁寺和黄天后土庙为例 [J]. 西北林学院学报，2012，27（1）：215-219.

[12] 刘海. 谈禅宗美学在寺庙园林中的应用 [J]. 现代农业科技，2009（18）：200，203.

[13] 杨琳艺. 寺庙园林的禅意创造——比较日本园林禅宗美学的应用及其启示 [J]. 旅游纵览（行业版），2011（10）：50-51.

[14] 赵青，郑洁平. 浅析中国佛寺的文化由来 [J]. 山西建筑，2007（18）：7-8.

[15] 李冬梅，胡海燕，李娟娟. 浅析中国传统文化与寺庙园林 [J]. 安徽农业科学，2009，37（6）：2467-2468.

[16] 任耀飞，陈登文，郭风平. 中国农耕文化与园林艺术风格初探 [J]. 西北林学院学报，

2007（3）：207-209.
［17］王佳，曹光树，蔡平. 寺庙与园林的有机结合——苏州治平寺修复解读［J］. 南方农业（园林花卉版），2010，4（4）：24-38.
［18］贺赞，彭重华，吴毅. 中国佛教寺庙园林生态文化特征及现实意义［J］. 广东园林，2007，29（6）：8-15.
［19］赵鸣，张洁. 论传统思想对我国寺庙园林布局的影响［J］. 中国园林，2004（9）：63-65.
［20］金荷仙，华海镜. 寺庙园林植物造景特色［J］. 中国园林，2004（12）：50－56.
［21］贺晓娟，邹志荣. 论寺观园林的植物配置特点［J］. 陕西农业科学，2005（3）：75-77.
［22］王蕾. 中国寺庙园林植物景观营造初探［J］. 林业科学，2007（1）：62-67.
［23］仇莉，王丹丹. 中国佛教寺庙园林植物景观特色［J］. 北京林业大学学报：社会科学版，2010，9（1）：76-81.
［24］陈连波，郭倩. 北京寺观园林之什刹海寺观的现状调查分析［J］. 山东林业科技，2008，38（3）：100-101.
［25］徐彦. 浅谈中国佛教寺院中的园林艺术［J］. 大众文艺（理论），2009（3）：64.
［26］陈祖辉. 论佛教寺庙式园林设计艺术［J］. 现代装饰（理论），2011（6）：52.
［27］潘伟，朴永吉，岳子义. AHP 层次分析法分析道观园林道教特色评价指标［J］. 农业科技与信息（现代园林），2011（3）：25-30.
［28］董小云，李景奇，刘婷. 寺庙园林规划与旅游发展关系探究［J］. 内蒙古科技与经济，2011（16）：56-57.
［29］孙敏贞. 明清时期北京寺庙园林的几种类型［J］. 北京林业大学学报，1992（4）：67-76.
［30］陈连波，郭倩. 北京寺观园林之什刹海寺观的保护及利用［J］. 山东林业科技，2008，38（3）：102-103.
［31］郭倩，陈连波，李雄. 北京寺观园林之什刹海的历史变迁［J］. 农业科技与信息（现代园林），2008（6）：36-39.
［32］刘哲. 论北京明清时期寺庙园林的造园艺术——以潭柘寺为例［J］. 北京农业，2012，4（12）：45.
［33］何杨. 山林型寺庙园林空间的意境塑造——以香山教寺二期为例［J］. 浙江万里学院学报，2012，25（4）：67-70.
［34］刘庭风. 北方园林之寺观园林——天坛［J］. 园林，2004（12）：4-5.
［35］陈瑞丹，王广琦，贾振兴，等. 北京 15 个寺庙园林树种调查初步分析［J］. 北京林业大学学报，2010，32（S1）：153-155.
［36］刘晓东，杨钊. 北京寺庙园林植物景观初探［J］. 河北林果研究，2010，24（4）：411-414.
［37］邱为. 护国寺寺庙园林规划设计［J］. 当代建设，2003（5）：54.
［38］宋永华. 试论苏州的寺庙园林［C］//中国民族建筑论文集. 北京：中国建筑工业出版社，2001.
［39］张颖，商铁林. 陕北寺庙园林景观营造初探（英文）［J］. Journal ofLandscape Research，2011，3（4）：13-16+21.
［40］居阅时. 图解苏州古典园林宗教主题布置［J］. 中外建筑，2005（2）：66－69.
［41］林葳. 峨眉山寺庙园林的保护与发展［J］. 中国园艺文摘，2010，26（11）：76-78.

[42] 余燕. 清代伊斯兰教寺庙园林——阆中巴巴寺 [J]. 四川建筑，2011（2）：32-34.
[43] 叶海跃，汤庚国. 南京地区寺庙园林植物景观空间研究 [J]. 北方园艺，2011（11）：83-87.
[44] 马中举，王正祎. 川西寺庙园林植物造景探析 [J]. 北方园艺，2009（2）：216-219.
[45] 马晓强，查昕. 云南寺观园林的保护与发展浅析 [J]. 工程与建设，2006，20（1）：19-21.
[46] 徐坚，姜鹏. 云南宗教园林景观特色营造 [J]. 工业建筑，2007，37（Z1）：86-90.
[47] 李琳，马建武. 昆明市寺庙园林植物景观探析 [J]. 现代农业科技，2012（7）：247-249.
[48] 贾中，黄平. 西藏园林设计思想探讨 [J]. 国外建材科技，2002，23（4）：74-76.
[49] 祝后华. 论藏族林卡的造园艺术特点 [J]. 山西建筑，2007，33（33）：7-8.
[50] 邹文芳，张学梅，郭云. 成都市寺观园林植物造景特色分析及优化建议 [J]. 技术与市场，2009，16（12）：46-47.

后记

我与华南理工大学可谓有缘，先后三进其门。首进其门是备战高考前作为一名艺考生来拜访美术名师，当时懵懂少年的我已深深被这所底蕴浓厚的百年老校所吸引；二进其门在2013年春，经过我的硕士生导师韦松林教授的推荐走进华工建筑设计研究院工作一室实习，也是在那时笃定了要攻博的决心，也是在那时初次拜访了我后来的博士生导师陆琦教授；三进其门便是来校读博。

一直以来，我追随在陆琦教授的门下，十分庆幸自己有缘结识这样一位良师，他渊博的学识、敏捷的思维、锐利的目光、严谨的治学和执着的为人以及随和的性格，令我折服和敬仰，一直视为学习楷模，是他引领我走入知识的海洋，登上学术的圣殿。做学术研究的道路是枯燥且艰辛的，一路走过来遇到不少挫折，也有不少烦恼，但是陆琦老师经常抽出宝贵的时间，从框架到细节帮助我反复审阅，字斟句酌，对文稿中的错漏之处逐一勾出，提出具体可行的修补方案和意见，既有宏观上的整体把握，也有具体内容上的严格把关，文中的每一处批注，都凝聚了导师的心血。师恩重如山，感激之情是任何语言都无法表达的。感谢华南理工大学建筑学院的唐孝祥、林广思、郭谦、肖大威、潘莹、王国光、赵红红、田银生、倪阳、肖毅强等教授，感谢民居建筑研究所的王南希、高海峰、林广臻、林琳、梁林、张莎玮、赵紫伶、陈家欢、刘国维、邢启艳、颜婷婷、肖江辉、涂文、闫留超、曹月、蔡宜君等同门在我做岭南园林研究期间给予的帮助。

如今已经毕业离开华南理工大学校园，在广州市城市规划勘测设计研究院从事园林景观规划设计工作数载，由于身份和工作内容的转变，迎来一个全新的人生阶段。感谢景观所胡峰、谢湃然、姚睿、阳敏、刘为、陈智斌、邹楠、谢绮云、范京、郑庆之等主要领导，以及同组的吴荣华、萧志维、伍俊鸿、李丽晨、林亦芊、林思妍、姚珑等同志对我的引导和点拨，我在实践工作中锻炼成长的思维方法、分析表达技术等很好地运用在了本书终稿的提炼润色上。

本书脱稿之际，再次感谢所有给予我帮助的老师、同学、同事。感谢我的父母，他们的期望、信任和支持是我完成论文并最终出版成书的动力源泉。感谢妻子罗家靖，在我游走于图书馆之际和撰写本书核心内容期间对我无微不至的关心和鼓励。

本书是我读博期间研究成果的扩展延伸，是我对岭南传统园林粗浅研究的一些认识和总结，难免会存在问题和疏漏，不足之处，敬请同仁赐教、指正。

方　兴

2022年5月于广州